高等职业教育土木建筑大类专业系列规划教材

建设监理职业理论与法规

沈万岳 傅 敏 主 编

清华大学出版社
北 京

内容简介

本书结合我国建设工程监理的实际情况编写，内容共分10个单元，分别为建设工程监理概述、工程监理企业、监理工程师、项目监理机构、监理组织协调、监理目标控制、工程监理管理和安全履责、建设工程监理的工作方法、监理规划和监理细则、其他监理文件。本书体系设计合理、内容充实，力求以培养学生的"三大能力"——专业能力、方法能力和社会能力为目标编写，学生通过学习能直接适应工作岗位的能力要求。同时，本书与监理工程师培训要求相符合，具有监理工程师所需的实务知识。

本书可作为建设水利类工程监理专业的学习教材，也可作为监理企业监理人员参加监理员或监理工程师考试培训的指导教材。同时本书可作为大中专院校、广大企事业单位工程管理人员了解监理的入门教材，也可供监理人员继续教育使用。

图书在版编目（CIP）数据

建设监理职业理论与法规/沈万岳，傅敏主编. —北京：清华大学出版社，2019
（高等职业教育土木建筑大类专业系列规划教材）
ISBN 978-7-302-51737-5

Ⅰ. ①建…　Ⅱ. ①沈…　②傅…　Ⅲ. ①建筑工程－监督管理－高等职业教育－教材　Ⅳ. ①TU712

中国版本图书馆CIP数据核字（2018）第271363号

责任编辑：杜　晓
封面设计：曹　来
责任校对：赵琳爽
责任印制：宋　林

出版发行：清华大学出版社
网　　址：http://www.tup.com.cn，http://www.wqbook.com
地　　址：北京清华大学学研大厦A座　　**邮　　编：**100084
社 总 机：010-62770175　　**邮　　购：**010-62786544
投稿与读者服务：010-62776969，c-service@tup.tsinghua.edu.cn
质量反馈：010-62772015，zhiliang@tup.tsinghua.edu.cn
课件下载：http://www.tup.com.cn，010-62770175-4278
印 装 者：北京密云胶印厂
经　　销：全国新华书店
开　　本：185mm×260mm　　**印　　张：**15.75　　**字　　数：**381千字
版　　次：2019年3月第1版　　**印　　次：**2019年3月第1次印刷
定　　价：46.00元

产品编号：082075-01

前言

工程建设监理事业是我国社会主义市场经济发展的客观要求和需要，在提高工程建设质量、加快工程建设进度、控制工程建设投资等方面都发挥着重要作用。作为一项新兴的事业，我国监理工程师队伍还不能充分满足工程建设的需要，在数量上还需要大量增加，在质量上也需要有所提高。因此，迫切需要有更多的专业人才充实到监理队伍中。当前我国的工程建设监理理论正处于不断发展和完善的阶段，随着《建设工程监理规范》(GB/T 50319—2013)的发布和建筑信息模型(BIM)的兴起，监理行业对从业人员的要求越来越高，尤其在对建筑信息管理、合同管理、成本和质量管理，以及各方协调上的要求，显得比以往任何时候都更重要。本书根据我国建设工程管理新发布的法律法规、技术标准和建设工程监理制度的有关规定，针对职业教育有关监理课程知识和能力的要求编写而成，较全面地阐述了建设工程监理的知识体系。同时参考了全国注册监理工程师考试相关用书、考试大纲、教学大纲，以及其他相关资料，从对建设工程监理的基本认识开始逐步展开，对监理体系的构成、组织和协调，目标控制，相关管理工作进行了较详细地讲解和阐述。

本书单元1建设工程监理概述、单元3监理工程师、单元5监理组织协调、附录工程建设监理法律法规由沈万岳老师(浙江建设职业技术学院)编写。单元2工程监理企业、单元4项目监理机构、单元6监理目标控制、单元7工程监理管理和安全履责、单元8建设工程监理的工作方法、单元9监理规划和监理细则和单元10其他监理文件由傅敏老师(浙江建设职业技术学院)编写。全书由沈万岳老师统稿，由黄乐平老师和林滨滨老师(浙江建设职业技术学院)主审。本书在编写过程中得到了浙江建设职业技术学院余春春老师、浙江省全过程工程咨询与监理管理协会章钟秘书长、杭州市建设监理协会茹关荣副秘书长、浙江水利水电学院刘学应教授、杭州市建筑工程监理有限公司总工程师杜力教授级高级工程师、杭州信达投资咨询估价监理有限公司吕艳斌总经理、浙江天成项目管理有限公司徐菊明副总经理、浙江泛华工程监理有限公司孔唐总工程师和杭州江东建设工程项目管理有限公司王德光总经理等专家们的大力支持和关心，他们提出了许多宝贵意见，对提高本书的编写质量大有裨益，在此表示衷心的感谢。

本书在编写过程中参阅了大量资料，谨向参考文献著者深表谢意。由于编者水平有限，不足之处在所难免，恳请使用本书的广大师生和读者不吝批评指正，以便我们修订或再版时及时改正。

编　者

2018 年 9 月

目录

单元1 建设工程监理概述

1.1 建设工程监理的含义及性质

1.1.1 建设工程监理的含义

建设工程监理是指工程监理单位受建设单位委托，根据法律法规、工程建设标准、勘察设计文件及合同，在施工阶段对建设工程质量、造价、进度进行控制，对合同、信息进行管理，对工程建设相关方的关系进行协调，并履行建设工程安全生产管理法定职责的服务活动。

建设单位（业主、项目法人）是建设工程监理任务的委托方，工程监理单位是监理任务的受托方。工程监理单位在建设单位的委托授权范围内从事专业化服务活动。与国际上一般的工程项目管理咨询服务不同，建设工程监理是一项具有中国特色的工程建设管理制度，目前的工程监理不仅定位于工程施工阶段，而且法律法规将工程质量、安全生产管理方面的责任赋予工程监理单位。

建设工程监理的含义需要从以下几方面理解。

1. 建设工程监理行为主体

《中华人民共和国建筑法》（以下简称《建筑法》）第三十一条明确规定，实行监理的工程，由建设单位委托具有相应资质条件的工程监理单位实施监理。建设工程监理应当由具有相应资质的工程监理单位实施，由工程监理单位实施工程监理的行为主体是工程监理单位。建设工程监理不同于政府主管部门的监督管理，后者属于行政性监督管理，其行为主体是政府主管部门。同样，建设单位自行管理、工程总承包单位或施工总承包单位对分包单位的监督管理都不是工程监理。

2. 建设工程监理实施前提

《建筑法》第三十一条明确规定，建设单位与其委托的工程监理单位应当以书面形式订立建设工程监理合同。也就是说，建设工程监理的实施需要建设单位的委托和授权。工程监理单位只有与建设单位以书面形式订立建设工程监理合同，明确监理工作的范围、内容、服务期限和酬金，以及双方的义务、违约责任后，才能在规定的范围内实施监理。工程监理单位在委托监理的工程中拥有一定管理权限，是建设单位授权的结果。

3. 建设工程监理实施依据

建设工程监理实施依据包括法律法规、工程建设标准、勘察设计文件及合同。

（1）法律法规。包括《建筑法》《中华人民共和国合同法》《中华人民共和国招标投标法》《建设工程质量管理条例》《建设工程安全生产管理条例》《中华人民共和国招标投标法实施条例》等法律法规,《工程监理企业资质管理规定》《注册监理工程师管理规定》《建设工程监理范围和规模标准规定》等部门规章,以及地方性法规等。

(2) 工程建设标准。包括有关工程技术标准、规范、规程以及《建设工程监理规范》《建设工程监理与相关服务收费标准》等。

(3) 勘察设计文件及合同。包括批准的初步设计文件、施工图设计文件,建设工程监理合同以及与所监理工程相关的施工合同、材料设备采购合同等。

4. 建设工程监理实施范围

目前,建设工程监理定位于工程施工阶段,工程监理单位受建设单位委托,按照建设工程监理合同约定,在工程勘察、设计、保修等阶段提供的服务活动均为相关服务。工程监理单位可以拓展自身的经营范围,为建设单位提供包括建设工程项目策划决策和建设实施全过程的项目管理服务。

5. 建设工程监理基本职责

建设工程监理是一项具有中国特色的工程建设管理制度。工程监理单位的基本职责是在建设单位委托授权范围内,通过合同管理和信息管理,以及协调工程建设相关方的关系,控制建设工程质量、造价和进度三大目标,即"三控两管一协调"。此外,还须履行建设工程安全生产管理的法定职责,这是《建设工程安全生产管理条例》赋予工程监理单位的社会责任。

1.1.2 建设工程监理的性质

建设工程监理的性质可概括为服务性、科学性、独立性和公平性四个方面。

1. 服务性

在工程建设中,工程监理人员利用自己的知识、技能和经验以及必要的试验、检测手段,为建设单位提供管理和技术服务。工程监理单位既不直接进行工程设计,也不直接进行工程施工;既不向建设单位承包工程造价,也不参与施工单位的利润分成。

工程监理单位的服务对象是建设单位,但不能完全取代建设单位的管理活动。工程监理单位不具有工程建设重大问题的决策权,只能在建设单位授权范围内采用规划、控制、协调等方法,控制建设工程质量、造价和进度,并履行建设工程安全生产管理的监理职责,协助建设单位在计划目标内完成工程建设任务。

2. 科学性

科学性是由建设工程监理的基本任务决定的。工程监理单位以协助建设单位实现其投资目的为己任,力求在计划目标内完成工程建设任务。由于工程建设规模日趋庞大,建设环境日益复杂,功能需求及建设标准越来越高,新技术、新工艺、新材料、新设备不断涌现,工程建设参与单位越来越多,工程风险日渐增加,工程监理单位只有采用科学的思想、理论、方法和手段,才能驾驭工程建设。

为了满足建设工程监理实际工作需求,工程监理单位应由组织管理能力强、工程建设经验丰富的人员担任领导;应有足够数量的、有丰富管理经验和较强应变能力的注册监理工程师组成的骨干队伍;应有健全的管理制度、科学的管理方法和手段;应积累丰富的技术、经济资料和数据;应有科学的工作态度和严谨的工作作风,能够创造性地开展工作。

3. 独立性

《建设工程监理规范》(GB/T 50319—2013)明确要求，工程监理单位应公平、独立、诚信、科学地开展建设工程监理与相关服务活动。独立是工程监理单位公平地实施监理的基本前提。为此，《建筑法》第三十四条规定："工程监理单位与被监理工程的承包单位以及建筑材料、建筑构配件和设备供应单位不得有隶属关系或者其他利害关系。"

按照独立性要求，工程监理单位应严格按照法律法规、工程建设标准、勘察设计文件、建设工程监理合同及有关建设工程合同等实施监理。在建设工程监理工作过程中，必须建立项目监理机构，按照自己的工作计划和程序，根据自己的判断，采用科学的方法和手段，独立地开展工作。

4. 公平性

国际咨询工程师联合会(FIDIC)《土木工程施工合同条件》(红皮书)自 1957 年第一版发布以来，一直都保持着一个重要原则，要求(咨询)工程师"公正"，即不偏不倚地处理施工合同中的有关问题。该原则也成为我国建设工程监理制度建立初期的一个重要性质。然而，在 FIDIC《土木工程施工合同条件》(1999 年第一版)中，(咨询)工程师的公正性要求不复存在，而只要求"公平"。(咨询)工程师不充当调解人或仲裁人的角色，只是接受业主报酬负责进行施工合同管理的受托人。

与 FIDIC《土木工程施工合同条件》中的(咨询)工程师类似，我国工程监理单位受建设单位委托实施建设工程监理，也无法成为公正或不偏不倚的第三方，但需要公平地对待建设单位和施工单位。公平性是建设工程监理行业能够长期生存和发展的基本职业道德准则。特别是当建设单位与施工单位发生利益冲突或者矛盾时，工程监理单位应以事实为依据，以法律法规和有关合同为准绳，在维护建设单位合法权益的同时，不能损害施工单位的合法权益。例如，在调解建设单位与施工单位之间争议，处理费用索赔和工程延期、进行工程款支付控制及结算时，应尽量客观、公平地对待建设单位和施工单位。

1.1.3 建设工程监理与工程质量监督的区别

建设工程监理与政府工程质量监督都属于工程建设领域的监督管理活动。但是，它们之间存在着明显的区别。

(1) 建设工程监理的实施者是社会化、专业化的监理单位，而政府工程质量监督的执行者是政府建设行政主管部门的专业执行机构(工程质量监督机构)。工程建设监理属于社会的、民间的监督管理行为，而工程质量监督则属于政府行为。

(2) 建设工程监理是在项目组织系统范围内的平等主体之间的横向监督管理，而政府工程质量监督则是项目组织系统外的监督管理主体对项目系统的建设行为主体进行的一种纵向监督管理。

(3) 建设工程监理具有明显的委托性，而政府工程质量监督则具有明显的强制性。

(4) 建设工程监理的工作范围是由监理合同决定的，其活动可以贯穿于工程建设的全过程、全方位，而政府工程质量监督则一般只限于施工阶段。

(5) 两者在工程质量方面的工作也存在着较大的区别。一是工作依据不尽相同。政府工程质量监督以国家、地方颁发的有关法律、法规和技术规范、标准为依据。而建设工程监理则不仅以法律、法规的技术规范、标准为依据，还以国家批准的工程项目建设文件和工程建设合同为依据。二是深度、广度不同。建设工程监理所进行的质量控制工作包括对项目质量目标详细规划，采取一系列综合控制措施，既要做到全方位控制，又要做到事前、事中、事后控制，并持续在工程项目建设的各阶段。而政府工程质量监督则主要在工程项目建设的施工阶段，对工程质量进行阶段性的监督、检查、确认。三是工作权限不同。例如，政府工程质量监督机构拥有确认工程质量等级的权力，而监理单位则没有这项权力。四是工作方法和手段不同。建设工程监理主要采用组织管理的方法，从多方面采取措施进行项目质量控制。而政府工程质量监督则更侧重于行政管理的方法和手段。

1.2 建设工程监理产生的背景

建设工程监理，在国外已有几百年的发展史，其起源可追溯到工业革命前的16世纪。它的产生和演进，与商品经济的发展、建设领域的专业化分工、生产的社会化相伴随，并日趋完善。

16世纪以前的欧洲，随着社会经济和建筑技术的发展，工程规模日渐扩大，出现了建筑师。建筑师就是总营造师，他受雇或从属于业主，负责设计、购料、雇用工匠，并组织和管理工程的施工。那时的建筑师面临的技术要求比较低，建材品种也比较少。这一时期的项目建设与管理还属于自营方式。

16世纪以后，欧洲兴起了华丽的花园建筑热潮，社会对房屋建造技术的要求越来越高，这就需要对施工进行严格的管理与监督，于是传统的建筑业开始发生变化，建筑师队伍出现了专业分工。一部分建筑师联合起来专门从事设计；另一部分建筑师则从事组织、监督施工。这样就形成了设计和施工的分离。最初的监理内容主要是监督工程质量，替业主计算工程量和验收，也就是实地丈量各分部分项工程所完成的实物工程量。这时的项目建设与管理已开始向专业化方向发展。

18世纪60年代的英国工业革命，大大促进了整个欧洲大陆的城市化和工业化的发展进程，随之带来了建筑业的空前繁荣，相应地要求建立一种新的管理方式来达到工程建设的高质量。业主已感觉到，单靠自己监督管理工程建设十分困难，需要工程建设专家帮助自己监督管理工程建设。从此，专业化的社会监理的必要性开始被人们所认识。1830年英国政府以法律手段推出了总包合同制。这个制度的实行，导致了招标交易方式的出现，也促进了建设监理制度的发展。从此，很多欧洲国家便以承包方式取代自营方式，出现了业主、工程师、承包商三方相互独立而又相互制约的新格局。此后，社会监理的业务内容得到了进一步扩充，包括帮助业主编写标书，计算标底，协助评标，控制费用、进度、质量，进行合同管理以及项目的组织和协调等。

第二次世界大战后，特别是20世纪50年代开始，出现了许多大型和巨型企业与工程。由于这些工程投资多，技术复杂，风险大，一旦失误就会造成巨大损失，这就迫使投资者重视项目决策阶段的研究，由此产生了项目可行性研究，进一步拓宽了社会监理的业务范围，使其由项目实施向前延伸至项目决策阶段。业主为了减少投资风险，节约工程费用，保证投资效益和工程建设高质高效的实施，需要聘请有经验的咨询监理人员进行投资机会和项目可行性研究，在此基础上进行决策。在工程建设的实施阶段，还要进行全面监理。这样，建设监理就逐步覆盖了建设活动的全过程。

近50年来，工业发达国家的建设监理向着规范化、制度化方向发展，并已成为工程建设管理的一项制度。一些发展中国家，也开始效仿发达国家的做法，结合本国的实际，成立或引进社会监理机构，对工程建设实行监理。世界银行和亚洲开发银行等国际金融机构，也都把实行监理作为提供建设贷款的条件之一。

在我国漫长的封建社会里，在建设活动上，一种是由官府主持的，多为宫殿或防御工程，由官吏负责组织，实行奴隶式监督和管理，强迫工匠干活，保证质量；另一种是民间的建设活动，多为个人建房，规模较小，工程简单，由请来的工匠负责设计和计算并带领帮手进行施工，由业主自己进行监督管理。

1840年鸦片战争以后，一些资本主义的生产方式开始传入我国，在一些大城市形成了土木工程营造业和专营设计的建筑师事务所。较重要的工程（如旧中国的铁路、中山陵园等）要经过设计、招投标、签订工程承包合同，然后进入施工阶段。此时，涉及工程的各方面都要派出监督员（俗称“看工”），从各自不同的角度对工程实施监督。这一套监工制度，对工程的进度、质量和造价起到了一定的作用。

新中国成立以后，社会主义公有制在国民经济中占据主导地位，工程建设的目的是建立完整的工业体系和国民经济体系，不断改善人民物质文化生活。工程建设各参与者的根本利益是一致的，目标都是多快好省地完成国家的建设任务，建设活动中监督的性质有了改变，其监督的方式也在不断发展和完善。总结近70年来的做法，在工程建设监督方式上，大致可分为以下三个阶段。

第一阶段：从新中国成立初期到1982年。这一阶段，我国学习苏联的基建管理模式，实行高度集中的计划经济体制，国家给经费，建设投资由行政部门层层拨付，施工任务由行政部门下达，主要建筑材料跟随投资向各工程项目调拨，建设、设计、施工单位都是任务的执行者，政府对他们的建设活动实行单向的行政监督。

在工程建设的具体实施中，由于工程费用实报实销，不计盈亏，不讲核算，工程建设各参与者重视的是工程进度和质量。为了保进度，常常采取大会战式的人海战术，不讲效益。而工程质量的保证则主要依靠施工单位的自我监督。

第二阶段：1983—1987年，我国进入了改革开放的新时期。建设领域迈开了改革的重大步伐，开始实行投资有偿使用，投资主体开始出现多元化。1983年3月原城乡建设环境保护部在济南召开全国建筑工作会议，1983年4月《建筑业改革大纲》正式发布实施，从此我国建筑业进入全面改革的新阶段。它包括改革单纯用行政手段分配建设任务的老办法，实行招标、议标制，允许建设单位择优选用设计、施工单位；改革企业经营管理体制，发展多种经济形式；改革按人头核定工资总额的老办法，实行百元产值工资含量包干等。这些改革使施工单位的自主权不断扩大并向商品生产者转变，工程建设者之间的横向经济关系得到强化，全行业出现了前所未有的生机与活力，推动着国家建设的迅速发展。但与此同时，改革出现的新格局又与传统的管理体制发生摩擦，施工企业追求自身利益的趋势日益突出，特别是工程质量问题日渐严重，相当一部分工程使用功能差，一些工程结构存在着严重隐患，倒塌事故时有发生，施工企业自评自报的工程合格率、优良率严重不准。因此建立严格的外部监督机制，形成企业内部保证与外部监督认证的双控体制已十分必要。为此，1983年我国开始实行政府对工程质量的监督认证制度。1984年9月国务院颁发了《关于改革建筑业和基本建设管理体制若干问题的暂行规定》，明确提出了要建立有权威的政府工程质量监督机构。实施以来，工程质量的政府监督工作取得了很大发展。全国所有城市和绝大部分县都建立了工程质量监督站。它们在不断进行自身建设的基础上，认真履行职责，积极开展工作，在促进企业质量保证体系的建立、保证工程质量方面取得了明显的成效，发挥了重大作用。

工程质量监督制度的建立，标志着我国的工程建设监督由原来的单向行政监督向政府专业质量监督转变，由仅仅依靠企业自检自评向第三方认证（政府强制性监督）和企业内部保证相结合转变。

第三阶段：1988年以后，随着改革的不断深化，一种对工程建设活动更全面、更完善的监督方式出现了，这就是在国际上已经通用的、行之有效的社会建设监理制引进了我国。一些利用世界银行贷款、亚洲银行贷款和中外合资的工程项目，按照贷款机构的要求和国际惯例，首先实行了这种制度，普遍取得了满意的效果。1988年7月，原建设部发出《关于开展建设监理工作的通知》，提出了建设监理制度的初步规划和构想。从此，我国的建设监理制度拉开了序幕。

1.3 中国建设工程监理发展的三个阶段

第一阶段：1988—1992年为试点阶段。原建设部在1988年7月25日发出开展建设监理试点工作的通知，在北京、天津、上海、哈尔滨、南京、宁波、深圳、沈阳、交通部、能源部共八市两部进行监理工作的试点，在这期间上述的八市两部分别在设计院、研究所和学院的基础上组建了监理公司，并对一些建设项目实施了监理，取得了明显的监理效果。

第二阶段：1993—1995年为稳步发展阶段。经过4年的试点工作，发展了一批监理公司，培养了一批监理人员，实施了一批工程项目的监理工作，为我国的建设监理发展奠定了基础。但是前4年的试点工作所产生的效应还没有扩展到全国，许多城市还没有成立监理公司或还没有工程项目实施监理，因此还有必要进一步发展试点阶段所取得的成果。这一阶段的重点是在全国每一个城市至少成立一个监理公司和至少实施一个工程项目的监理工作，为把建设监理推广到全国打下良好的基础。

第三阶段：1996—2000年为全面推广阶段。又经过3年的发展，全社会对建设监理的认识有了很大的提高，主动委托监理的项目不断增加。同时，监理人员经过多年的探索和实践，逐步建立起一套比较规范的监理工作方法和制度。监理单位作为市场主体之一，与建设单位、承包单位、政府主管部门的关系日益清晰，尤其是监理单位与建设单位的责、权、利关系所形成的委托监理合同内容日益规范。因此在全国推行监理制度、实现产业化，使监理制度规范、统一、有效已是势在必行。原建设部与原国家计委于1995年12月15日联合发布《工程建设监理规定》，标志着我国建设监理向全国全面推广。

1997年《建筑法》以法律制度的形式作出规定，国家推行建设工程监理制度，从而使建设工程监理在全国范围内进入全面推行阶段。

《建筑法》第四章建筑工程监理规定如下。

第三十条 国家推行建筑工程监理制度。

国务院可以规定实行强制监理的建筑工程的范围。

第三十一条 实行监理的建筑工程，由建设单位委托具有相应资质条件的工程监理单位监理。建设单位与其委托的工程监理单位应当订立书面委托监理合同。

第三十二条 建筑工程监理应当依照法律、行政法规及有关的技术标准、设计文件和建筑规模承包合同，对承包单位在施工质量、建设工期和建设资金使用等方面，代表建设单位实施监督。

工程监理人员认为工程施工不符合工程设计要求、施工技术标准和合同约定的，有权要求建筑施工企业改正。

工程监理人员发现工程设计不符合建筑工程质量标准或者合同约定的质量要求的，应当报告建设单位要求设计单位改正。

第三十三条 实施建筑工程监理前，建设单位应当将委托的工程监理单位、监理的内容及监理权限，书面通知被监理的建筑施工企业。

第三十四条 工程监理单位应当在其资质等级许可的监理范围内，承担工程监理业务。工程监理单位应当根据建设单位的委托，客观、公正地执行监理任务。

工程监理单位与被监理工程的承包单位以及建筑材料，建筑构配件和设备供应单位不得有隶属关系或者其他利害关系。

工程监理单位不得转让工程监理业务。

第三十五条 工程监理单位不按照委托监理合同的约定履行监理义务，对应当监督检查的项目不检查或者不按照规定检查，给建设单位造成损失的，应当承担相应的赔偿责任。

工程监理单位与承包单位串通，为承包单位谋取非法利益，给建设单位造成损失的，应当与承包单位承担连带赔偿责任。

1.4 国内外建设工程监理现状

从 20 世纪 80 年代后期我国开展工程监理试点工作至今，工程监理行业走过了不平凡的 30 年。工程监理制度的建立和实施，适应了我国社会主义市场经济条件下工程建设管理的需要，推动了工程建设组织实施方式的社会化、专业化发展，为工程质量安全提供了重要保障，促进了工程建设水平和效益的提高。

1.4.1 我国建设工程监理企业统计分析

根据中华人民共和国住房和城乡建设部(以下简称住建部)监理行业统计公报，2007 年至 2017 年，我国工程监理业企业数量保持小幅增长，由 6043 家增加到 7945 家；从业人员数量增长超 2 倍，由 2007 年 51 万人增长至 2016 年 107 余万人(见图 1-1)。

2017 年年末工程监理企业从业人员 1071780 人，与上年相比增长 7.13%。其中，正式

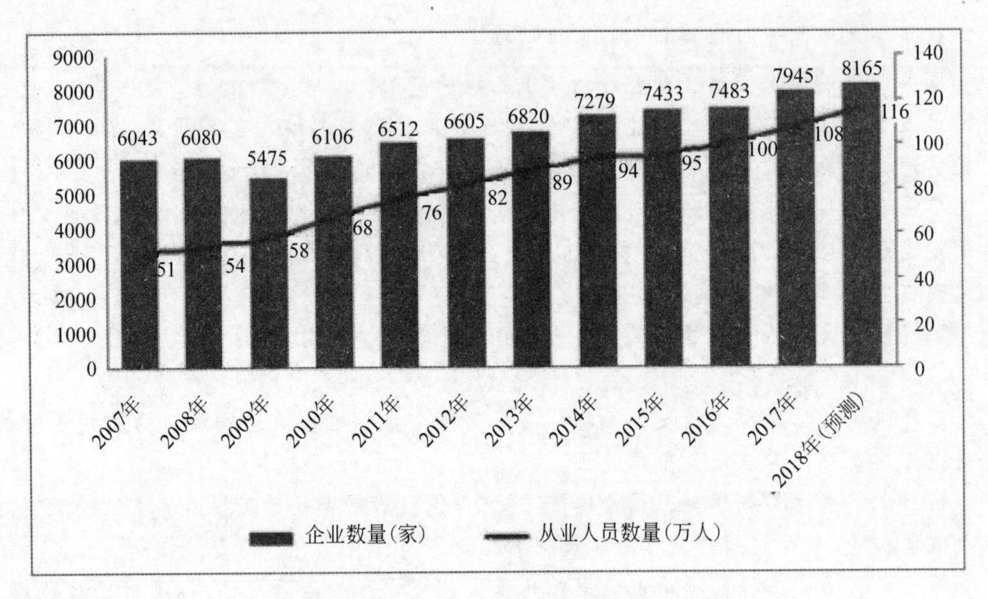

图 1-1 我国工程监理业企业数量增长和从业人员数量增长

聘用人员 761609 人，占年末从业人员总数的 71.06%；临时聘用人员 310171 人，占年末从业人员总数的 28.94%；工程监理从业人员 763943 人，占年末从业人员总数的 71.28%。

2017 年年末工程监理企业专业技术人员 914580 人，与上年相比增长 7.67%。其中，高级职称人员 138388 人，中级职称人员 397839 人，初级职称人员 223258 人，其他人员 155095 人。专业技术人员占年末从业人员总数的 85.33%。

2017 年年末工程监理企业注册执业人员 286146 人，与上年相比增长 12.8%。其中，注册监理工程师 163944 人，与上年相比增长 8.36%，占总注册人数的 57.29%；其他注册执业人员 122202 人，占总注册人数的 42.71%。

2017 年综合资质企业 166 个，增长 11.41%；甲级资质企业 3535 个，增长 4.62%；乙级资质企业 3133 个，增长 9.2%；丙级资质企业 1107 个，增长 2.41%；事务所资质企业 4 个，减少 20%。具体分布见表 1-1～表 1-3。

表 1-1 全国建设工程监理企业按地区分布情况

地区名称	北京	天津	河北	山西	内蒙古	辽宁	吉林	黑龙江
企业个数	328	107	305	223	158	311	190	218
地区名称	上海	江苏	浙江	安徽	福建	江西	山东	河南
企业个数	194	734	489	300	372	159	540	293
地区名称	湖北	湖南	广东	广西	海南	重庆	四川	贵州
企业个数	271	250	538	182	55	107	348	148
地区名称	云南	西藏	陕西	甘肃	青海	宁夏	新疆	
企业个数	172	43	474	189	65	63	119	

表 1-2 全国建设工程监理企业按工商登记类型分布情况

工商登记类型	国有企业	集体企业	股份合作	有限责任	股份有限	私营企业	其他类型
企业个数	554	57	31	4355	597	2258	93

表 1-3 全国建设工程监理企业按专业工程类型分布情况

资质类别	综合资质	房屋建筑工程	冶炼工程	矿山工程	化工石油工程	水利水电工程
企业个数	166	6394	19	33	140	89
资质类别	电力工程	农林工程	铁路工程	公路工程	港口与航道工程	航天航空工程
企业个数	341	17	51	28	9	7
资质类别	通信工程	市政公用工程	机电安装工程	事务所资质		
企业个数	29	616	2	4		

注：本统计涉及专业资质工程类别的统计数据，均按主营业务划分。数据截至 2017 年年末。

按复合增长速度 2.77%、7.79%，2018 年监理企业数量预计达到 8165 家，从业人员约有 116 万人。

2017 年工程监理企业承揽合同额 3962.96 亿元，与上年相比增长 28.47%。其中，工程监理合同额 1676.32 亿元，与上年相比增长 19.72%；工程勘察设计、工程项目管理与咨询服务、工程招标代理、工程造价咨询及其他业务合同额 2286.64 亿元，与上年相比增长 35.74%。工程监理合同额占总业务量的 42.3%。

2017 年工程监理企业全年营业收入 3281.72 亿元，与上年相比增长 21.74%。其中，工程监理收入 1185.35 亿元，与上年相比增长 7.3%；工程勘察设计、工程项目管理与咨询服务、工程招标代理、工程造价咨询及其他业务收入 2096.37 亿元，与上年相比增长 31.78%。工程监理收入占总营业收入的 36.12%。其中 20 个企业工程监理收入突破 3 亿元，50 个企业工程监理收入超过 2 亿元，174 个企业工程监理收入超过 1 亿元，工程监理收入过亿元的企业个数与上年相比增长 12.26%。

2007 年比 2016 年复合增长率为 20.06%，按此增速，2018 年预计有 3939 亿元营收规模。

工程监理企业转型升级的步伐加快，业务多元化的趋势日益明显，监理业务对监理企业的营业收入贡献率不断下降，由 2007 年的 51%的营业收入占比减少到 2017 年的 36.12%（见图 1-2）。

监理行业人均营业收入是逐年上升的，由 2007 年的 10 万元上升到 2017 年的 30 万元，2018 年人均营业收入预测将达到 34 万元。这一方面反映出行业人员的生产效率提升；另一方面也是由于监理企业业务转型多元化后带来营业收入增长所致（见图 1-3）。

但是，我们也应该清醒地认识到目前仍然存在一些问题、困难和挑战：一是法律法规制度不够健全；二是行业诚信体制不够完善；三是社会各界对监理履职尽责的期待与一些项目上的监理作用发挥不到位的反差；四是业主对监理服务的要求日益提高，监理服务质量与业主期望之间存在一定差距；五是新形势下出现的新问题，传统的发展理念和发展模式面临严峻挑战。我们要正视存在的问题，不忘初心，牢记使命，勇于担当，不断推动行业向前发展。

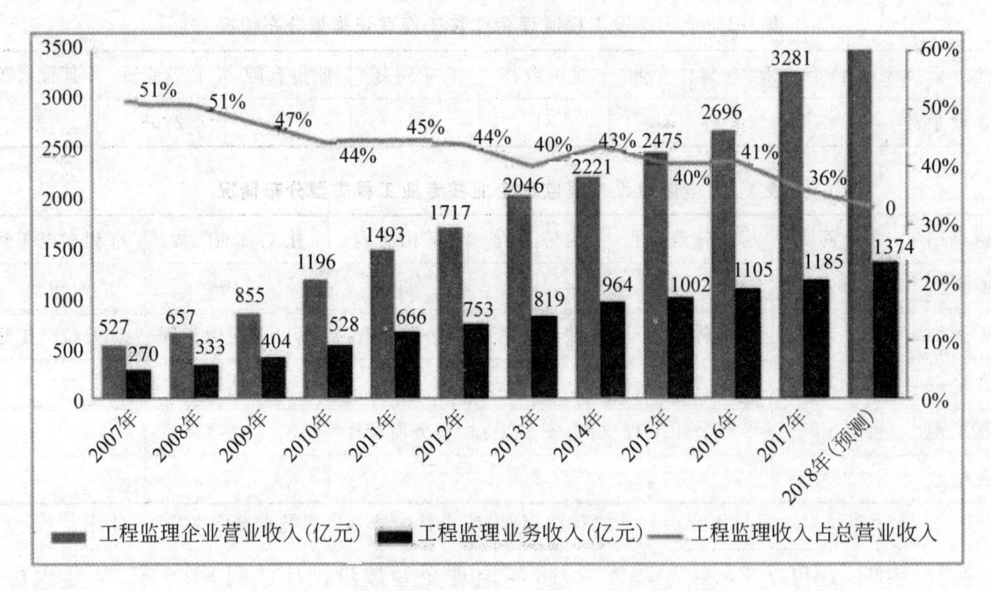

图 1-2 工程监理企业营业收入和监理业务收入

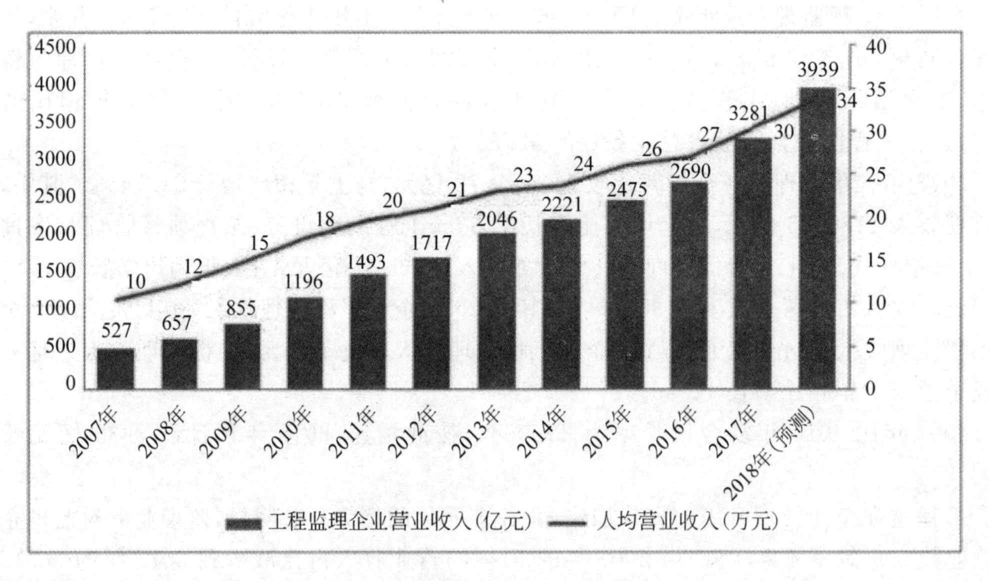

图 1-3 工程监理企业营业收入和人均营业收入

注：数据转载自住建部《2017 年建设工程监理统计公报》。

1.4.2 中国特色的监理制度剖析

监理在国外是很有地位的，属于专业工程师。因为国外的业主是不直接管理工程师，而是由监理来代为管理。国外的监理才是项目的直接管理参与者，不但能够管理施工单位，而且能够拒绝业主单位提出的不合理建议。

但是国内的情况就大不相同了。由于业主对项目管理的多方插手，导致监理的意见有时不再重要了，施工单位要听业主的，监理也要听业主的，导致一些监理难以发挥应有的作用。

“监理”二字早已有之，“监”是监视、督察的意思，《诗经·小雅·节南山》就有：“何用不监。”“理”，通常指条理、准则，如战国韩非子认为：“理者，成物之文也。”以此引申“监理”的含义可表述为以某项条理或准则为依据，对一项行为进行监视、督察、控制和评价。

现代推行的监理制度可以概括为以合同、规范、图纸为准则，监督建设方及施工方的行为，保证工程投资、进度、质量目标的顺利实现。

我国于1988年开始工程监理的试点，1996年在建设领域全面推行工程监理制度。随着改革开放的不断深入和工程建设的持续、快速发展，建设监理制度已成为我国工程建设中不可缺少的重要环节，所起的作用也越来越明显，但也存在以下问题。

监理作为第三方，本来地位应该高于业主及施工单位，公平、公正对待业主及施工单位。但在当前的形势下，面对业主单位的强势，监理更多的只能是站在业主方面督促施工单位快干活少索赔。很多业主平时对监理工作干预较多，有时不通过监理工程师就直接向承包商下达指令，妨碍监理工作的正常开展，这种局面在市政道路、房建工程可以说是普遍存在的。

政府监督管理缺乏力度。我国推行建设监理时间不长，监理行业还比较脆弱，监理单位的市场主体地位还不够稳固，需要政府大力扶持和引导。

监理队伍本身素质良莠不齐，且呈现逐年下降趋势。20世纪90年代初，刚开始实行监理制度的时候，监理人员大都来自施工单位，很多去报考监理工程师的人员经验都十分丰富。随着竞争的加剧，监理费用一再被压缩，为了节约成本，很多工地逐渐变成了几个岁数大点的总监及监理工程师带着一帮刚毕业一两年的监理员在干。监理水平下降一方面造成业主单位对监理的不信任；另一方面也造成工地监管力度变弱。

未来，我国的监理制度还需要在提高监理的重要性、独立性及监理人员自身素质等方面不断完善，才能更好地适应新形势下的建设需要。同时建议提高监理待遇，只有监理工资远高于施工单位，才能吸引更多的优秀人才进入监理行业，这才是提高监理行业水平的根本。

1.4.3 美国建设监理的特点

1. 起步早、规模大、社会化程度高

最早的伊伯森国际工程公司成立于1881年，至今已有138年的历史。由于国情不同，对监理公司的称呼和理解也不尽相同。我们称“监理公司”，尽管实行“三控制、两管理、一协调和履行安全法定职责”的全方位监理，但在实际工作中往往不定期，是施工过程的“监督”和“管理”。而美国则称之为“工程咨询公司”，或“顾问公司”，或“建设管理公司”。“工程咨询公司”或“顾问公司”工程范围较广，管规划、设计和施工，而“建设管理公司”直接管理施工，比较接近我国的监理公司。

在美国，建设监理的社会化程度相当高，不仅国家的重点建设项目要实行监理，一般的民用建筑同样要委托监理。从监理的范围看，不仅监理酒店、写字楼、商业设施、公路、桥梁、

机场、工业厂房、学校等工程,也监理普通的民用住宅建设。只要有工程项目,一般都要找咨询公司,这已成为惯例。他们监理的覆盖率达到95%以上。

2. 管理科学规范、工作效率高

(1) 美国的监理虽然是全过程监理,但一般多偏重于前期阶段,如可行性研究、规划、设计等。咨询公司所做的大多是策划性的工作,真正成为业主的参谋和顾问。在旧金山国际机场扩建工程指挥中心,我们看到顾问公司制作的各类工作图表,如工程进度图、工程施工管理图、工程总进度计划图、劳务用工总计划图、资金使用总计划图、管理人员使用总计划图等,面面俱到,相当完备。

(2) 美国实行的是高技术、高智能、现代化的监理。他们特别重视开发和利用新技术、新材料。办公全部实行计算机管理,工作效率极高。他们不限于施工现场的控制,更注重在技术上、方法上、效益上的控制。在工程项目监理上,也组成项目监理班子,由工程师、业主、施工承包商参加,共同研究建设过程中的有关问题。监理工程师负责解释文件、合同、签发付款单,主抓工程进度。由于承包商是通过招标竞争而来的,他们非常重视本公司的信誉,重视产品质量,偷工减料的现象极少,但高估冒算的现象时有发生,因此业主很重视监理公司来核查各种资料文件,如审查承包商的工程量清单、操作手册、设计说明等。

(3) 美国监理工程师具有极高的权威。由他们签发的各种指令,如"开工令""停工令""付款令"等都具有法律效力。在工程竣工交付使用阶段,由监理工程师进行验收、结算、审核工程资料,并办理工程竣工移交手续。再者,监理工程师本身的素质也很高,不仅具有专业技术能力,也有丰富的实践经验。

3. 监理(咨询顾问)公司同其他组织的关系

(1) 监理(咨询顾问)公司与政府部门的关系。在美国,政府部门负责制定有关法规、管理咨询公司的资质,但不过问具体业务。由于市场机制的作用,那些资质低、信誉差、技术水平低的咨询公司很难生存和发展。

(2) 监理(咨询顾问)公司与法制的关系。工程质量是承包商或营建公司的生命线,咨询公司和业主主要依靠法律手段来控制质量。由于美国的法制健全,执法严格,民众的法律意识强,因此谁也不敢贸然违反法律而不顾工程质量。

(3) 监理与业主的关系。是委托方和被委托方的合同关系,监理(咨询顾问)工程师行使业主所授予的权利。

(4) 监理方与承包商的关系。既是监理与被监理的关系,同时也是合作关系。承包商服从监理方,一切施工资料、施工组织方案、进度计划都必须报监理方;监理工程师下达的指令,承包商必须坚决执行。

4. 监理酬金的计取情况

(1) 咨询公司对监理项目的取费,一般是按工程造价的百分比,或按双方约定的总监理费用计取。费率标准一般是工程造价的5%~10%。

(2) 业主对咨询公司提出的合理化建议很重视,如采用后节约了投资,业主会对咨询公司给予节约投资30%~50%的奖励。

(3) 监理工程师在负责该项目过程中的电话费、交通费、差旅费、加班费、各种检测设备使用费等均由业主另外承担。

1.5 我国建设工程监理行业发展的主要目标、主要任务

中国特色社会主义进入了新时代，正处于决胜全面建成小康社会的攻坚期，社会的主要矛盾已经转化为人民日益增长的美好生活需要和不平衡不充分的发展之间的矛盾；我国经济已由高速增长阶段转向高质量发展阶段，正处在转变发展方式、优化经济结构、转换增长动力的攻关期。新时代提出了新要求，要有新作为。我们要以满足人民获得感、幸福感、安全感为目标，以大力提升工程质量安全水平和能力为抓手，以推进建筑业供给侧结构性改革为主线，坚持质量第一，效益优先，着力构建工程质量安全可控、市场机制有效、标准支撑有力、市场主体有活力的中国特色现代化建筑业发展体系。工程监理是保证工程质量安全的重要一环，是实现建筑业高质量发展的有力保障，我们要准确把握新时代发展的特点、脉络和关键，紧紧围绕行业改革发展大局，把思想和行动统一到党的十九大精神上来，扎实推动开展各项工作，为建设现代化建筑业体系作出应有的贡献。

2017 年，国务院办公厅印发了《关于促进建筑业持续健康发展的意见》（国办发〔2017〕19 号），住建部出台了《关于促进工程监理行业转型升级创新发展的意见》（建市〔2017〕145 号），明确了工程监理行业发展的主要目标、主要任务。

1.5.1 主要目标

工程监理服务多元化水平显著提升，服务模式得到有效创新，逐步形成以市场化为基础、国际化为方向、信息化为支撑的工程监理服务市场体系。行业组织结构更趋优化，形成以主要从事施工现场监理服务的企业为主体，以提供全过程工程咨询服务的综合性企业为骨干，各类工程监理企业分工合理、竞争有序、协调发展的行业布局。监理行业核心竞争力显著增强，培育一批智力密集型、技术复合型、管理集约型的大型工程建设咨询服务企业。

1.5.2 主要任务

（1）推动监理企业依法履行职责。工程监理企业应当根据建设单位的委托，客观、公正地执行监理任务，依照法律、行政法规及有关技术标准、设计文件和建筑工程承包合同，对承包单位实施监督。建设单位应当严格按照相关法律法规要求，选择合格的监理企业，依照委托合同约定，按时足额支付监理费用，授权并支持监理企业开展监理工作，充分发挥监理的作用。施工单位应当积极配合监理企业的工作，服从监理企业的监督和管理。

（2）引导监理企业服务主体多元化。鼓励支持监理企业为建设单位做好委托服务的同时，进一步拓展服务主体范围，积极为市场各方主体提供专业化服务。适应政府加强工程质量安全管理的工作要求，按照政府购买社会服务的方式，接受政府质量安全监督机构的委托，对工程项目关键环节、关键部位进行工程质量安全检查。适应推行工程质量保险制度要求，接受保险机构的委托，开展施工过程中风险分析评估、质量安全检查等工作。

(3) 创新工程监理服务模式。鼓励监理企业在立足施工阶段监理的基础上,向"上下游"拓展服务领域,提供项目咨询、招标代理、造价咨询、项目管理、现场监督等多元化的"菜单式"咨询服务。对于选择具有相应工程监理资质的企业开展全过程工程咨询服务的工程,可不再另行委托监理。适应发挥建筑师主导作用的改革要求,结合有条件的建设项目试行建筑师团队对施工质量进行指导和监督的新型管理模式,试点由建筑师委托工程监理实施驻场质量技术监督。鼓励监理企业积极探索政府和社会资本合作(Public-Private Partnership,PPP)等新型融资方式下的咨询服务内容、模式。

(4) 提高监理企业核心竞争力。引导监理企业加大科技投入,采用先进检测工具和信息化手段,创新工程监理技术、管理、组织和流程,提升工程监理服务能力和水平。鼓励大型监理企业采取跨行业、跨地域的联合经营、并购重组等方式发展全过程工程咨询,培育一批具有国际水平的全过程工程咨询企业。支持中小监理企业、监理事务所进一步提高技术水平和服务水平,为市场提供特色化、专业化的监理服务。推进建筑信息模型(Building Information Modeling,BIM)在工程监理服务中的应用,不断提高工程监理信息化水平。鼓励工程监理企业主动参与国际市场竞争,提升企业的国际竞争力。

(5) 优化工程监理市场环境。加快以简化企业资质类别和等级设置、强化个人执业资格为核心的行政审批制度改革,推动企业资质标准与注册执业人员数量要求适度分离,健全完善注册监理工程师签章制度,强化注册监理工程师执业责任落实,推动建立监理工程师个人执业责任保险制度。加快推进监理行业诚信机制建设,完善企业、人员、项目及诚信行为数据库信息的采集和应用,建立黑名单制度,依法依规公开企业和个人信用记录。

(6) 强化对工程监理的监管。工程监理企业发现安全事故隐患严重且施工单位拒不整改或者不停止施工的,应及时向政府主管部门报告。开展监理企业向政府报告质量监理情况的试点,建立健全监理报告制度。建立企业资质和人员资格电子化审查及动态核查制度,加大对重点监控企业现场人员到岗履职情况的监督检查,及时清除存在违法违规行为的企业和从业人员。对违反有关规定造成质量安全事故的,依法给予负有责任的监理企业停业整顿、降低资质等级、吊销资质证书等行政处罚,给予负有责任的注册监理工程师暂停执业、吊销执业资格证书、一定时间内或终生不予注册等处罚。

(7) 充分发挥行业协会作用。监理行业协会要加强自身建设,健全行业自律机制,提升为监理企业和从业人员服务的能力,切实维护监理企业和人员的合法权益。鼓励各级监理行业协会围绕监理服务成本、服务质量、市场供求状况等进行深入调查研究,开展工程监理服务收费价格信息的收集和发布,促进公平竞争。监理行业协会应及时向政府主管部门反映企业诉求,反馈政策落实情况,为政府有关部门制定法规政策、行业发展规划及标准提出建议。

1.6 建设工程监理与项目管理服务

建设工程项目管理是指自项目开始至项目完成,通过项目策划和项目控制,以使项目的费用目标、进度目标和质量目标得以实现。其核心任务是对整个工程项目的目标进行控制,最终使项目建设增值,使项目使用增值。

工程监理是建设方委托具备相应资质的监理公司在现场对工程的全过程进行监督和管理,主要对工程进行安全控制、质量控制、造价控制、进度控制和合同管理、信息管理以及组织协调。

尽管建设工程监理与项目管理服务均是由社会化的专业单位为建设单位(业主)提供服务,但在服务的性质、范围及侧重点等方面有着本质区别。

1)服务性质不同

建设工程监理是一种强制实施的制度。

工程项目管理服务属于委托性质,建设单位的人力资源有限、专业性不能满足工程建设管理需求时,才会委托工程项目管理单位协助其实施项目管理。

2) 服务范围不同

目前,建设工程监理定位于工程施工阶段,而工程项目管理服务可以覆盖项目策划决策、建设实施(设计、施工)的全过程。

3) 服务侧重点不同

建设工程监理的中心任务是目标控制。

工程项目管理单位能够在项目策划决策阶段为建设单位提供专业化的项目管理服务,更能体现项目策划的重要性,更有利于实现工程项目的全生命周期、全过程管理,见表 1-4。

表 1-4 建设工程监理与项目管理服务比较

	建设工程项目管理(服务)	建设工程监理
英文名	Construction Project Management	Construction Project Management
业务性质	咨询服务	咨询服务
法律地位	鼓励开展	强制推行
承担责任	合同责任	合同责任和法律责任
服务期限	项目开始到结束	施工阶段
服务内容	全方位	三控两管一协调一履行
相关服务	(已包括)	勘察、设计、保修等阶段提供的服务活动

1.7 监理与全过程工程咨询

工程监理贯穿在整个施工的全过程中。监理工作通过对施工细节的逐层、全方位管理和控制,利用监理的职责和技术特性,保证施工质量符合设计的要求。所以施工中做好监理工作对于提高整个工程的施工质量有着重要的意义。

工程咨询按其服务性质可划分为工程技术咨询和工程管理咨询两大类。工程技术咨询包括勘察、规划、设计以及设计审查等。工程管理咨询可以概括为工程项目管理，工作内容包括项目前期策划、项目设计过程、招标过程以及施工过程的项目管理。工程咨询按项目全生命周期可以划分为前期决策阶段、项目实施阶段和生产(运营)阶段。每个阶段又包含不同的咨询内容。

工程监理企业是建筑产品生产实现全过程的参与者和见证者。

工程监理企业主要从事施工实施阶段监理咨询工作，而施工实施阶段是调动消耗资源较多、受外界环境干扰较大、组织协同管理较为复杂的产品生产关键阶段。工程监理企业长期浸润在建筑生产活动的现场，代表业主与各个不同阶段、提供不同咨询服务的供应商发生关联，是为项目目标而服务，通过协同各方资源，管理建筑产品生产过程，确保建筑产品最终质量。工程监理企业是建筑产品生产实现全过程的参与者和见证者，而其他咨询单位只是某个阶段的服务者。特别是近十几年来，工程监理企业已通过提供全过程项目管理、项目代建服务，涉足并通晓了投资咨询、市场定位、招标采购、工程造价、绿色建筑、物业运维管理等相关咨询服务领域和相关知识，已具备向工程咨询上下游产业延伸的能力和条件。

信息技术的不断发展，导致各行各业正在发生深刻的变革。工程监理企业可以凭借大数据、云计算、VR和AR以及BIM等信息技术和发达的互联网资源，通过信息管理云平台，降低信息损失，整合数据资源，实现信息共享，充分发挥协调管理优势，减少人为因素干扰，达到通过网络信息工具实现打通“全过程”，拓展产业链的目的。

未来任何一家企业都将通过联合、重组、互补、股本互持等展开全过程工程咨询业务领域的合作，同时现代信息技术在“碎片”了传统知识的同时，为“打通”“重构”工程咨询的全过程提供了技术方面的可能。因此，站在产品实现阶段有利位置的工程监理企业，正可借市场资本手段、信息技术条件以及自身工程实战能力之有利条件，成为全过程工程咨询的主导力量。

工程监理企业成为全过程工程咨询需要突破以下问题。

1) 工程监理企业要突破对服务和产品的认知瓶颈

建筑业咨询服务与其他服务业相比，政策、环境约束性很强。随着建筑业“放管服”改革的深入，市场服务主体呈现多元化发展趋势，新的业态和服务需求不断涌现，原来政策和环境框架下形成的服务形态出现新的变化，企业应该重新审视原来对服务和产品的认知。即通过改变拼价格、拼人数、无差异的低端粗放型经营方式，重构企业内部制度考核检查机制，形成主动开放管理模式，引入模块化、标准化、流程化的服务设计概念，对现有监理服务重新定义；同时，加强用户需求研究、关注用户体验，变“被动应答”为“主动讲述”，建立客户关系维系机制，制定界面明确、逻辑严密的服务产品清单和管理清单，完成定制化、专业化、职业化的服务升级。

2) 工程监理企业要突破对“用”人的管理束缚

未来无论是全过程工程咨询还是专业化工程监理，其智力密集型、技术复合型、管理集约型或成为其特色标签。那些原只具备简单管理技能和经验型人员，会逐步被信息化、专业化、职业化人员所淘汰，“责任”被赋予有着现实意义的使命，“经验”已升级成为综合分析判断能力，管理者面对掌握着不同于过去技能和知识的新人员，若用原来的一些方法、理念和激励手段来管理，将会出现一系列的苦恼和困惑。而随着整体行业吸引力增强，会有一批有较高职业素养、具备跨界知识结构的人才加入进来，那时人力资源管理将变得越来越重要。

3）工程监理企业选择好市场定位比盲目做大更重要

“未来监理企业类型结构一定是多领域（专业）、多层次、各具核心竞争力及特色、综合和专业相结合、资源能力互补的多元化模式。”现有的竞争格局将被改变，选择好自身企业的市场定位、发展方向将比盲目竞争更为重要。诚信体系建设、资质改革、招投标制度改革等举措，说明无差别化的竞标投标模式，只会浪费社会公共资源。将来企业的“长板”才是特色，而所谓的“短板”将被更为灵活的市场资源配置机制所弥补，各具核心竞争力的工程监理企业，更容易通过联合、互补等方式，成为全过程工程咨询服务的提供商。

因此，工程监理企业应重新设计监理从服务—产品—新服务的升级路径，定义清晰的人力资源管理，辩证认识长板和短板，突破思维定式和管理的束缚，在全过程工程咨询服务发展过程中完成转型升级。

2017 年 2 月，国务院《关于促进建筑业持续健康发展的意见》指出，要培育全过程工程咨询。鼓励投资咨询、勘察、设计、监理、招标代理、造价等企业采取联合经营、并购重组等方式发展全过程工程咨询，培育一批具有国际水平的全过程咨询企业。

住建部于 2018 年 3 月正式发文，就《关于推进全过程工程咨询服务发展的指导意见》征求意见，鼓励有能力的工程咨询企业采取联合经营、并购重组等方式提供集成化、多样化的全过程工程咨询服务内容。

监理企业资质或将取消，部分省市部分项目不再强制监理。2016 年 9 月，住建部曾发出《关于取消建设工程企业资质行政许可事项征求意见的函》，对中央编办提出的《住房和城乡建设部重点研究取消的行政许可事项》征求意见。重点研究取消的行政许可事项包括工程监理企业资质认定。

早在 2014 年，据相关媒体报道，深圳开展了非强制监理改革试点，首先是社会工程全部取消强制监理，并将非强制监理范围逐步扩大到政府工程。

2018 年 3 月，上海市正式发文《关于进一步改善和优化本市施工许可办理环节营商环境的通知》，提出改革工程监理机制。在本市社会投资的“小型项目”和“工业项目”中，不再强制要求进行工程监理。建设单位可以自主决策选择监理或全过程工程咨询服务等其他管理模式。鼓励有条件的建设单位实行自管模式。鼓励有条件的建设项目试行建筑师团队对施工质量进行指导和监督的新型管理模式（自 2018 年 3 月 20 日起在全市施行）。

2018 年 4 月，北京市住房和城乡建设委员会也发布了《关于进一步改善和优化本市工程监理工作的通知》，明确规定为进一步改善和优化本市营商环境，加快转变政府职能，充分发挥工程监理的职能作用，依据《北京市建设工程质量条例》及《建设工程监理范围和规模标准规定》等法律法规，结合北京市实际情况，现对进一步改善和优化本市工程监理工作通知如下。

一、自主决定监理发包方式，根据国家发改委发布的《必须招标的工程项目规定》（国家发展和改革委员会第 16 号令），监理服务不在必须招标范围内的，由建设单位自主决定发包方式。

二、对于总投资 3000 万元以下的公用事业工程(不含学校、影剧院、体育场馆项目),建设规模 5 万平方米以下成片开发的住宅小区工程,无国有投资成分且不使用银行贷款的房地产开发项目,建设单位有类似项目管理经验和技术人员,能够保证独立承担工程安全质量责任的,可以不实行工程建设监理,实行自我管理模式。鼓励建设单位选择全过程工程咨询服务等创新管理模式。

三、简化监理招投标手续,依法必须履行监理招投标的项目,在保证招标工作质量的前提下,将资格预审文件备案、招标文件备案、招投标书面情况报告备案、合同备案简化为告知性备案。

四、依法可以不实行工程建设监理,实行自我管理模式的工程建设项目,建设单位应承担工程监理的法定责任和义务。市区住房城乡建设主管部门应加强对该类工程施工过程安全质量的监督执法检查。本通知自 2018 年 6 月 1 日起执行。

1.8 工程建设程序

1.8.1 建设程序的概念

建设程序是一项建设工程从设想、提出到决策,经过设计、施工,直至投产或交付使用的整个过程中,应当遵循的内在规律。

在坚持“先勘察、再设计、后施工”的原则基础上,突出优化决策、竞争择优、委托监理的原则。

1.8.2 建设工程各阶段工作内容

1. 项目建议书阶段

1) 作用

通过论述拟建项目的建设必要性、可行性,以及获利的可能性。

2) 基本内容

(1) 拟建项目的必要性和依据。

(2) 产品方案、建设规模、建设地点初步设想。

(3) 建设条件初步分析。

(4) 投资估算和资金筹措设想。

(5) 项目进度初步安排。

(6) 效益估计。

3) 审批

2. 可行性研究阶段

可行性研究是在项目决策之前,通过调查、研究、分析与项目有关的工程、技术、经济等方面的条件和情况,对可能的多种方案进行比较论证,同时对项目建成后的经济效益进行预测和评价的一种投资决策分析研究方法与科学分析活动。

1）作用

可行性研究的主要作用是为建设项目投资决策提供依据，同时也为建设项目设计、银行贷款、申请开工建设、建设项目实施、项目评估、科学实验、设备制造等提供依据。

2）内容

可行性研究的内容包括项目建设是否必要，技术方案是否可行，生产建设条件是否具备，项目建设是否经济合理等问题。

3）可行性研究报告

可行性研究报告是可行性研究的成果，批准的可行性研究报告是项目最终决策文件。

3. 设计阶段

一般工程进行两阶段设计，即初步设计和施工图设计。有些工程根据需要可在两阶段之间增加技术设计。

1）初步设计阶段

根据批准的可行性研究报告和设计基础资料，对工程进行系统研究，概略计算，作出总体安排，拿出具体实施方案。其目的是在指定的时间、空间等限制条件下，在总投资控制的额度内和质量要求下，作出技术上可行、经济上合理的设计和规定，并编制工程总概算。

初步设计不得随意改变批准的可行性研究报告所确定的建设规模、产品方案、工程标准、建设地址和总投资等基本条件。

2）技术设计阶段

为了进一步解决初步设计中的重大问题，如工艺流程、建筑结构、设备选型等，根据初步设计和进一步的调查研究资料进行技术设计。这样做可以使建设工程更具体、技术指标更合理。

3）施工图设计阶段

使设计达到施工安装的要求。施工图设计应结合实际情况，完整、准确地表达出建筑物的外形、内部空间的分割、结构体系以及建筑系统的组成和周围环境的协调。

《建设工程质量管理条例》规定，建设单位应将施工图设计文件报县级以上人民政府建设行政主管部门或其他有关部门审查，未经审查批准的施工图设计文件不得使用。

4）建设准备阶段

组建项目法人；征地、拆迁和平整场地；做到水通、电通、路通；组织设备、材料订货；建设工程报监；委托工程监理；组织施工招标投标，优选施工单位；办理施工许可证等。

5）施工安装阶段

具备了开工条件并取得施工许可证后才能开工。

工程新开工时间是指建设工程设计文件中规定的任何一项永久性工程第一次正式破土开槽的开始日期。不需要开槽的工程，以正式打桩作为正式开工日期。铁道、公路、水库等需要进行大量土石方工程的，以开始进行土石方工程作为正式开工日期。工程地质勘察、平整场地、旧建筑物拆除、临时建筑或设施等的施工不算正式开工。本阶段的主要任务是按设计进行施工安装，建成工程实体。

6）生产准备阶段

组建管理机构，制定有关制度和规定；招聘并培训生产管理人员，组织有关人员参加设备安装、调试、工程验收；签订供货及运输协议；进行工具、器具、备品、备件等的制造或订货。

7）竣工验收阶段

建设工程按设计文件规定的内容和标准全部完成，并按规定将工程内外全部清理完毕后，达到竣工验收条件，建设单位即可组织竣工验收，勘察、设计、施工、监理等有关单位应参加竣工验收。

竣工验收是考核建设成果、检验设计和施工质量的关键步骤，是由投资成果转入生产或使用的标志。竣工验收合格后，建设工程方可交付使用。

竣工验收后，建设单位应及时向建设行政主管部门或其他有关部门备案并移交建设项目档案。

建设工程自办理竣工验收手续后，因勘察、设计、施工、材料等原因造成的质量缺陷，应及时修复，费用由责任方承担。保修期限、返修和损害赔偿应当遵照《建设工程质量管理条例》的规定。

1.8.3 坚持建设程序的意义

(1) 依法管理工程建设，保证正常建设秩序。

(2) 科学决策，保证投资效果。

(3) 顺利实施建设工程，保证工程质量。

(4) 顺利开展建设工程监理。

1.8.4 建设程序与建设工程监理的关系

(1) 建设程序为建设工程监理提出了规范化的建设行为标准。

(2) 建设程序为建设工程监理提出了监理的任务和内容。

(3) 建设程序明确了工程监理企业在工程建设中的重要地位。

(4) 坚持建设程序是监理人员的基本职业准则。

(5) 严格执行我国建设程序是结合中国国情推行建设工程监理制的具体体现。

1.9 工程建设项目全套流程

1.9.1 工程建设项目前期工作流程

工程建设项目前期工作流程见图 1-4。

1.9.2 建设项目投资决策（建议书、可行性研究报告）流程

建设项目投资决策（建议书、可行性研究报告）流程见图 1-5。

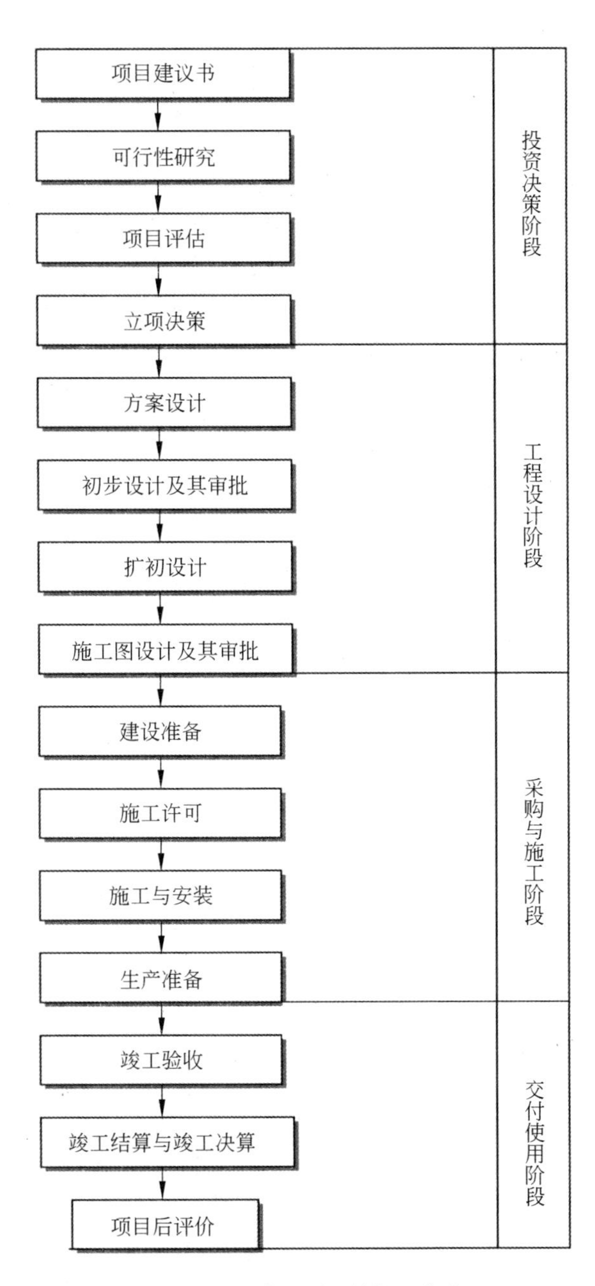

图 1-4 工程建设项目前期工作流程

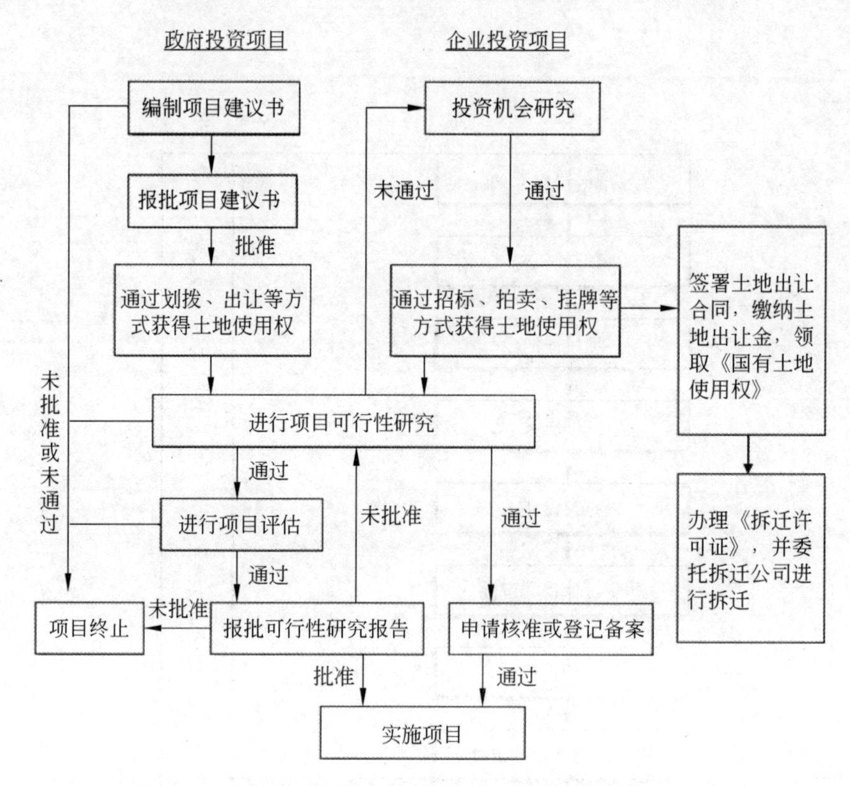

图 1-5　建设项目投资决策(建议书、可行性研究报告)流程

1.9.3　建设项目设计阶段工作流程

建设项目设计阶段工作流程见图 1-6。

1.9.4　建设项目准备阶段工作流程

建设项目准备阶段工作流程见图 1-7。

1.9.5　项目管理基本流程

项目管理基本流程见图 1-8。

1.9.6　招投标基本流程

招投标基本流程见图 1-9。

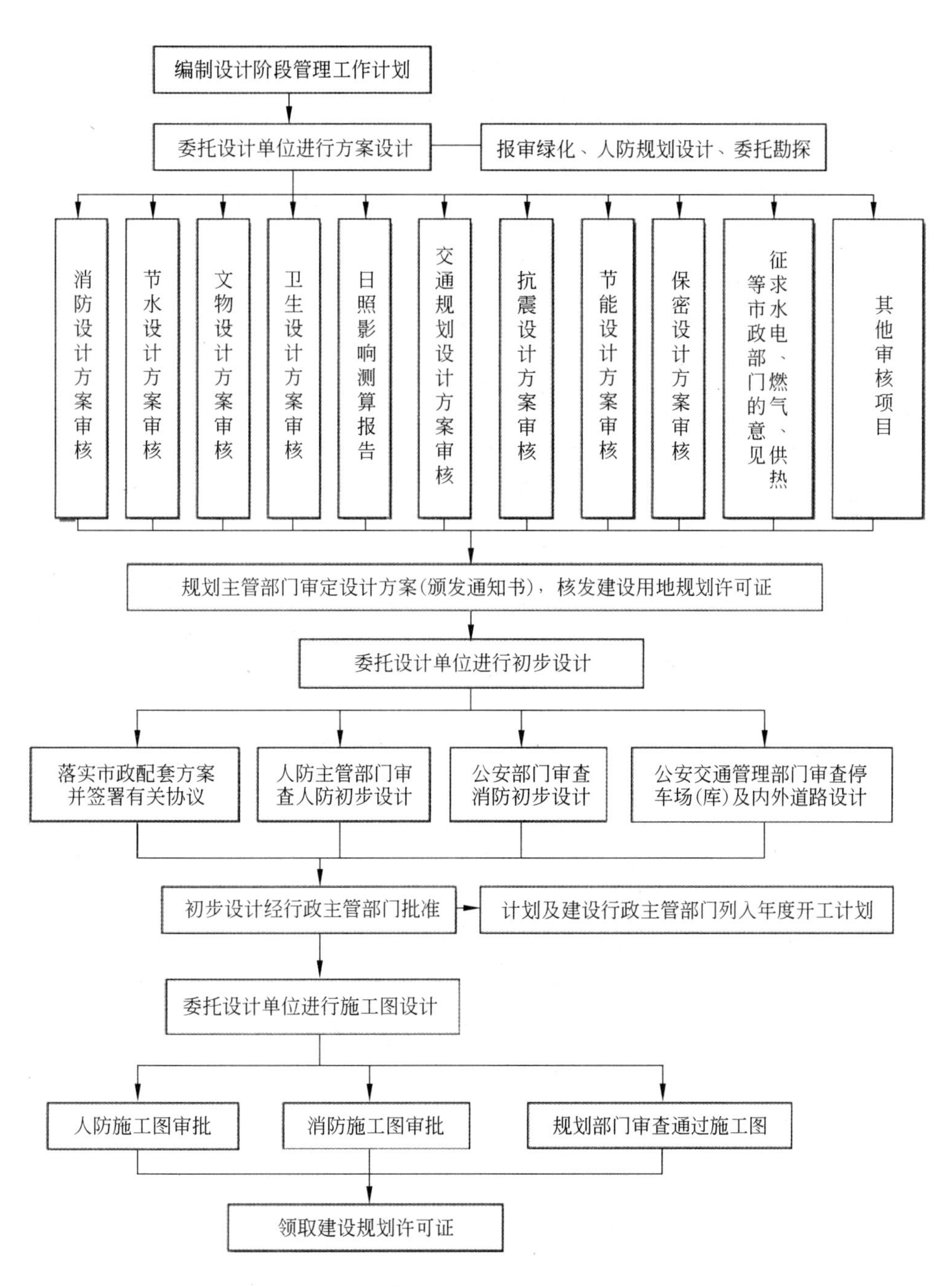

图 1-6　建设项目设计阶段工作流程

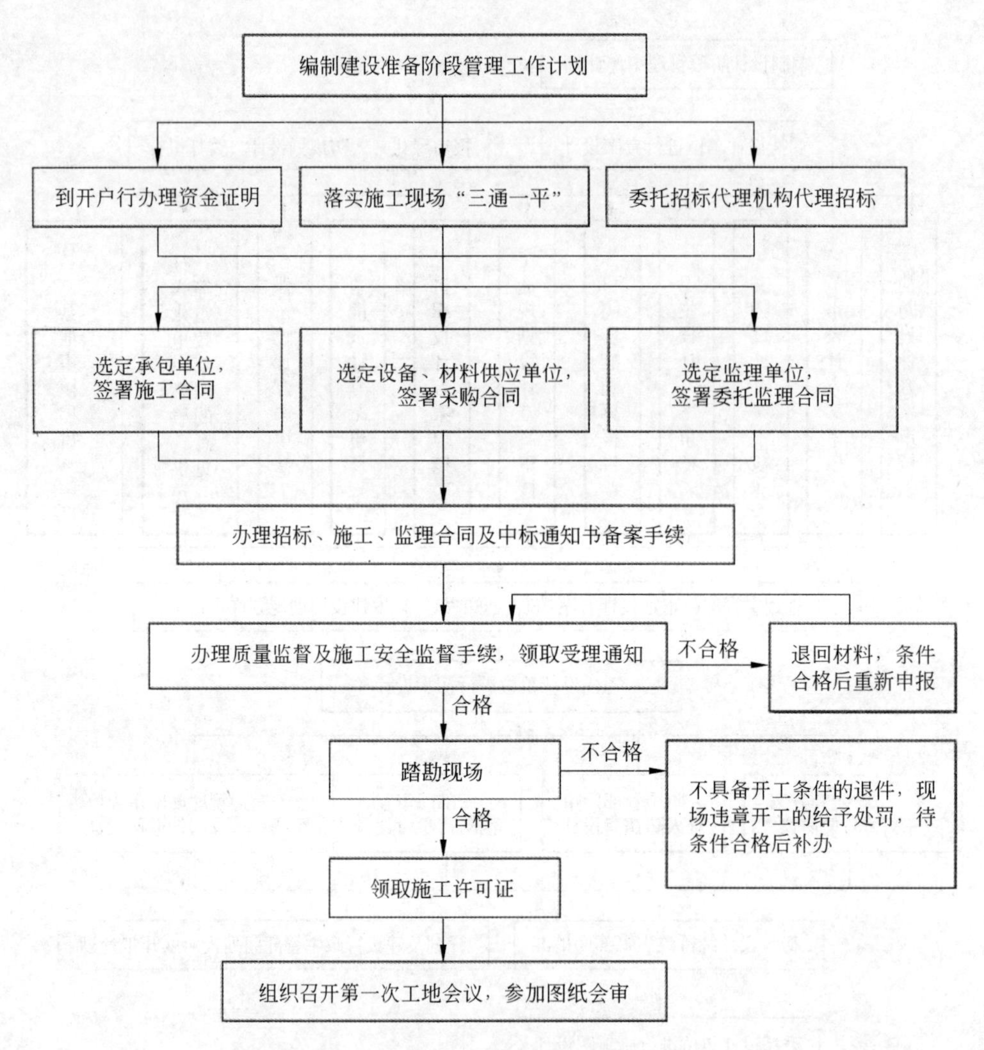

图 1-7 建设项目准备阶段工作流程

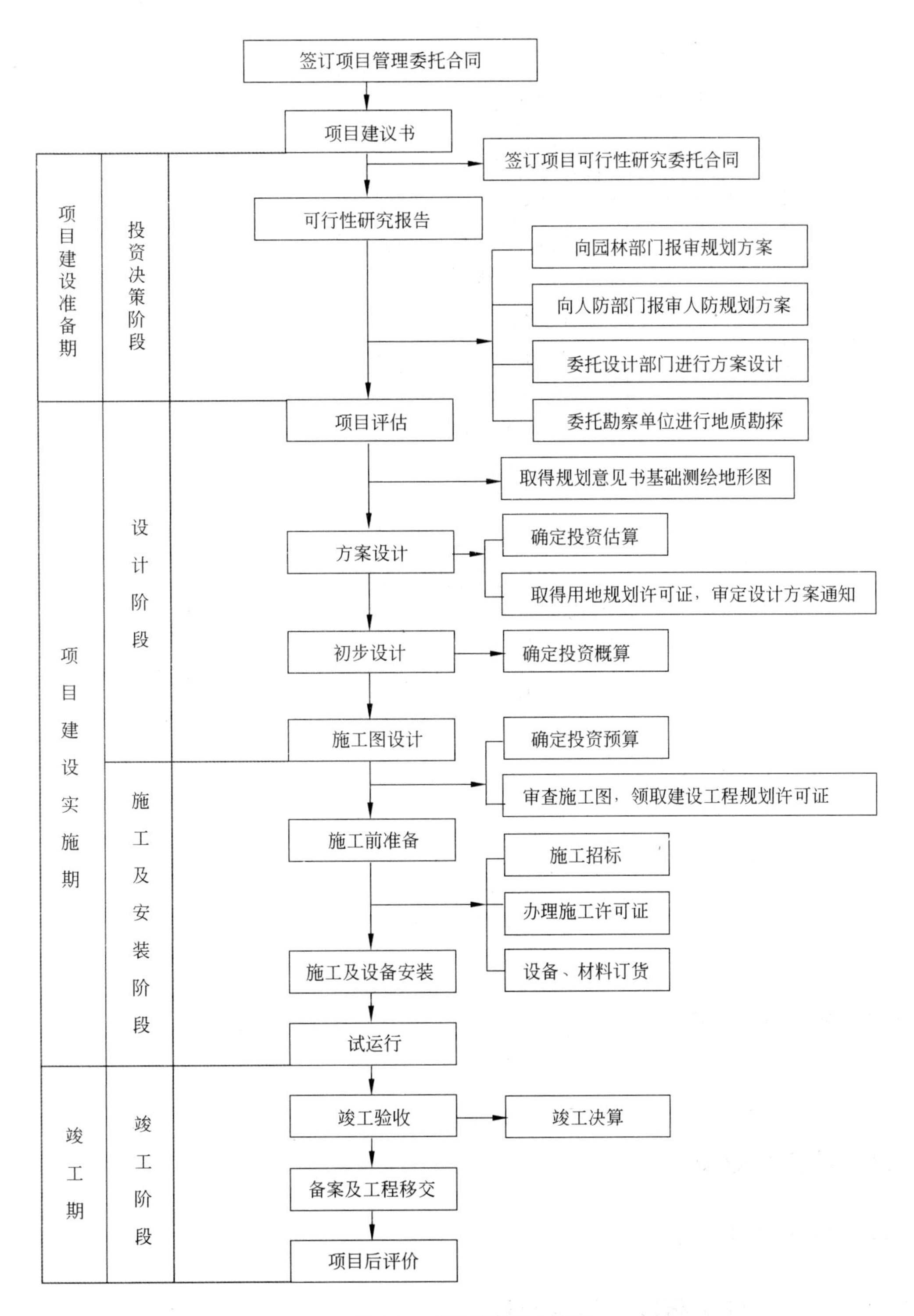

图 1-8　项目管理基本流程

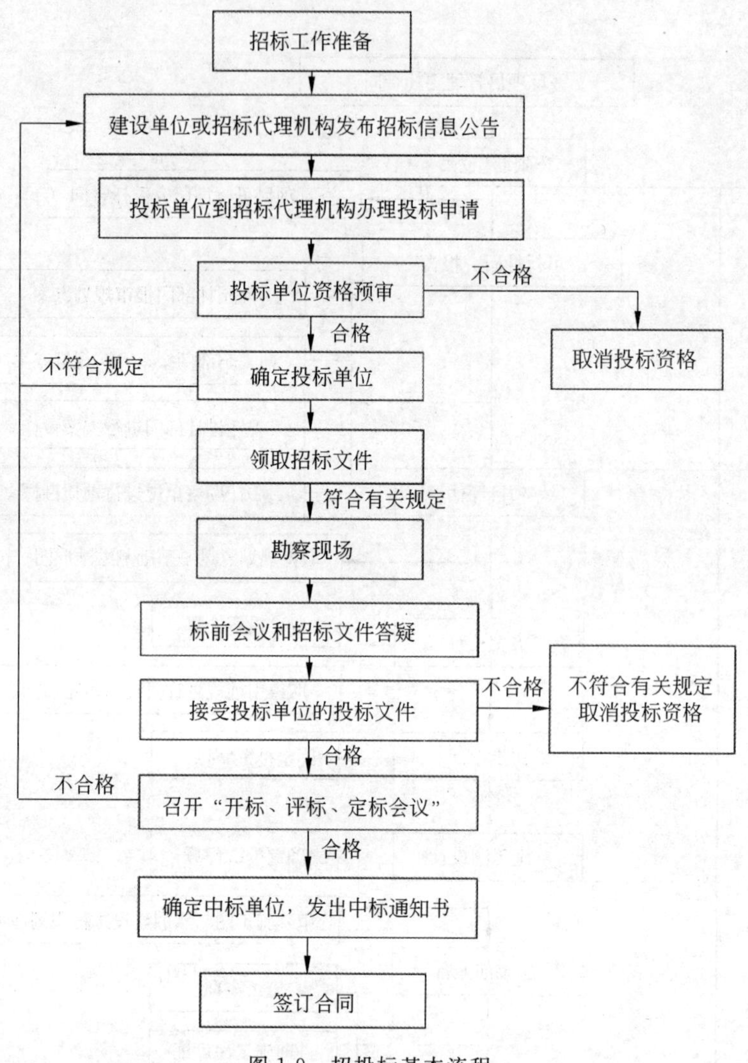

图 1-9　招投标基本流程

1.9.7　施工准备流程

施工准备流程见图 1-10。

1.9.8　竣工验收流程

竣工验收流程见图 1-11。

1.9.9　工程项目实施监理的总流程

工程项目实施监理的总流程见图 1-12。

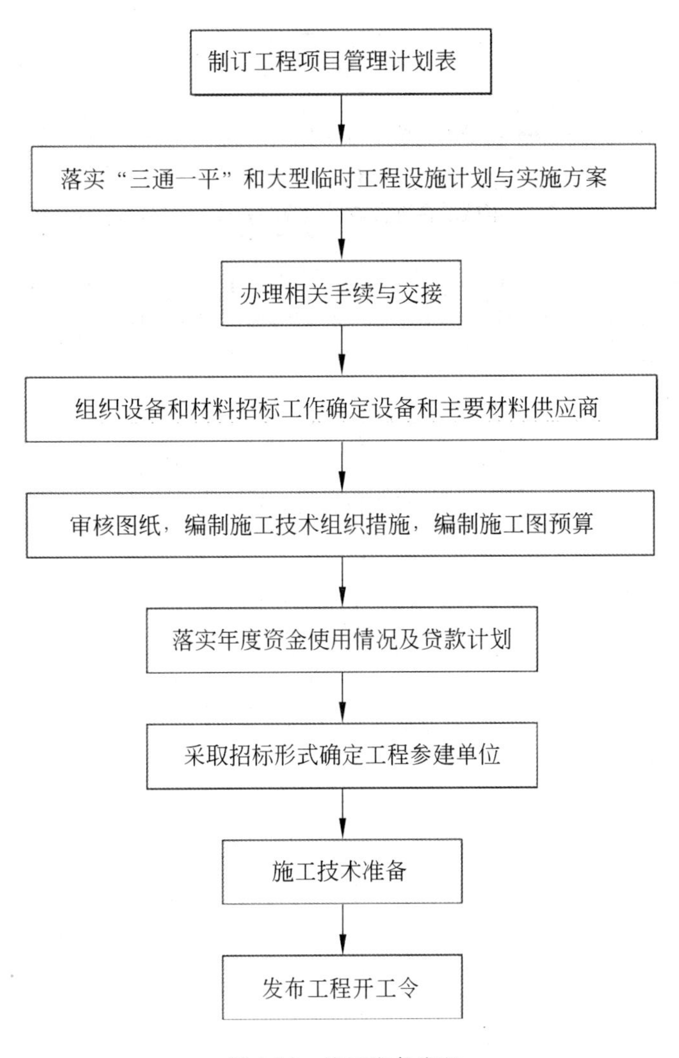
制订工程项目管理计划表
落实“三通一平”和大型临时工程设施计划与实施方案
办理相关手续与交接
组织设备和材料招标工作确定设备和主要材料供应商
审核图纸，编制施工技术组织措施，编制施工图预算
落实年度资金使用情况及贷款计划
采取招标形式确定工程参建单位
施工技术准备
发布工程开工令

图 1-10 施工准备流程

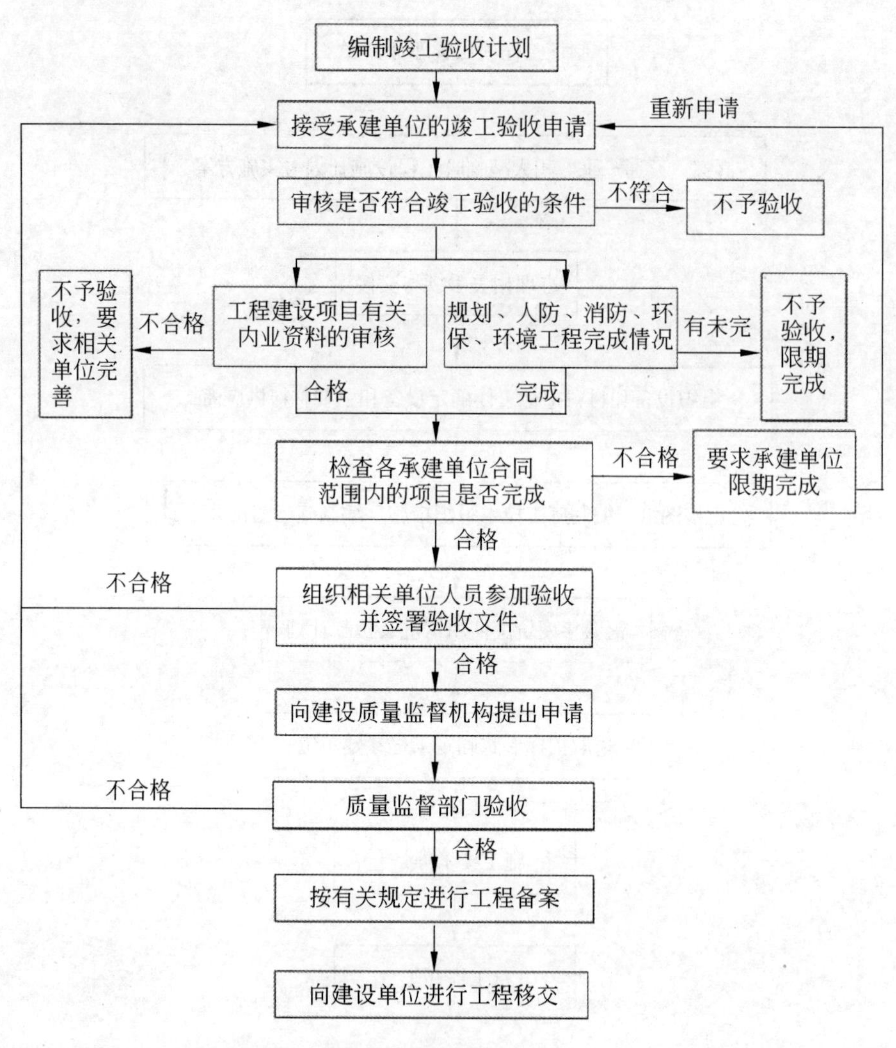
编制竣工验收计划
接受承建单位的竣工验收申请
重新申请
审核是否符合竣工验收的条件
不符合
不予验收
不予验收，要求相关单位完善
不合格
工程建设项目有关内业资料的审核
规划、人防、消防、环保、环境工程完成情况
有未完
不予验收，限期完成
合格
完成
检查各承建单位合同范围内的项目是否完成
不合格
要求承建单位限期完成
合格
不合格
组织相关单位人员参加验收并签署验收文件
合格
向建设质量监督机构提出申请
不合格
质量监督部门验收
合格
按有关规定进行工程备案
向建设单位进行工程移交

图 1-11　竣工验收流程

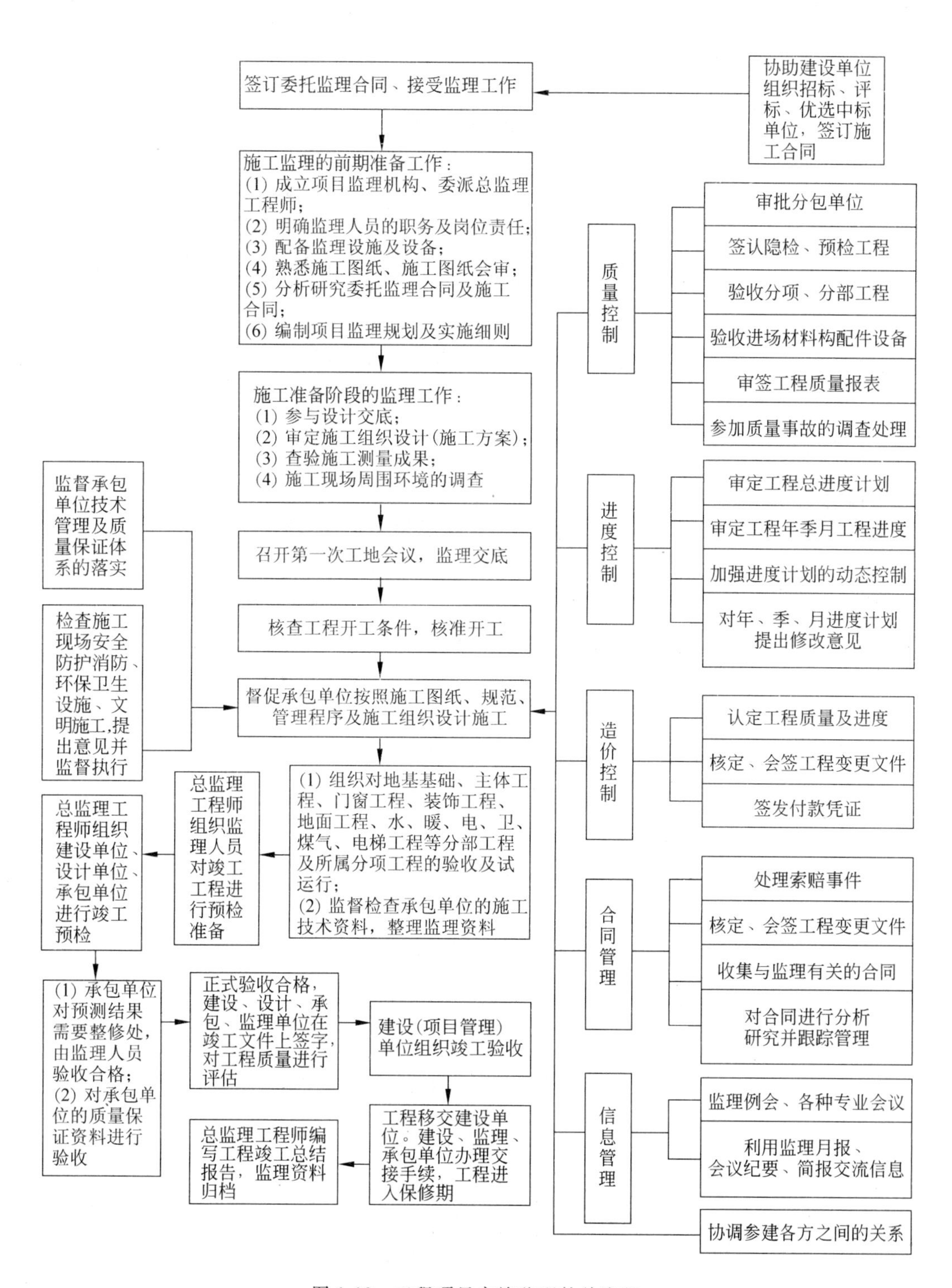

图 1-12　工程项目实施监理的总流程

1.9.10 施工准备阶段监理工作流程

施工准备阶段监理工作流程见图 1-13。

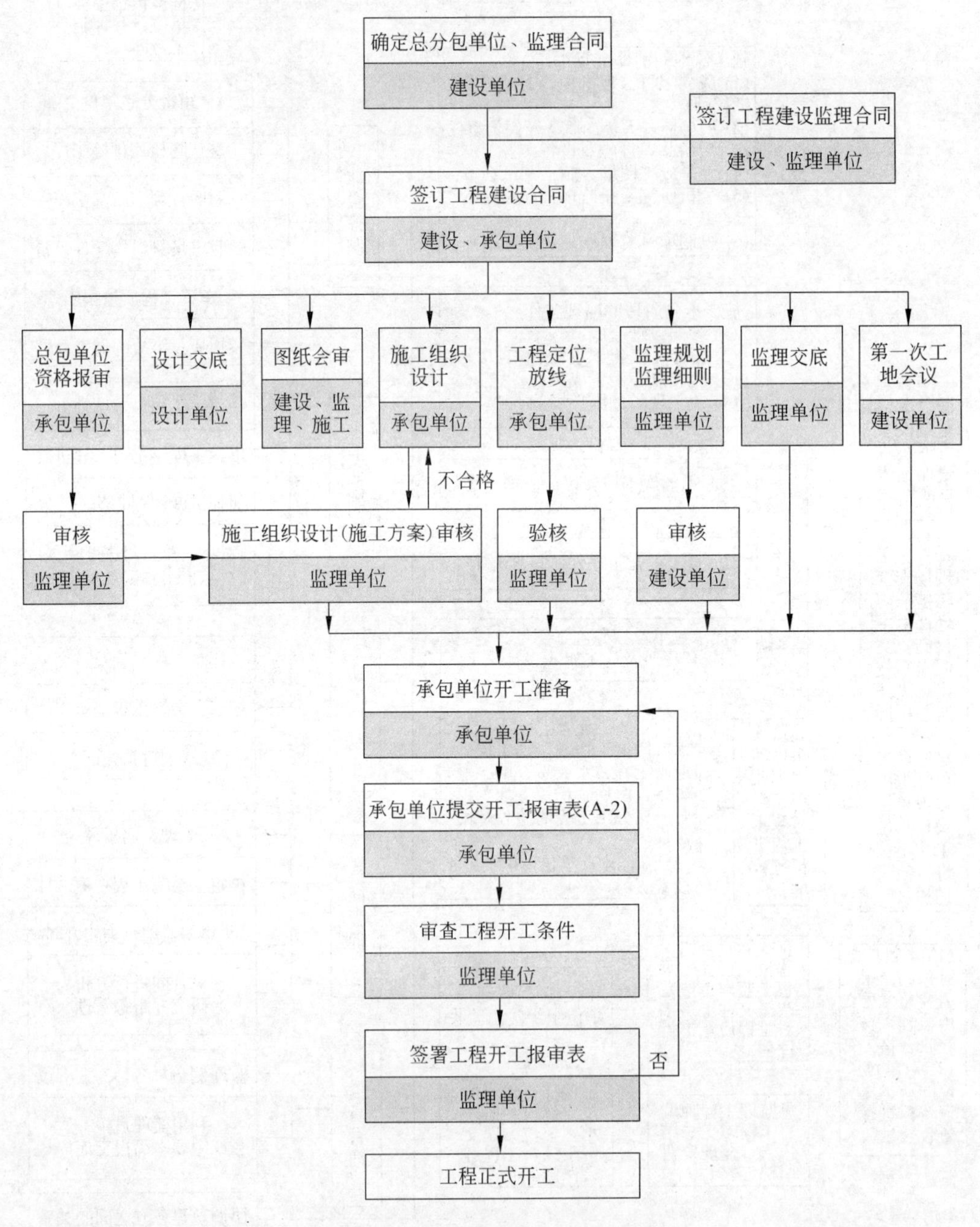

图 1-13 施工准备阶段监理工作流程

1.9.11　工程竣工验收控制流程

工程竣工验收控制流程见图 1-14。

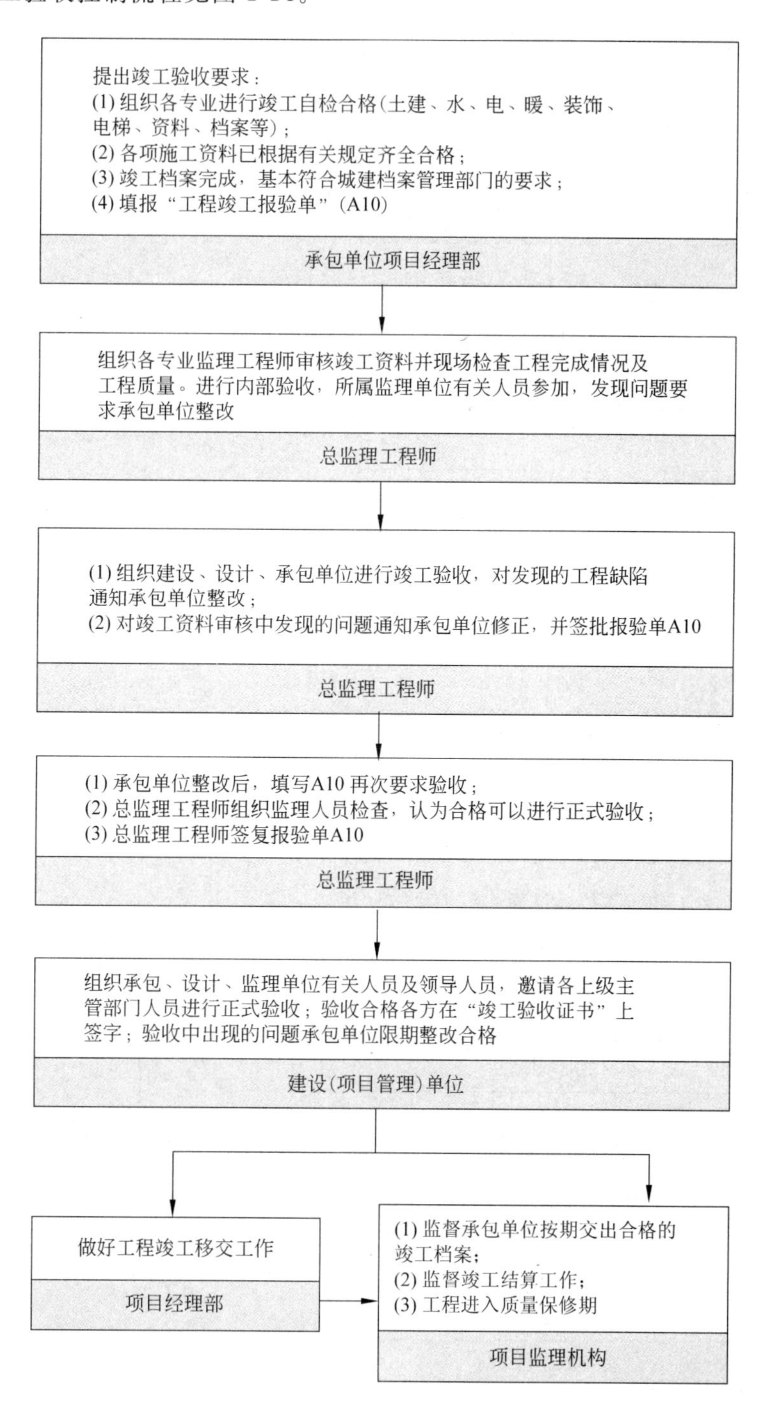

图 1-14　工程竣工验收控制流程

1.9.12 保修阶段监理工作流程

保修阶段监理工作流程见图 1-15。

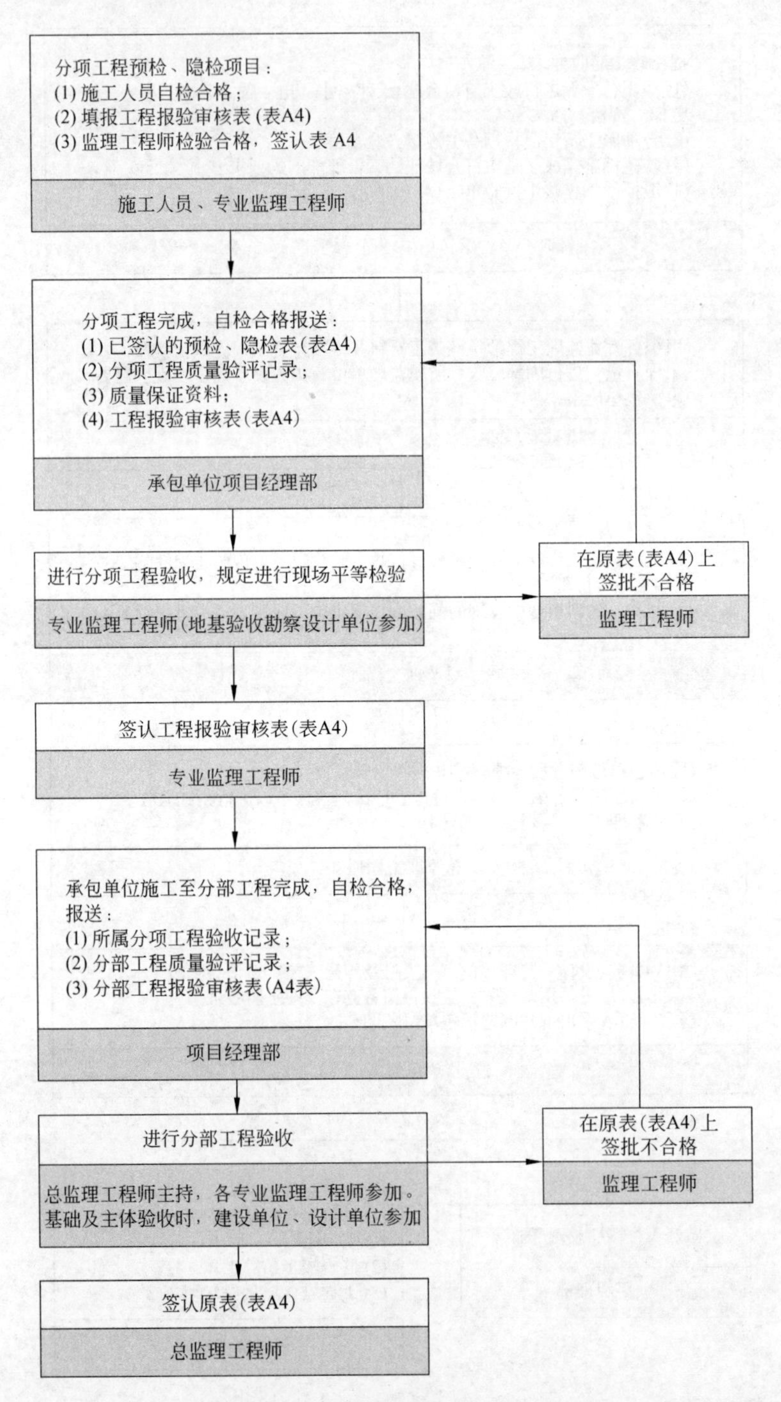

图 1-15 保修阶段监理工作流程

单元2 工程监理企业

2.1 工程监理企业资质管理规定

根据 GB/T 50319 第 2.0.1 条定义：工程监理单位是指依法成立并取得国务院建设主管部门颁发的工程监理企业资质证书，从事建设工程监理活动的服务机构。《工程监理企业资质管理规定》(原建设部令第 158 号)明确了工程监理企业的资质等级和业务范围、资质申请和审批、监督管理等内容。

2.1.1 工程监理企业资质等级和业务范围

1. 资质等级标准

工程监理企业资质分为综合资质、专业资质和事务所资质三个等级。其中，专业资质按照工程性质和技术特点又划分为 14 个工程类别。

综合资质、事务所资质不分级别。专业资质分为甲级和乙级；其中，房屋建筑、水利水电、公路和市政公用专业资质可设立丙级。

1) 综合资质标准

工程监理企业综合资质标准如下。

(1) 具有独立法人资格且注册资本不少于 600 万元。

(2) 企业技术负责人应为注册监理工程师，并具有 15 年以上从事工程建设工作的经历或者具有工程类高级职称。

(3) 具有 5 个以上工程类别的专业甲级工程监理资质。

(4) 注册监理工程师不少于 60 人，注册造价工程师不少于 5 人，一级注册建造师、一级注册建筑师、一级注册结构工程师或者其他勘察设计注册工程师合计不少于 15 人次。

(5) 企业具有完善的组织结构和质量管理体系，有健全的技术、档案等管理制度。

(6) 企业具有必要的工程试验检测设备。

(7) 申请工程监理资质之日前 1 年内没有规定禁止的行为。

(8) 申请工程监理资质之日前 1 年内没有因本企业监理责任造成重大质量事故。

(9) 申请工程监理资质之日前 1 年内没有因本企业监理责任发生生产安全事故。

2) 专业资质标准

工程监理企业专业资质分甲级、乙级和丙级三个等级。

(1) 甲级企业资质标准如下。

① 具有独立法人资格且注册资本不少于300万元。

② 企业技术负责人应为注册监理工程师，并具有15年以上从事工程建设工作的经历或者具有工程类高级职称。

③ 注册监理工程师、注册造价工程师、一级注册建造师、一级注册建筑师、一级注册结构工程师或者其他勘察设计注册工程师合计不少于25人次。其中，相应专业注册监理工程师不少于表2-1中要求配备的人数，注册造价工程师不少于2人。

表2-1 专业资质注册监理工程师的人数配备 （单位：人）

序号	工程类别	甲级	乙级	丙级
1	房屋建筑工程	15	10	5
2	冶炼工程	15	10	—
3	矿山工程	20	12	—
4	化工石油工程	15	10	—
5	水利水电工程	20	12	5
6	电力工程	15	10	—
7	农林工程	15	10	—
8	铁路工程	23	14	—
9	公路工程	20	12	5
10	港口与航道工程	20	12	—
11	航天航空工程	20	12	—
12	通信工程	20	12	—
13	市政公用工程	15	10	5
14	机电安装工程	15	10	—

注：表中各专业资质注册监理工程师的人数配备是指企业取得本专业工程类别注册的注册监理工程师人数。

④ 企业近2年内独立监理过3个以上相应专业的二级工程项目，但是，具有甲级设计资质或一级及以上施工总承包资质的企业申请本专业工程类别甲级资质的除外。

⑤ 企业具有完善的组织结构和质量管理体系，有健全的技术、档案等管理制度。

⑥ 企业具有必要的工程试验检测设备。

⑦ 申请工程监理资质之日前一年内没有规定禁止的行为。

⑧ 申请工程监理资质之日前一年内没有因本企业监理责任造成重大质量事故。

⑨ 申请工程监理资质之日前一年内没有因本企业监理责任发生生产安全事故。

2018年12月22日中华人民共和国住房和城乡建设部办公厅发出《住房城乡建设部办公厅关于调整工程监理企业甲级资质标准注册人员指标的通知》，全文如下。

为深入推进建筑业“放管服”改革，进一步优化建筑企业资质管理，决定调整工程监理企业甲级资质标准注册人员指标，现通知如下：

一、自2019年2月1日起，审查工程监理专业甲级资质（含升级、延续、变更）申请时，对注册类人员指标，按相应专业乙级资质标准要求核定。

二、各级住房城乡建设主管部门要加强对施工现场监理企业是否履行监理义务的监督检查，重点加强对注册监理工程师在岗执业履职行为的监督检查，确保工程质量和施工安全，切实维护建筑市场秩序，促进工程监理行业持续健康发展。

(2) 乙级企业资质标准如下。

① 具有独立法人资格且注册资本不少于100万元。

② 企业技术负责人应为注册监理工程师,并具有10年以上从事工程建设工作的经历。

③ 注册监理工程师、注册造价工程师、一级注册建造师、一级注册建筑师、一级注册结构工程师或者其他勘察设计注册工程师合计不少于15人次。其中,相应专业注册监理工程师不少于表2-1中要求配备的人数,注册造价工程师不少于1人。

④ 有较完善的组织结构和质量管理体系,有技术、档案等管理制度。

⑤ 有必要的工程试验检测设备。

⑥ 申请工程监理资质之日前一年内没有规定禁止的行为。

⑦ 申请工程监理资质之日前一年内没有因本企业监理责任造成重大质量事故。

⑧ 申请工程监理资质之日前1年内没有因本企业监理责任发生生产安全事故。

(3) 丙级企业资质标准如下。

① 具有独立法人资格且注册资本不少于50万元。

② 企业技术负责人应为注册监理工程师,并具有8年以上从事工程建设工作的经历。

③ 相应专业的注册监理工程师不少于表2-1中要求配备的人数。

④ 有必要的质量管理体系和规章制度。

⑤ 有必要的工程试验检测设备。

3) 事务所资质标准

事务所资质标准如下。

(1) 取得合伙企业营业执照,具有书面合作协议书。

(2) 合伙人中有3名以上注册监理工程师,合伙人均有5年以上从事建设工程监理的工作经历。

(3) 有固定的工作场所。

(4) 有必要的质量管理体系和规章制度。

(5) 有必要的工程试验检测设备。

2. 业务范围

工程监理企业资质相应许可的业务范围如下。

1) 综合资质企业

可承担所有专业工程类别建设工程项目的工程监理业务(见表2-2)。

表2-2 专业工程类别和等级

序号	工程类别		一级	二级	三级
一	房屋建筑工程	一般公共建筑	28层以上;36m跨度以上(轻钢结构除外);单项工程建筑面积3万 m^2 以上	14～28层;24～36m跨度(轻钢结构除外);单项工程建筑面积1万～3万 m^2	14层以下;24m跨度以下(轻钢结构除外);单项工程建筑面积1万 m^2 以下
		高耸构筑工程	高度120m以上	高度70～120m	高度70m以下
		住宅工程	小区建筑面积12万 m^2 以上;单项工程28层以上	小区建筑面积6万～12万 m^2;单项工程14～28层	小区建筑面积6万 m^2 以下;单项工程14层以下

续表

序号	工程类别		一级	二级	三级
二	冶炼工程	钢铁冶炼、连铸工程	年产 100 万 t 以上；单座高炉炉容 1250m³ 以上；单座公称容量转炉 100t 以上；电炉 50t 以上；连铸年产 100 万 t 以上或板坯连铸单机 1450mm 以上	年产 100 万 t 以下；单座高炉炉容 1250m³ 以下；单座公称容量转炉 100t 以下；电炉 50t 以下；连铸年产 100 万 t 以下或板坯连铸单机 1450mm 以下	
		轧钢工程	热轧年产 100 万 t 以上，装备连续、半连续轧机；冷轧带板年产 100 万 t 以上，冷轧线材年产 30 万 t 以上或装备连续、半连续轧机	热轧年产 100 万 t 以下，装备连续、半连续轧机；冷轧带板年产 100 万 t 以下，冷轧线材年产 30 万 t 以下或装备连续、半连续轧机	
		冶炼辅助工程	炼焦工程年产 50 万 t 以上或炭化室高度 4.3m 以上；单台烧结机 100m² 以上；小时制氧 300m³ 以上	炼焦工程年产 50 万 t 以下或炭化室高度 4.3m 以下；单台烧结机 100m² 以下；小时制氧 300m³ 以下	
		有色冶炼工程	有色冶炼年产 10 万 t 以上；有色金属加工年产 5 万 t 以上；氧化铝工程 40 万 t 以上	有色冶炼年产 10 万 t 以下；有色金属加工年产 5 万 t 以下；氧化铝工程 40 万 t 以下	
		建材工程	水泥日产 2000t 以上；浮化玻璃日熔量 400t 以上；池窑拉丝玻璃纤维、特种纤维；特种陶瓷生产线工程	水泥日产 2000t 以下；浮化玻璃日熔量 400t 以下；普通玻璃生产线；组合炉拉丝玻璃纤维；非金属材料、玻璃钢、耐火材料、建筑及卫生陶瓷厂工程	
三	矿山工程	煤矿工程	年产 120 万 t 以上的井工矿工程；年产 120 万 t 以上的洗选煤工程；深度 800m 以上的立井井筒工程；年产 400 万 t 以上的露天矿山工程	年产 120 万 t 以下的井工矿工程；年产 120 万 t 以下的洗选煤工程；深度 800m 以下的立井井筒工程；年产 400 万 t 以下的露天矿山工程	
		冶金矿山工程	年产 100 万 t 以上的黑色矿山采选工程；年产 100 万 t 以上的有色砂矿采选工程；年产 60 万 t 以上的有色脉矿采选工程	年产 100 万 t 以下的黑色矿山采选工程；年产 100 万 t 以下的有色砂矿采选工程；年产 60 万 t 以下的有色脉矿采选工程	
		化工矿山工程	年产 60 万 t 以上的磷矿、硫铁矿工程	年产 60 万 t 以下的磷矿、硫铁矿工程	

续表

序号	工程类别		一级	二级	三级
三	矿山工程	铀矿工程	年产10万t以上的铀矿；年产200t以上的铀选冶	年产10万t以下的铀矿；年产200t以下的铀选冶	
		建材类非金属矿工程	年产70万t以上的石灰石矿；年产30万t以上的石膏矿、石英砂岩矿	年产70万t以下的石灰石矿；年产30万t以下的石膏矿、石英砂岩矿	
四	化工石油工程	油田工程	原油处理能力150万t/年以上、天然气处理能力150万m^3/天以上、产能50万t以上及配套设施	原油处理能力150万t/年以下、天然气处理能力150万m^3/天以下、产能50万t以下及配套设施	
		油气储运工程	压力容器8MPa以上；油气储罐10万m^3/台以上；长输管道120km以上	压力容器8MPa以下；油气储罐10万m^3/台以下；长输管道120km以下	
		炼油化工工程	原油处理能力在500万t/年以上的一次加工及相应二次加工装置和后加工装置	原油处理能力在500万t/年以下的一次加工及相应二次加工装置和后加工装置	
		基本原材料工程	年产30万t以上的乙烯工程；年产4万t以上的合成橡胶、合成树脂及塑料和化纤工程	年产30万t以下的乙烯工程；年产4万t以下的合成橡胶、合成树脂及塑料和化纤工程	
		化肥工程	年产20万t以上合成氨及相应后加工装置；年产24万t以上磷氨工程	年产20万t以下合成氨及相应后加工装置；年产24万t以下磷氨工程	
		酸碱工程	年产硫酸16万t以上；年产烧碱8万t以上；年产纯碱40万t以上	年产硫酸16万t以下；年产烧碱8万t以下；年产纯碱40万t以下	
		轮胎工程	年产30万套以上	年产30万套以下	
		核化工及加工工程	年产1000t以上的铀转换化工工程；年产100t以上的铀浓缩工程；总投资10亿元以上的乏燃料后处理工程；年产200t以上的燃料元件加工工程；总投资5000万元以上的核技术及同位素应用工程	年产1000t以下的铀转换化工工程；年产100t以下的铀浓缩工程；总投资10亿元以下的乏燃料后处理工程；年产200t以下的燃料元件加工工程；总投资5000万元以下的核技术及同位素应用工程	
		医药及其他化工工程	总投资1亿元以上	总投资1亿元以下	

续表

序号	工程类别		一级	二级	三级
五	水利水电工程	水库工程	总库容1亿m^3以上	总库容1千万～1亿m^3	总库容1千万m^3以下
		水力发电站工程	总装机容量300MW以上	总装机容量50～300MW	总装机容量50MW以下
		其他水利工程	引调水堤防等级1级；灌溉排涝流量5m^3/s以上；河道整治面积30万亩以上；城市防洪城市人口50万人以上；围垦面积5万亩以上；水土保持综合治理面积1000km^2以上	引调水堤防等级2、3级；灌溉排涝流量0.5～5m^3/s；河道整治面积3万～30万亩；城市防洪城市人口20万～50万人；围垦面积0.5万～5万亩；水土保持综合治理面积100～1000km^2	引调水堤防等级4、5级；灌溉排涝流量0.5m^3/s以下；河道整治面积3万亩以下；城市防洪城市人口20万人以下；围垦面积0.5万亩以下；水土保持综合治理面积100km^2以下
六	电力工程	火力发电站工程	单机容量30万kW以上	单机容量30万kW以下	
		输变电工程	330kVA以上	330kVA以下	
		核电工程	核电站；核反应堆工程		
七	农林工程	林业局(场)总体工程	面积35万公顷以上	面积35万公顷以下	
		林产工业工程	总投资5000万元以上	总投资5000万元以下	
		农业综合开发工程	总投资3000万元以上	总投资3000万元以下	
		种植业工程	2万亩以上或总投资1500万元以上	2万亩以下或总投资1500万元以下	
		兽医/畜牧工程	总投资1500万元以上	总投资1500万元以下	
		渔业工程	渔港工程总投资3000万元以上；水产养殖等其他工程总投资1500万元以上	渔港工程总投资3000万元以下；水产养殖等其他工程总投资1500万元以下	
		设施农业工程	设施园艺工程1公顷以上；农产品加工等其他工程总投资1500万元以上	设施园艺工程1公顷以下；农产品加工等其他工程总投资1500万元以下	
		核设施退役及放射性三废处理处置工程	总投资5000万元以上	总投资5000万元以下	
八	铁路工程	铁路综合工程	新建、改建一级干线；单线铁路40km以上；双线30km以上及枢纽	单线铁路40km以下；双线30km以下；二级干线及站线；专用线、专用铁路	
		铁路桥梁工程	桥长500m以上	桥长500m以下	
		铁路隧道工程	单线3000m以上；双线1500m以上	单线3000m以下；双线1500m以下	

续表

序号	工程类别		一级	二级	三级
八	铁路工程	铁路通信、信号、电力电气化工程	新建、改建铁路(含枢纽、配、变电所、分区亭)单双线 200km 及以上	新建、改建铁路(不含枢纽、配、变电所、分区亭)单双线 200km 及以下	
九	公路工程	公路工程	高速公路	高速公路路基工程及一级公路	一级公路路基工程及二级以下各级公路
		公路桥梁工程	独立大桥工程;特大桥总长 1000m 以上或单跨跨径 150m 以上	大桥、中桥桥梁总长 30～1000m 或单跨跨径 20～150m	小桥总长 30m 以下或单跨跨径 20m 以下;涵洞工程
		公路隧道工程	隧道长度 1000m 以上	隧道长度 500～1000m	隧道长度 500m 以下
		其他工程	通信、监控、收费等机电工程,高速公路交通安全设施、环保工程和沿线附属设施	一级公路交通安全设施、环保工程和沿线附属设施	二级及以下公路交通安全设施、环保工程和沿线附属设施
十	港口与航道工程	港口工程	集装箱、件杂、多用途等沿海港口工程 20000t 级以上;散货、原油沿海港口工程 30000t 级以上;1000t 级以上内河港口工程	集装箱、件杂、多用途等沿海港口工程 20000t 级以下;散货、原油沿海港口工程 30000t 级以下;1000t 级以下内河港口工程	
		通航建筑与整治工程	1000t 级以上	1000t 级以下	
		航道工程	通航 30000t 级以上船舶沿海复杂航道;通航 1000t 级以上船舶的内河航运工程项目	通航 30000t 级以下船舶沿海航道;通航 1000t 级以下船舶的内河航运工程项目	
		修造船水工工程	10000t 位以上的船坞工程;船体重量 5000t 位以上的船台、滑道工程	10000t 位以下的船坞工程;船体重量 5000t 位以下的船台、滑道工程	
		防波堤、导流堤等水工工程	最大水深 6m 以上	最大水深 6m 以下	
		其他水运工程项目	建安工程费 6000 万元以上的沿海水运工程项目;建安工程费 4000 万元以上的内河水运工程项目	建安工程费 6000 万元以下的沿海水运工程项目;建安工程费 4000 万元以下的内河水运工程项目	
十一	航天航空工程	民用机场工程	飞行区指标为 4E 及以上及其配套工程	飞行区指标为 4D 及以下及其配套工程	
		航空飞行器	航空飞行器(综合)工程总投资 1 亿元以上;航空飞行器(单项)工程总投资 3000 万元以上	航空飞行器(综合)工程总投资 1 亿元以下;航空飞行器(单项)工程总投资 3000 万元以下	
		航天空间飞行器	工程总投资 3000 万元以上;面积 $3000m^2$ 以上;跨度 18m 以上	工程总投资 3000 万元以下;面积 $3000m^2$ 以下;跨度 18m 以下	

续表

序号	工程类别		一级	二级	三级
十二	通信工程	有线、无线传输通信工程，卫星、综合布线	省际通信、信息网络工程	省内通信、信息网络工程	
		邮政、电信、广播枢纽及交换工程	省会城市邮政、电信枢纽	地市级城市邮政、电信枢纽	
		发射台工程	总发射功率500kW以上短波或600kW以上中波发射台；高度200m以上广播电视发射塔	总发射功率500kW以下短波或600kW以下中波发射台；高度200m以下广播电视发射塔	
十三	市政公用工程	城市道路工程	城市快速路、主干路，城市互通式立交桥及单孔跨径100m以上的桥梁；长度1000m以上的隧道工程	城市次干路工程，城市分离式立交桥及单孔跨径100m以下的桥梁；长度1000m以下的隧道工程	城市支路工程、过街天桥及地下通道工程
		给水排水工程	10万t/日以上的给水厂；5万t/日以上的污水处理工程；$3m^3/s$以上的给水、污水泵站；$15m^3/s$以上的雨泵站；直径2.5m以上的给排水管道	2万～10万t/日的给水厂；1万～5万t/日的污水处理工程；1～$3m^3/s$的给水、污水泵站；5～$15m^3/s$的雨泵站；直径1～2.5m的给水管道；直径1.5～2.5m的排水管道	2万t/日以下的给水厂；1万t/日以下的污水处理工程；$1m^3/s$以下的给水、污水泵站；$5m^3/s$以下的雨泵站；直径1m以下的给水管道；直径1.5m以下的排水管道
		燃气热力工程	总储存容积$1000m^3$以上的液化气贮罐场(站)；供气规模15万m^3/日以上的燃气工程；中压以上的燃气管道、调压站；供热面积150万m^2以上的热力工程	总储存容积$1000m^3$以下的液化气贮罐场(站)；供气规模15万m^3/日以下的燃气工程；中压以下的燃气管道、调压站；供热面积50万～150万m^2的热力工程	供热面积50万m^2以下的热力工程
		垃圾处理工程	1200t/日以上的垃圾焚烧及填埋工程	500～1200t/日的垃圾焚烧及填埋工程	500t/日以下的垃圾焚烧及填埋工程
		地铁轻轨工程	各类地铁轻轨工程		
		风景园林工程	总投资3000万元以上	总投资1000万～3000万元	总投资1000万元以下
十四	机电安装工程	机械工程	总投资5000万元以上	总投资5000万元以下	
		电子工程	总投资1亿元以上；含有净化级别6级以上的工程	总投资1亿元以下；含有净化级别6级以下的工程	
		轻纺工程	总投资5000万元以上	总投资5000万元以下	

续表

序号	工程类别		一级	二级	三级
十四	机电安装工程	兵器工程	建安工程费 3000 万元以上的坦克装甲车辆、炸药、弹箭工程；建安工程费 2000 万元以上的枪炮、光电工程；建安工程费 1000 万元以上的防化民爆工程	建安工程费 3000 万元以下的坦克装甲车辆、炸药、弹箭工程；建安工程费 2000 万元以下的枪炮、光电工程；建安工程费 1000 万元以下的防化民爆工程	
		船舶工程	船舶制造工程总投资 1 亿元以上；船舶科研、机械、修理工程总投资 5000 万元以上	船舶制造工程总投资 1 亿元以下；船舶科研、机械、修理工程总投资 5000 万元以下	
		其他工程	总投资 5000 万元以上	总投资 5000 万元以下	

注：1. 表中的“以上”含本数，“以下”不含本数。
2. 未列入本表中的其他专业工程，由国务院有关部门按照有关规定在相应的工程类别中划分等级。
3. 房屋建筑工程包括结合城市建设与民用建筑修建的附建人防工程。

2）专业资质企业

（1）专业甲级资质企业。可承担相应专业工程类别建设工程项目的工程监理业务。

（2）专业乙级资质企业。可承担相应专业工程类别二级以下（含二级）建设工程项目的工程监理业务。

（3）专业丙级资质企业。可承担相应专业工程类别三级建设工程项目的工程监理业务。

3）事务所资质企业

可承担相应专业工程类别三级建设工程项目的工程监理业务，但国家规定必须实行强制监理的工程除外。

此外，工程监理企业可以开展相应类别建设工程的项目管理、技术咨询等业务。

在 2018 年 2 月 1 日《工程监理企业资质标准（征求意见稿）》中，工程监理企业资质分为综合资质和专业资质。综合资质不分级；专业资质将分为 13 个类别，有甲和乙两个级别。

2.1.2 工程监理企业资质申请与审批

1. 资质申请

新设立的工程监理企业申请资质，应当先到工商行政管理部门登记注册并取得企业法人营业执照后，才能向企业工商注册所在地的省、自治区、直辖市人民政府建设主管部门提出资质申请。

申请工程监理企业资质，应当提交以下材料。

（1）工程监理企业资质申请表（一式三份）及相应电子文档。

（2）企业法人、合伙企业营业执照。

（3）企业章程或合伙人协议。

（4）企业法定代表人、企业负责人和技术负责人的身份证明、工作简历及任命（聘用）文件。

（5）工程监理企业资质申请表中所列注册监理工程师及其他注册执业人员的注册执业证书。

(6) 有关企业质量管理体系、技术和档案等管理制度的证明材料。

(7) 有关工程试验检测设备的证明材料。

取得专业资质的企业申请晋升专业资质等级或者取得专业甲级资质的企业申请综合资质的,除上述材料外,还应当提交企业原工程监理企业资质证书正、副本复印件,企业《监理业务手册》及近两年已完成代表工程的监理合同、监理规划、工程竣工验收报告及监理工作总结。

2016年11月17日住建部办公厅关于简化工程监理企业资质申报材料有关事项的通知(建办市〔2016〕58号),本通知自2017年2月1日起实施。为进一步推进简政放权、放管结合、优化服务改革,决定简化工程监理企业资质申报材料,现将有关事项通知如下。

一、申请工程监理专业甲级资质或综合资质的企业,以下申报材料不需提供,由企业法定代表人对其真实性、有效性签字承诺,并承担相应的法律责任:

(一) 企业法人、合伙企业营业执照。

(二) 企业章程或合伙人协议。

(三) 企业法定代表人、企业负责人和技术负责人的身份证明、任命(聘用)文件及企业法定代表人、企业负责人的工作简历。

(四) 有关企业质量管理体系、技术和档案等管理制度的证明材料。

(五) 有关工程试验检测设备的证明材料。

(六) 近两年已完成代表工程的监理业务手册、监理工作总结。

二、申请工程监理专业甲级资质或综合资质的企业,以下申报材料不需提供,由资质审批部门根据全国建筑市场监管与诚信信息发布平台的相关数据进行核查比对:

(一) 工程监理企业资质申请表中所列注册监理工程师及其他注册执业人员的注册执业证书、身份证明。

(二) 企业原工程监理企业资质证书正、副本复印件。

三、对申请房屋建筑工程、市政公用工程专业甲级监理资质的企业,以全国建筑市场监管与诚信信息发布平台项目数据库中的业绩为有效业绩。各省级住房城乡建设主管部门要加强本地区工程项目数据库建设,完善数据补录办法,使真实有效的项目信息及时录入全国建筑市场监管与诚信信息发布平台。

四、各级住房城乡建设主管部门要采取人员抽查、业绩核查等形式加强工程监理企业资质动态监管,加强对项目总监理工程师在岗履职情况的监督检查。对存在违法违规行为的企业,依法给予停业整顿、降低资质等级、吊销资质证书等行政处罚;对有违法违规行为的注册监理工程师,依法给予罚款、暂停执业、吊销注册执业证书等行政处罚;要将企业和个人的不良行为记入信用档案并在全国建筑市场监管与诚信信息发布平台向社会公布,切实规范建筑市场秩序,保障工程质量安全。

2. 资质审批

申请综合资质、专业甲级资质的,省、自治区、直辖市人民政府建设主管部门应当自受理申请之日起20日内初审完毕,并将初审意见和申请材料报国务院建设主管部门。国务院建设主管部门应当自省、自治区、直辖市人民政府建设主管部门受理申请材料之日起60日内完成审查,公示审查意见,公示时间为10日。其中,涉及铁路、交通、水利、通信、民航等专业工程监理资质的,由国务院建设主管部门送国务院有关部门审核。国务院有关部门应当在20日内审核完毕，并将审核意见报国务院建设主管部门。国务院建设主管部门根据初审意见审批。

专业乙级、丙级资质和事务所资质由企业所在地省、自治区、直辖市人民政府建设主管部门审批。

工程监理企业资质证书的有效期为 5 年。资质有效期届满，工程监理企业需要继续从事工程监理活动的，应当在资质证书有效期届满 60 日前，向企业所在地省级资质许可机关申请办理延续手续。对在资质有效期内遵守有关法律、法规、规章、技术标准，信用档案中无不良记录，且专业技术人员满足资质标准要求的企业，经资质许可机关同意，有效期延续 5 年。

2.1.3 工程监理企业监督管理

县级以上人民政府建设主管部门和其他有关部门应当依照有关法律、法规和本规定，加强对工程监理企业资质的监督管理。

1. 监督检查措施和职责

建设主管部门履行监督检查职责时，有权采取下列措施。

(1) 要求被检查单位提供工程监理企业资质证书、注册监理工程师注册执业证书，有关工程监理业务的文档，有关质量管理、安全生产管理、档案管理等企业内部管理制度的文件。

(2) 进入被检查单位进行检查，查阅相关资料。

(3) 纠正违反有关法律、法规、规定及有关规范和标准的行为。

建设主管部门进行监督检查时，应当有两名以上监督检查人员参加，并出示执法证件，不得妨碍被检查单位的正常经营活动，不得索取或者收受财物、谋取其他利益。有关单位和个人对依法进行的监督检查应当协助与配合，不得拒绝或者阻挠。监督检查机关应当将监督检查的处理结果向社会公布。

2. 撤销工程监理企业资质的情形

工程监理企业有下列情形之一的，资质许可机关或者其上级机关，根据利害关系人的请求或者依据职权，可以撤销工程监理企业资质。

(1) 资质许可机关工作人员滥用职权、玩忽职守作出准予工程监理企业资质许可的。

(2) 超越法定职权作出准予工程监理企业资质许可的。

(3) 违反资质审批程序作出准予工程监理企业资质许可的。

(4) 对不符合许可条件的申请人作出准予工程监理企业资质许可的。

(5) 依法可以撤销资质证书的其他情形。

以欺骗、贿赂等不正当手段取得工程监理企业资质证书的，应当予以撤销。

3. 注销工程监理企业资质的情形

有下列情形之一的，工程监理企业应当及时向资质许可机关提出注销资质的申请，交回资质证书，国务院建设主管部门应当办理注销手续，公告其资质证书作废。

(1) 资质证书有效期届满，未依法申请延续的。

(2) 工程监理企业依法终止的。

(3) 工程监理企业资质依法被撤销、撤回或吊销的。

(4) 法律、法规规定的应当注销资质的其他情形。

2.1.4 推进投资、建设工程等领域改革

《上海市进一步推进“证照分离”改革试点工作方案》中提到以下几个方面。

(1) 改革工程监理管理体制。对乙级、丙级建设工程监理单位资质审批实行告知承诺。

(2) 改革设计类等资质、资格管理。扩大建筑师负责制试点范围，增加试点项目数量，完善审批与监管流程，探索建筑师负责制与监理体制间的衔接机制。对建设工程设计单位资质许可实行告知承诺。

(3) 改革外商投资建筑业企业和外商投资建设工程设计企业资质管理。参照中国(上海)自由贸易试验区(以下简称上海自贸试验区)外商投资监管模式，扩大外商投资建筑业企业承揽工程范围，外商投资建设工程设计企业免于考核外国业务背景。对外商投资建筑业企业资质许可、外商投资建设工程设计企业资质许可实行告知承诺。

(4) 改革人防工程设计、监理资质管理。对申请人防工程和其他人防防护设施设计乙级许可资质(含首次申请、延期、变更)、乙级和丙级人防工程监理资质(含首次申请、延期、变更)实行告知承诺。

(5) 改革涉外调查机构资格认定。取消涉外调查机构资格认定中国家认可的外语类水平考试人员证书和用以证明申请机构有从事涉外调查管理能力的人员证书准入条件。

2.2 工程监理企业组织形式

根据《中华人民共和国公司法》(以下简称《公司法》)，对于公司制工程监理企业，主要有两种形式，即有限责任公司和股份有限公司。

2.2.1 有限责任公司

1. 公司设立条件

有限责任公司由 50 个以下股东出资设立。设立有限责任公司，应当具备下列条件。

(1) 股东符合法定人数。

(2) 股东出资达到法定资本最低限额。

(3) 股东共同制定公司章程。

(4) 有公司名称，建立符合有限责任公司要求的组织机构。

(5) 有公司住所。

2. 公司注册资本

有限责任公司的注册资本为在公司登记机关登记的全体股东认缴的出资额。公司全体股东的首次出资额不得低于注册资本的 20%，也不得低于法定的注册资本最低限额，其余部分由股东自公司成立之日起 2 年内缴足；其中，投资公司可以在 5 年内缴足。

有限责任公司注册资本的最低限额为人民币 3 万元，但一个自然人或法人有限责任公司的注册资本最低限额为人民币 10 万元。

3. 公司组织机构

(1) 股东会。有限责任公司股东会由全体股东组成。股东会是公司的权力机构,依照《公司法》行使职权。

(2) 董事会。有限责任公司设董事会,其成员为3～13人。股东人数较少或者规模较小的有限责任公司,可以设一名执行董事,不设董事会。执行董事可以兼任公司经理。

(3) 经理。有限责任公司可以设经理,由董事会决定聘任或者解聘。经理对董事会负责,行使公司管理职权。

(4) 监事会。有限责任公司设监事会,其成员不得少于3人。股东人数较少或者规模较小的有限责任公司,可以设1名或2名监事,不设监事会。

2.2.2 股份有限公司

股份有限公司的设立,可以采取发起设立或者募集设立的方式。发起设立是指由发起人认购公司应发行的全部股份而设立公司。募集设立是指由发起人认购公司应发行股份的一部分,其余股份向社会公开募集或者向特定对象募集而设立公司。

1. 公司设立条件

设立股份有限公司,应当有2人以上、200人以下为发起人,其中须有半数以上的发起人在中国境内有住所。设立股份有限公司,应当具备下列条件。

(1) 发起人符合法定人数。

(2) 发起人认购和募集的股本达到法定资本最低限额。

(3) 股份发行、筹办事项符合法律规定。

(4) 发起人制定公司章程,采用募集方式设立的经创立大会通过。

(5) 有公司名称,建立符合股份有限公司要求的组织机构。

(6) 有公司住所。

2. 公司注册资本

股份有限公司采取发起设立方式设立的,注册资本为在公司登记机关登记的全体发起人认购的股本总额。公司全体发起人的首次出资额不得低于注册资本的20%,其余部分由发起人自公司成立之日起2年内缴足;其中,投资公司可以在5年内缴足。在缴足前,不得向他人募集股份。

股份有限公司采取募集方式设立的,注册资本为在公司登记机关登记的实收股本总额。

股份有限公司注册资本的最低限额为人民币500万元。

3. 公司组织机构

(1) 股东大会。股份有限公司股东大会由全体股东组成。股东大会是公司的权力机构,依照《公司法》行使职权。

(2) 董事会。股份有限公司设董事会,其成员为5～19人。上市公司需要设立独立董事和董事会秘书。

(3) 经理。股份有限公司设经理,由董事会决定聘任或者解聘。公司董事会可以决定由董事会成员兼任经理。

(4) 监事会。股份有限公司设监事会,其成员不得少于3人。

2.3 工程监理企业经营活动准则

工程监理企业从事建设工程监理活动，应当遵循“守法、诚信、公平、科学”的准则。

2.3.1 守法

守法，即遵守法律法规。对工程监理企业而言，守法就是要依法经营，主要体现在以下几个方面。

(1) 工程监理企业只能在核定的业务范围内开展经营活动。工程监理企业的业务范围是指在资质证书中经工程监理资质管理部门审查确认的主项资质和增项资质。核定的业务范围包括两方面：一是监理业务的工程类别；二是承接监理工程的等级。

(2) 工程监理企业不得伪造、涂改、出租、出借、转让、出卖《资质等级证书》。

(3) 工程监理企业应按照建设工程监理合同约定严格履行义务，不得无故或故意违背自己的承诺。

(4) 工程监理企业在异地承接监理业务，要自觉遵守工程所在地有关规定，主动向工程所在地建设主管部门备案登记，接受其指导和监督管理。

(5) 遵守有关法律法规规定。

2.3.2 诚信

诚信，即诚实守信。这是道德规范在市场经济中的体现。诚信原则要求市场主体在不损害他人利益和社会公共利益的前提下，追求自身利益，目的是在当事人之间的利益关系和当事人与社会之间的利益关系中实现平衡，并维护市场道德秩序。诚信原则的主要作用在于指导当事人以善意的心态、诚信的态度行使民事权利，承担民事义务，正确地从事民事活动。

加强信用管理，提高信用水平，是完善我国建设工程监理制度的重要保证。诚信的实质是解决经济活动中经济主体之间的利益关系。诚信是企业经营理念、经营责任和经营文化的集中体现。信用是企业的一种无形资产，良好的信用能为企业带来巨大效益。信用不仅是企业参与市场公平竞争的基本条件，还是我国企业“走出去”、进入国际市场的“身份证”。工程监理企业应当树立良好的信用意识，使企业成为讲道德、讲信用的市场主体。

工程监理企业应当建立健全企业信用管理制度，包括以下几个方面：①建立健全合同管理制度；②建立健全与建设单位的合作制度，及时进行信息沟通，增强相互间信任；③建立健全建设工程监理服务需求调查制度，这也是企业进行有效竞争和防范经营风险的重要手段之一；④建立企业内部信用管理责任制度，及时检查和评估企业信用实施情况，不断提高企业信用管理水平。

2016 年 12 月 26 日，中国建设监理协会关于发布《建设监理企业诚信守则（试行）》的通知（中建监协〔2017〕001 号），为进一步推进建设监理行业诚信建设，规范企业市场行为，保障行业持续健康发展，中国建设监理协会根据住建部《关于加快推进建筑市场信用体系建设工作的意见》精神，在征求地方和行业监理协会及监理企业意见的基础上，研究拟定了《建设监理企业诚信守则(试行)》，经协会五届四次理事会审议通过，现予以发布。内容如下。

(1) 建立诚信建设制度，激励诚信，惩戒失信。定期进行诚信建设制度实施情况的检查考核，将考核结果作为年终奖惩的重要依据之一。

(2) 经营行为应符合国家和地方法规。依照企业资质范围开展业务活动，不转让、不出借、不出卖企业资质及从业人员的执业资格证书，在投标过程中不串标、不围标、不低于成本价或不参与不正当竞争。

(3) 依据国家和地方法规、《建设工程监理规范》及合同约定，组建监理机构和派遣监理人员，定期检查监理机构工作，及时处理不诚信和履职不到位的人员。

(4) 不得弄虚作假、降低工程质量，不得将不合格的建设工程、建筑材料、建筑构配件和设备按照合格签字，不得以索、拿、卡、要等手段向建设方、施工方谋取不当利益，不得采用虚假行为损害工程建设各方合法权益。

(5) 按照公平、独立、诚信、科学的原则开展监理工作。

(6) 按规定进行检查和验证，按标准进行工程验收，确保工程监理全过程各项资料的真实性、时效性和完整性。

(7) 履行保密义务，不得泄露商业秘密及保密工程的相关情况。

(8) 不得用虚假资料申报各类奖项、荣誉，不参与非法社团组织的各类评奖等活动。

(9) 积极承担社会责任，践行社会公德，确保监理服务质量，维护国家和公众利益。

(10) 自觉践行自律公约，接受政府主管部门对监理工作的监督检查，认真落实《建设监理人员职业道德行为准则(试行)》。

2.3.3 公平

公平是指工程监理企业在监理活动中既要维护建设单位利益，又不能损害施工单位合法权益，并依据合同公平合理地处理建设单位与施工单位之间的争议。

工程监理企业要做到公平，必须做到以下几点。

(1) 要具有良好的职业道德。

(2) 要坚持实事求是。

(3) 要熟悉建设工程合同有关条款。

(4) 要提高专业技术能力。

(5) 要提高综合分析判断问题的能力。

2.3.4 科学

科学是指工程监理企业要依据科学的方案，运用科学的手段，采取科学的方法开展监理工作。建设工程监理工作结束后，还要进行科学的总结。实施科学化管理主要体现在以下几个方面。

1. 科学的方案

建设工程监理方案主要是指监理规划和监理实施细则。在建设实施工程监理前，要尽可能准确地预测出各种可能的问题，有针对性地拟定解决办法，制定出切实可行、行之有效的监理规划和监理实施细则，使各项监理活动都纳入计划管理轨道。

2. 科学的手段

实施建设工程监理，必须借助于先进的科学仪器才能做好监理工作，如各种检测、试验、化验仪器、摄录像设备及计算机等。

3. 科学的方法

监理工作的科学方法主要体现在监理人员在掌握大量、确凿的有关监理对象及其外部环境实际情况的基础上，适时、妥帖、高效地处理有关问题，解决问题要用事实说话、用书面文字说话、用数据说话；要开发、利用计算机信息平台和软件辅助建设工程监理。

2.4 取得监理业务的基本方式

2.4.1 取得监理业务的方式

一是通过投标竞争取得监理业务；二是由业主直接委托取得监理业务。通过投标取得监理业务，是市场经济体制下比较普遍的形式。我国《招标投标法》明确规定，关系公共利益安全、政府投资、外资工程等实行监理必须招标。在不宜公开招标的机密工程或没有投标竞争对手的情况下，在工程规模比较小、监理业务比较单一，或者对原工程监理企业的续用等情况下，业主也可以直接委托工程监理企业。

工程监理企业投标书的核心内容是反映管理服务水平高低的监理大纲，尤其是主要的监理对策。业主在监理招标时应以监理大纲的水平作为评定投标书优劣的重要内容，而不应把监理费的高低当作选择工程监理企业的主要评定标准。作为工程监理企业，不应该以降低监理费作为竞争的主要手段。

一般情况下，监理大纲中主要的监理对策是指根据监理招标文件的要求，针对业主委托监理工程的特点，初步拟定该工程监理工作的指导思想，主要的管理措施、技术措施，拟投入的监理力量以及为搞好该项工程建设而向业主提出的原则性建议等。

2.4.2 必须招标的工程项目规定

中华人民共和国国家发展和改革委员会令第 16 号《必须招标的工程项目规定》，已经国务院批准，自 2018 年 6 月 1 日起施行。

> 第二条　全部或者部分使用国有资金投资或者国家融资的项目包括：
> （一）使用预算资金 200 万元人民币以上，并且该资金占投资额 10%以上的项目；
> （二）使用国有企业事业单位资金，并且该资金占控股或者主导地位的项目。

第三条 使用国际组织或者外国政府贷款、援助资金的项目包括：

(一) 使用世界银行、亚洲开发银行等国际组织贷款、援助资金的项目；

(二) 使用外国政府及其机构贷款、援助资金的项目。

第四条 不属于本规定第二条、第三条规定情形的大型基础设施、公用事业等关系社会公共利益、公众安全的项目，必须招标的具体范围由国务院发展改革部门会同国务院有关部门按照确有必要、严格限定的原则制定，报国务院批准。

第五条 本规定第二条至第四条规定范围内的项目，其勘察、设计、施工、监理以及与工程建设有关的重要设备、材料等的采购达到下列标准之一的，必须招标：

(一) 施工单项合同估算价在400万元人民币以上；

(二) 重要设备、材料等货物的采购，单项合同估算价在200万元人民币以上；

(三) 勘察、设计、监理等服务的采购，单项合同估算价在100万元人民币以上。

同一项目中可以合并进行的勘察、设计、施工、监理以及与工程建设有关的重要设备、材料等的采购，合同估算价合计达到前款规定标准的，必须招标。

2.5 中华人民共和国标准监理招标文件(2017年版)节选

2.5.1 招标公告(适用于公开招标)

监理招标公告示例如下。

(项目名称)监理招标公告

1. 招标条件

本招标项目＿＿＿＿＿＿(项目名称)已由＿＿＿＿＿＿(项目审批、核准或备案机关名称)以＿＿＿＿＿＿(批文名称及编号)批准建设，项目业主为＿＿＿＿＿＿，建设资金来自＿＿＿＿＿＿(资金来源)，出资比例为＿＿＿＿＿＿，招标人为＿＿＿＿＿＿。项目已具备招标条件，现对该项目的监理进行公开招标。

2. 项目概况与招标范围

＿＿＿＿＿＿(说明本次招标项目的建设地点、规模、监理服务期限、招标范围等)。

3. 投标人资格要求

3.1 本次招标要求投标人须具备＿＿＿＿＿＿资质，＿＿＿＿＿＿业绩，并在人员、试验检测仪器设备方面具有相应的监理能力。

3.2 本次招标＿＿＿＿＿＿(接受或不接受)联合体投标。联合体投标的，应满足下列要求：＿＿＿＿＿＿。

4. 招标文件的获取

4.1(A) 凡有意参加投标者，请于＿＿年＿＿月＿＿日至＿＿年＿＿月＿＿日，每

日上午　　时至　　时，下午　　时至　　时（北京时间，下同），在　　（详细地址）持单位介绍信购买招标文件。邮购招标文件的，需另加手续费（含邮费）　　元。招标人在收到单位介绍信和邮购款和技术资料押金（含手续费）后　　日内寄送。

4.1(B) 凡有意参加投标者，请于　　年　　月　　日　　时至　　年　　月　　日　　时（北京时间，下同），登录　　（电子招标投标交易平台名称）下载电子招标文件。

4.2 招标文件每套售价　　元，售后不退。技术资料押金　　元，在退还技术资料时退还（不计利息）。

5. 投标文件的递交

5.1(A) 投标文件递交的截止时间（投标截止时间，下同）为　　年　　月　　日　　时　　分，地点为　　。

5.1(B) 投标文件递交的截止时间（投标截止时间，下同）为　　年　　月　　日　　时　　分，投标人应在截止时间前通过　　（电子招标投标交易平台）递交电子投标文件。

5.2 (A) 逾期送达的、未送达指定地点的或者不按照招标文件要求密封的投标文件，招标人将予以拒收。

5.2 (B) 逾期送达的投标文件，电子招标投标交易平台将予以拒收。

6. 发布公告的媒介

本次招标公告同时在　　（发布公告的媒介名称）上发布。

7. 联系方式

招标人：	招标代理机构：
地　　址：	地　　址：
邮　　编：	邮　　编：
联 系 人：	联 系 人：
电　　话：	电　　话：

2.5.2 投标人须知

投标人须知示例如下。

投标人须知

条款号	条款名称	编列内容
1.1.2	招标人	名称： 地址： 联系人： 电话：

续表

条款号	条款名称	编列内容
1.1.3	招标代理机构	名称： 地址： 联系人： 电话：
1.1.4	招标项目名称	
1.1.5	项目建设地点	
1.1.6	项目建设规模	
1.1.7	工程项目施工预计开工日期和建设周期	
1.1.8	建筑安装工程费/工程概算	
1.2.1	资金来源及比例	
1.2.2	资金落实情况	
1.3.1	招标范围	
1.3.2	监理服务期限	
1.3.3	质量标准	
1.4.1	投标人资质条件、能力、信誉	(1) 资质要求： (2) 财务要求： (3) 业绩要求： (4) 信誉要求： (5) 总监理工程师的资格要求： (6) 其他主要人员要求： (7) 试验检测仪器设备要求： (8) 其他要求：
1.4.2	是否接受联合体投标	□不接受 □接受，应满足下列要求：
1.4.3	投标人不得存在的其他情形	
1.9.1	踏勘现场	□不组织 □组织，踏勘时间： 踏勘集中地点：
1.10.1	投标预备会	□不召开 □召开，召开时间： 召开地点：
1.10.2	投标人在投标预备会前提出问题	时间： 形式：
1.10.3	招标文件澄清发出的形式	
1.12.1	实质性要求和条件	

续表

条款号	条款名称	编列内容
1.12.3	偏差	□不允许 □允许，偏差范围： 偏差幅度：
2.1	构成招标文件的其他资料	
2.2.1	投标人要求澄清招标文件	时间： 形式：
2.2.2	招标文件澄清发出的形式	
2.2.3	投标人确认收到招标文件澄清	时间： 形式：
2.3.1	招标文件修改发出的形式	
2.3.2	投标人确认收到招标文件修改	时间： 形式：
3.1.1	构成投标文件的其他资料	
3.2.1	增值税税金的计算方法	
3.2.3	报价方式	
3.2.4	最高投标限价	□无 □有，最高投标限价：
3.2.5	投标报价的其他要求	
3.3.1	投标有效期	
3.4.1	投标保证金	是否要求投标人递交投标保证金： □要求，投标保证金的形式： 投标保证金的金额： □不要求
3.4.4	其他可以不予退还投标保证金的情形	
3.5	资格审查资料的特殊要求	□无 □有，具体要求：
3.5.2	近年财务状况的年份要求	____年至____年
3.5.3	近年完成的类似项目情况的时间要求	____年____月____日 至____年____月____日
3.5.5	近年发生的诉讼及仲裁情况的时间要求	____年____月____日 至____年____月____日
3.6.1	是否允许递交备选投标方案	□不允许 □允许

续表

条款号	条款名称	编列内容
3.7.3A(2)	投标文件副本份数及其他要求	投标文件副本份数： 是否要求提交电子版文件： 其他要求：
3.7.3A(3)	投标文件是否需分册装订	□不需要 □需要，分册装订要求：
3.7.3(B)	投标文件所附证书证件要求	
3.7.3(B)	投标文件签字或盖章要求	
4.1.1(B)	投标文件加密要求	
4.1.2	封套上应载明的信息	招标人名称： 招标人地址： ________(项目名称)监理招标项目投标文件 招标项目编号： 在____年____月____日____时前不得开启
4.2.1	投标截止时间	
4.2.2(A)	递交投标文件地点	
4.2.3	投标文件是否退还	□否 □是，退还时间：
5.1(A)	开标时间和地点	开标时间：同投标截止时间 开标地点：
5.2(4)(A)	开标程序	开标顺序：
6.1.1	评标委员会的组建	评标委员会构成：________人 其中招标人代表________人，专家________人； 评标专家确定方式：
6.3.2	评标委员会推荐中标候选人的人数	
7.1	中标候选人公示媒介及期限	公示媒介： 公示期限：________日
7.4	是否授权评标委员会确定中标人	□是 □否
7.6.1	履约保证金	是否要求中标人提交履约保证金： □要求，履约保证金的形式： 履约保证金的金额： □不要求

续表

条款号	条款名称	编列内容
9	是否采用电子招标投标	□否 □是，具体要求：
10	需要补充的其他内容	
…	…	

2.5.3 招标文件的组成

招标文件包括下列组成部分。

(1) 招标公告(或投标邀请书)。

(2) 投标人须知。

(3) 评标办法。

(4) 合同条款及格式。

(5) 委托人要求。

(6) 投标文件格式。

(7) 投标人须知前附表规定的其他资料。

2.5.4 投标文件的组成

投标文件应包括下列内容。

(1) 投标函及投标函附录。

(2) 法定代表人身份证明或授权委托书。

(3) 联合体协议书。

(4) 投标保证金。

(5) 监理报酬清单。

(6) 资格审查资料。

(7) 监理大纲。

(8) 投标人须知前附表规定的其他资料。

投标人在评标过程中作出的符合法律法规和招标文件规定的澄清确认，构成投标文件的组成部分。

2.5.5 资格审查资料(适用于未进行资格预审的)

除投标人须知前附表另有规定外，投标人应按下列规定提供资格审查资料，以证明其满足本节“投标人须知”第 1.4 款规定的资质、财务、业绩、信誉等要求。

3.5.1 “投标人基本情况表”应附投标人营业执照和组织机构代码证的复印件(按照“三证合一”或“五证合一”登记制度进行登记的,可仅提供营业执照复印件)、投标人监理资质证书副本等材料的复印件。

3.5.2 “近年财务状况表”应附经会计师事务所或审计机构审计的财务会计报表,包括资产负债表、现金流量表、利润表和财务情况说明书的复印件,具体年份要求见投标人须知前附表。投标人的成立时间少于投标人须知前附表规定年份的,应提供成立以来的财务状况表。

3.5.3 “近年完成的类似监理项目情况表”应附中标通知书和(或)合同协议书、委托人出具的证明文件;具体时间要求见投标人须知前附表,每张表格只填写一个项目,并标明序号。

3.5.4 “在监理和新承接的项目情况表”应附中标通知书和(或)合同协议书复印件。每张表格只填写一个项目,并标明序号。

3.5.5 “近年发生的诉讼及仲裁情况”应说明投标人败诉的监理合同的相关情况,并附法院或仲裁机构作出的判决、裁决等有关法律文书复印件,具体时间要求见投标人须知前附表。

3.5.6 “拟委任的主要人员汇总表”应填报满足第1.4.1款规定的总监理工程师和其他主要人员的相关信息。“主要人员简历表”中总监理工程师应附身份证、学历证、职称证、注册监理工程师执业证书和社保缴费证明复印件,管理过的项目业绩须附合同协议书复印件;其他主要人员应附身份证、学历证、职称证、有关证书和社保缴费证明复印件。

3.5.7 “拟投入本项目的主要试验检测仪器设备表”应填报满足第1.4.1款规定的试验检测仪器设备。

3.5.8 投标人须知前附表规定接受联合体投标的,第3.5.1款至第3.5.7款规定的表格和资料应包括联合体各方相关情况。

2.6 建设工程监理收费

2.6.1 工程监理费的构成

建设工程监理费是指业主依据委托监理合同支付给监理企业的监理酬金。它是构成工程概(预)算的一部分,在工程概(预)算中单独列支。建设工程监理费由监理直接成本、监理间接成本、税金和利润四部分构成。

(1) 监理直接成本,是指监理企业履行委托监理合同时所发生的成本。主要包括:①监理人员和监理辅助人员的工资、奖金、津贴、补助、附加工资等。②用于监理工作的常规检测工器具、计算机等办公设施的购置费和其他仪器、机械的租赁费。③用于监理人员和辅助人员的其他专项开支,包括办公费、通信费、差旅费、书报费、文印费、会议费、医疗费、劳保费、保险费、休假探亲费等。④其他费用。

(2) 监理间接成本,是指全部业务经营开支及非工程监理的特定开支。具体内容包括:①管理人员、行政人员以及后勤人员的工资、奖金、补助和津贴。②经营性业务开支。包括为招揽监理业务而发生的广告费、宣传费、有关合同的公证费等。③办公费。包括办公用品、报刊、会议、文印、上下班交通费等。④公用设施使用费。包括办公使用的水、电、气、环卫、保安等费用。⑤业务培训费、图书、资料购置费。⑥附加费。包括劳动统筹、医疗统筹、福利基金、工会经费、人身保险、住房公积金、特殊补助等。⑦其他费用。

(3) 税金,是指按照国家规定,工程监理企业应缴纳的各种税金总额,如营业税、所得税、印花税等。

(4) 利润,是指工程监理企业的监理活动收入扣除直接成本、间接成本和各种税金之后的余额。

2.6.2 工程监理企业在竞争承揽监理业务中应注意的事项

(1) 严格遵守国家的法律、法规及有关规定,遵守监理行业职业道德,不参与恶性压价竞争活动,严格履行委托监理合同。

(2) 严格按照批准的经营范围承接监理业务,特殊情况下承接经营范围以外的监理业务时,需向资质管理部门申请批准。

(3) 承揽监理业务的总量要视本单位的力量而定,不得在与业主签订监理合同后,把监理业务转包给其他工程监理企业,或允许其他企业、个人以本监理企业的名义挂靠承揽监理业务。

(4) 对于监理风险较大的建设工程,可以联合几家工程监理企业组成联合体共同承担监理业务,以分担风险。

为规范建设工程监理及相关服务收费行为,维护委托方和受托方合法权益,促进建设工程监理行业健康发展,国家发展和改革委员会、原建设部于 2007 年 3 月发布了《建设工程监理与相关服务收费管理规定》,明确了建设工程监理与相关服务收费标准。

2.6.3 建设工程监理及相关服务收费的一般规定

建设工程监理及相关服务收费根据工程项目的性质不同,分别实行政府指导价或市场调节价。依法必须实行监理的工程,监理收费实行政府指导价;其他工程的监理收费与相关服务收费实行市场调节价。

实行政府指导价的建设工程监理收费,其基准价根据《建设工程监理与相关服务收费标准》计算,浮动幅度为上下 20%。建设单位和工程监理单位应当根据建设工程的实际情况在规定的浮动幅度内协商确定收费额。实行市场调节价的建设工程监理与相关服务收费,由建设单位和工程监理单位协商确定收费额。

建设工程监理与相关服务收费,应当体现优质优价的原则。在保证工程质量的前提下,由于建设工程监理与相关服务节省投资、缩短工期、取得显著经济效益的,建设单位可根据合同约定奖励工程监理单位。

2.6.4　工程监理与相关服务计费方式

1. 建设工程监理服务计费方式

铁路、水运、公路、水电、水库工程监理服务收费按建筑安装工程费分档定额计费方式计算收费。其他建设工程监理服务收费按照工程概算投资额分档定额计费方式计算收费。

1）建设工程监理服务收费的计算

建设工程监理服务收费按下式计算：

建设工程监理服务收费＝建设工程监理服务收费基准价×(1±浮动幅度值)

2）建设工程监理服务收费基准价的计算

建设工程监理服务收费基准价是按照收费标准计算出的建设工程监理服务基准收费额，建设单位与工程监理单位根据工程实际情况，在规定的浮动幅度范围内协商确定建设工程监理服务收费合同额。

建设工程监理服务收费基准价＝建设工程监理服务收费基价×专业调整系数×工程复杂程度调整系数×高程调整系数

（1）建设工程监理服务收费基价。建设工程监理服务收费基价是完成法律法规、行业规范规定的建设工程监理服务内容的酬金。建设工程监理服务收费基价按表2-3确定，计费额处于两个数值区间的，采用直线内插法确定建设工程监理服务收费基价。

表2-3　建设工程监理服务收费基价　（单位：万元）

序号	计费额	收费基价	序号	计费额	收费基价
1	500	16.5	9	60000	991.4
2	1000	30.1	10	80000	1255.8
3	3000	78.1	11	100000	1507.0
4	5000	120.8	12	200000	2712.5
5	8000	181.0	13	400000	4882.6
6	10000	218.6	14	600000	6835.6
7	20000	393.4	15	800000	6858.4
8	40000	708.2	16	1000000	10390.1

注：计费额大于1000000万元的，以计费额乘以1.039%的收费率计算收费基价。其他未包含的收费由双方协商议定。

（2）建设工程监理服务收费调整系数。建设工程监理服务收费标准的调整系数包括专业调整系数、工程复杂程度调整系数和高程调整系数。

①专业调整系数是对不同专业工程的监理工作复杂程度和工作量差异进行调整的系数。计算建设工程监理服务收费时，专业调整系数在表2-4中查找确定。

表 2-4 建设工程监理服务收费专业调整系数

工程类型	专业调整系数
1. 矿山采选工程	
黑色、有色、黄金、化学、非金属及其他矿采选工程	0.9
选煤及其他煤炭工程	1.0
矿井工程、铀矿采选工程	1.1
2. 加工冶炼工程	
冶炼工程	0.9
船舶水工工程	1.0
各类加工工程	1.0
核加工工程	1.2
3. 石油化工工程	
石油工程	0.9
化工石化、化纤、医药工程	1.0
核化工工程	1.2
4. 水利电力工程	
风力发电、其他水利工程	0.9
火电工程、送变电工程	1.0
核电、水电、水库工程	1.2
5. 交通运输工程	
机场场道、助航灯光工程	0.9
铁路、公路、城市道路、轻轨及机场空管工程	1.0
水运、地铁、桥梁、隧道、索道工程	1.1
6. 建筑市政工程	
园林绿化工程	0.8
建筑、人防、市政公用工程	1.0
邮政、电信、广播电视工程	1.0
7. 农业林业工程	
农业工程	0.9
林业工程	0.9

② 工程复杂程度调整系数是对同一专业工程的监理工作复杂程度和工作量差异进行调整的系数。工程复杂程度分为一般、较复杂和复杂 3 个等级，其调整系数分别为一般(Ⅰ级)0.85；较复杂(Ⅱ级)1.00；复杂(Ⅲ级)1.15。计算建设工程监理服务收费时，工程复杂程度在相应章节的《工程复杂程度表》中查找确定。

③ 高程调整系数如下：海拔高程 2000m 以下的为 1.0；海拔高程 2001～3000m 为 1.1；海拔高程 3001～3500m 为 1.2；海拔高程 3501～4000m 为 1.3；海拔高程 4001m 以上的，高程调整系数由发包人和监理人协商确定。

3）建设工程监理服务收费的计费额

建设工程监理服务收费以工程概算投资额分档定额计费方式收费的，其计费额为工程概算中的建筑安装工程费、设备购置费和联合试运转费之和。对设备购置费和联合试运转费占工程概算投资额 40％以上的工程项目，其建筑安装工程费全部计入计费额，设备购置费和联合试运转费按 40％的比例计入计费额。但其计费额不应小于建筑安装工程费与其相同且设备购置费和联合试运转费等于工程概算投资额40%的工程项目的计费额。

工程中有利用原有设备并进行安装调试服务的，以签订建设工程监理合同时同类设备的当期价格作为建设工程监理服务收费的计费额；工程中有缓配设备的，应扣除签订建设工程监理合同时同类设备的当期价格作为建设工程监理服务收费的计费额；工程中有引进设备的，按照购进设备的离岸价格折换成人民币作为建设工程监理服务收费的计费额。建设工程监理服务收费以建筑安装工程费分档定额计费方式收费的，其计费额为工程概算中的建筑安装工程费。作为建设工程监理服务收费计费额的工程概算投资额或建筑安装工程费均指每个监理合同中约定的工程项目范围的投资额。

4）建设工程监理部分发包与联合承揽服务收费的计算

（1）建设单位将建设工程监理服务中的某一部分工作单独发包给工程监理单位，按照其占建设工程监理服务工作量的比例计算建设工程监理服务收费，其中质量控制和安全生产监督管理服务收费不宜低于建设工程监理服务收费总额的70%。

（2）建设工程监理服务由两个或者两个以上工程监理单位承担的，各工程监理单位按照其占建设工程监理服务工作量的比例计算建设工程监理服务收费。建设单位委托其中一家工程监理单位对工程监理服务总负责的，该工程监理单位按照各监理单位合计建设工程监理服务收费额的4%～6%向建设单位收取总体协调费。

2. 相关服务计费方式

相关服务收费一般按相关服务工作所需工日和表2-5的规定收费。

表2-5 建设工程监理与相关服务人员人工日费用标准

建设工程监理与相关服务人员职级	人工日费用标准/元
一、高级专家	1000～1200
二、高级专业技术职称的监理与相关服务人员	800～1000
三、中级专业技术职称的监理与相关服务人员	600～800
四、初级及以下专业技术职称监理与相关服务人员	300～600

注：本表适用于提供短期相关服务的人工费用标准。

2.6.5 苏浙沪《建设工程施工监理服务费计费规则》

2015年6月2日，根据苏浙沪建设监理行业现状，在大量市场调查研究的基础上，经统计、分析、测算和论证，制定了苏浙沪《建设工程施工监理服务费计费规则》，可作为建设单位和监理单位在施工阶段监理服务费概算编制与监理合同洽谈时的参考依据。

1 总则

1.1 为切实加强工程质量和安全生产管理，维护人民生命财产安全，提高工程建设管理水平，提升建设工程监理服务品质，结合苏浙沪三地实际，制定建设工程监理服务费计费规则。

1.2 本计费规则可作为苏浙沪三地行政区域内房屋建筑工程和市政基础设施工程施工阶段监理服务费概算编制及监理合同洽谈的参考依据。

1.3 施工阶段监理是指监理单位受建设单位委托对工程施工准备阶段、施工实施阶段监理及工程竣工验收实施的监理服务。

1.4 建设工程施工监理服务费计费规则分人工综合单价计算法和费率计算法两种形式。根据合同双方意愿，监理服务费可按人工综合单价法计算，也可按费率法计算。建设工程施工监理服务费所包含的内容参见表2-12。

1.5 建设工程施工监理服务的范围和工作内容，由建设单位与监理单位在建设工程监理合同中约定。监理单位工程施工阶段监理可提供的监理服务主要工作内容参见2.6.2内容。

1.6 施工监理服务应严格按照国家、省(市)相关法律法规和标准实施。按照工程建设不同阶段，根据监理合同约定，配备与监理服务内容相适应的、具备相应执业资格的人员，保证工作质量，提升服务品质，满足建设单位和政府主管部门工程建设管理的需要。

2 人工综合单价计算法

2.1 按人工综合单价法计算监理服务费＝$\sum$(各类监理人员服务期×相应监理人员综合单价)。

2.2 人工综合单价包括现场监理人员费用、企业管理费用、利润和税金。

2.3 各类现场监理人员费用及人工综合单价可按表2-6参考计算。

2.4 企业管理费率，综合资质企业一般为35%～50%，其他资质企业一般为30%～45%计取；利润费率由各企业自行确定；税金费率按国家规定计取。

3 费率计算法

3.1 按费率法计算的建设工程监理服务费＝计费额×费率×工程难度调整系数。

3.2 “计费额”是指经过批准的建设项目初步设计概算中的建筑安装工程费、设备与工器具购置费和联合试运转费之和。

表2-6 监理人员费用参考价及人工综合单价计算

监理人员类别		人员费用参考价/(万元/年)	企业管理费用	企业利润	税金	人工综合单价
		Ⅰ	Ⅱ	Ⅲ	Ⅳ	Ⅴ
总监理工程师	高级总监	35以上				
	一般总监	25～35				
专业监理工程师	高级专监	17～25				
	中级专监	12～17				
	一般专监	7～12				
监理员		6～10				

注：1. Ⅴ＝Ⅰ＋Ⅱ＋Ⅲ＋Ⅳ。其中，Ⅱ＝Ⅰ×企业管理费率；Ⅲ＝(Ⅰ＋Ⅱ)×利润费率；Ⅳ＝(Ⅰ＋Ⅱ＋Ⅲ)×税金费率。

2. 专业监理工程师包括造价工程师、安全管理人员等；监理员包括见证员、资料员等。

3. 监理人员费用测算的工作时间以国家法定工作日为准。

4. 以上费用不包括可报销费用。

3.3 监理服务费费率见表2-7。

表2-7 监理服务费费率

序号	工程规模区间计费额/万元	费率/%
1	≤1000	4.5
2	5000	4.0
3	10000	3.5
4	20000	3.0
5	40000	2.6
6	60000	2.4
7	80000	2.2
8	100000	2.0
9	200000	1.6
10	400000	1.4
11	600000	1.2
12	>600000	1.1

注：1. 以上费用不包括可报销费用。
2. 计费额处于两个数值区间的，可采用直线内插法计算。

3.4 工程难度调整系数分房屋建筑工程难度调整系数和市政基础设施工程难度调整系数。

3.4.1 房屋建筑工程难度调整系数见表2-8。

表2-8 房屋建筑工程难度调整系数

序号	工程特征	工程难度调整系数
1	普通厂房工程	0.90
2	住宅工程	1.00
3	综合商业用房	1.10
4	按四星级及以上标准建设的酒店（含精装修）	1.15
5	大跨度钢结构的建筑（体育场馆、文化场馆、会展中心等）	1.25
6	综合性医院	1.15
7	地下四层及以上或基坑深度≥18m	1.20
8	100m≤建筑高度<200m	1.20
9	200m≤建筑高度<300m	1.30
10	建筑高度≥300m	1.35

注：1.不适合本表特征的工程，难度系数按1.00计算。
2.当工程特征适用两个及以上难度系数时，取最大值。

3.4.2　市政基础设施工程难度调整系数见表2-9。

表2-9　市政基础设施工程难度调整系数

序号	工程特征	工程难度调整系数
1	普通道路工程；人行天桥	1.00
2	城市快速路；分离式立交桥；人行地下通道	1.15
3	互通式立交桥；地下通道；城市地铁、轻轨	1.20
4	单孔跨径≥100m的桥梁	1.20
5	单孔跨径≥200m的桥梁	1.30
6	长度＜1000m隧道工程	1.10
7	1000m≤长度＜3000m隧道工程；跨度≥12m的隧道工程	1.20
8	长度≥3000m的隧道工程；连拱隧道；水底隧道；浅埋暗挖隧道	1.30
9	直径＜1m的管道工程	0.90
10	直径≥1m的管道工程；＜$3m^3/s$的泵站；＜5万t/日水厂（污水厂）工程	1.00
11	埋深≥5m的管道工程；顶管工程；≥$3m^3/s$的泵站；≥5万t/日水厂（污水厂）工程	1.20
12	海（江）底排污管道；海水取排水、淡化及处理工程	1.30
13	园林工程；城市广场	0.90
14	古建筑	1.10
15	中低压燃气；小区供热工程	1.00
16	高压燃气管网；液化储气站	1.15
17	垃圾中转站；垃圾填埋工程	1.00
18	垃圾焚烧工程	1.20

注：1. 不适合本表特征的工程，难度系数按1.00计算。
2. 当工程特征适用两个及以上难度系数时，取最大值。

3.5　建设单位将施工阶段监理服务中的某一部分工作（质量、造价、进度控制及安全生产管理）单独发包给监理单位，按照其占施工监理服务工作量的比例计算施工监理服务费。其中，单独委托工程质量控制和安全生产管理服务的，监理服务费不宜低于施工阶段监理服务费的80%。

3.6　建设单位将施工阶段某一分部工程（如地下工程）监理服务单独发包给监理单位，按照其相应部分概算造价为计费额，计算监理服务费。

4　附则

4.1　超出监理合同服务期，建设单位需要监理企业继续提供服务的；发生工程延期、停工或工程量增加，其费用计算方法应在建设工程监理合同中另行约定。

4.2　因工作需要，建设单位要求监理企业邀请相关专家进行专题论证、方案审查或其他工作的，宜按不同级别专家工日费用计费。工日费用建议按表2-10计取。

表 2-10 专家工日费计算

建设工程监理与相关服务人员职级	工日费用/元
一、特聘专家(院士或省部级)	10000
二、高级专家(教授级或厅局级)	5000
三、高级专业技术职称人员	3000

4.3 交通、水利、电力等专业工程可结合专业特点参照使用。

4.4 可报销费用是指根据建设工程监理合同的约定,经建设单位同意,监理单位聘请的咨询专家费、专项测试费、对外委托检验费、组团外出考察费及其他费用。

4.5 根据苏浙沪三地监理市场变化的实际情况以及每年居民消费价格指数(CPI)变动情况,可通过实际调查统计,不定期发布监理服务费费率和监理人员费用信息。建设工程施工监理服务费组成见表 2-11。

表 2-11 建设工程施工监理服务费组成

一、现场监理人员费用	1. 现场人员应付工资(含个人应缴纳的社保五险、公积金和个人所得税) 2. 现场人员工资性补贴(含交通、伙食、流动驻外工地等补贴) 3. 现场人员社会保险和公积金(公司为现场监理人员缴纳的社保五险和公积金) 4. 意外伤害保险(商业)
二、企业管理费用	1. 现场日常办公费(含计算机、复印、文具、相机、通信、水电气、车辆折旧等) 2. 临时设施费(为实施现场服务所必须搭设的生活和生产用的临时建筑物、构筑物和其他临时设施或租赁费用,包括临时设施搭设、维修、拆除、清理费或摊销费,水、电、气费用,空调、桌椅、厨具,租金等) 3. 工具用具使用费(包括不属于固定资产的生产工具、器具、家具、交通工具和检验、试验、测绘、消防用具等的购置、维修和摊销费) 4. 经营管理后勤人员应付工资和工资性补贴(含个人应缴纳的社保五险、公积金和个人所得税,交通、伙食、流动驻外工地等补贴) 5. 劳动保险费(包括公司应缴纳的社保五险和公积金,应支付的离退休职工的补助费、6个月以上的长病假人员工资、职工死亡丧葬补助费、抚恤费、按规定支付给离休干部等的各项经费) 6. 特殊性工资(包括监理人员学习、培训期间、休假及探亲期间、停工期间工资,女性孕期及哺乳期,6个月内病假期间的工资等) 7. 劳动保护费(含工作鞋、安全帽和制服等) 8. 职工福利费(含防暑降温、过节慰问等) 9. 经营管理后勤人员办公费(含会议、计算机、打印、复印、文具、账表、印刷和通信等) 10. 职工教育经费(包括为职工学习先进技术和提高文化水平,按职工工资总额计提的费用,用于岗位培训、业务培训和继续再教育等) 11. 固定资产费(包括属于固定资产的房屋、设备仪器和车辆等的折旧、大修、维修或租赁费,房产税、物管费、年检等) 12. 差旅交通费用(包括职工因公出差、调动工作的差旅费、住勤补助费,市内交通费和误餐补助费,职工探亲路费、劳动力招募费,职工退休、退职一次性路费,工伤人员就医路费,以及单位管理部门使用的交通工具的油料、燃料、养路费、停车费及牌照费等) 13. 业务经营费 14. 财产保险费(含不动产和动产保险费) 15. 工会经费(公司按职工工资总额计提的工会经费) 16. 研发费(含技术转让费和技术开发费) 17. 其他费用(含投标经费、质量认证审核费、广告、财务费用、法律顾问咨询费和会费等)

续表

三、利润	
四、税金	

2.6.6 建设工程施工监理服务主要工作内容

(1) 收到工程设计文件后编制监理规划,并在第一次工地会议 7 天前报委托人。根据有关规定和监理工作需要,编制监理实施细则。

(2) 熟悉工程设计文件,并参加由委托人主持的图纸会审和设计交底会议。

(3) 参加由委托人主持的第一次工地会议;主持监理例会并根据工程需要主持或参加专题会议。

(4) 审查施工承包人提交的施工组织设计,重点审查其中的质量安全技术措施、专项施工方案与工程建设强制性标准的符合性。

(5) 检查施工承包人工程质量、安全生产管理制度及组织机构和人员资格。

(6) 检查施工承包人专职安全生产管理人员的配备情况。

(7) 审查施工承包人提交的施工进度计划,核查承包人对施工进度计划的调整。

(8) 检查施工承包人的试验室。

(9) 审核施工分包人资质条件。

(10) 查验施工承包人的施工测量放线成果。

(11) 审查工程开工条件,对条件具备的签发开工令。

(12) 审查施工承包人报送的工程材料、构配件、设备质量证明文件有效性和符合性,并按规定对用于工程的材料采取平行检验或见证取样方式进行抽检。

(13) 审核施工承包人提交的工程款支付申请,签发或出具工程款支付证书,并报委托人审核、批准。

(14) 在巡视、旁站和检验过程中,发现工程质量、施工安全存在事故隐患的,要求施工承包人整改并报委托人。

(15) 经委托人同意,签发工程暂停令和复工令。

(16) 审查施工承包人提交的采用新材料、新工艺、新技术、新设备的论证材料及相关验收标准。

(17) 验收隐蔽工程、分部分项工程。

(18) 审查施工承包人提交的工程变更申请,协调处理施工进度调整、费用索赔、合同争议等事项。

(19) 审查施工承包人提交的竣工验收申请,编写工程质量评估报告。

(20) 参加工程竣工验收,签署竣工验收意见。

(21) 审查施工承包人提交的竣工结算申请并报委托人。

(22) 编制、整理工程监理归档文件并报委托人。

单元3 监理工程师

3.1 监理人员术语

注册监理工程师：取得国务院建设主管部门颁发的《中华人民共和国注册监理工程师注册执业证书》和执业印章，从事建设工程监理与相关服务等活动的人员。

总监理工程师：由工程监理单位法定代表人书面任命，负责履行建设工程监理合同、主持项目监理机构工作的注册监理工程师。

总监理工程师代表：由总监理工程师授权，代表总监理工程师行使其部分职责和权力，具有工程类注册执业资格或具有中级及以上专业技术职称、3年及以上工程监理实践经验的监理人员。

专业监理工程师：由总监理工程师授权，负责实施某一专业或某一岗位的监理工作，有相应监理文件签发权，具有工程类注册执业资格或具有中级及以上专业技术职称、2年及以上工程监理实践经验的监理人员。

监理员：从事具体监理工作，具有中专及以上学历并经过监理业务培训的监理人员。

3.2 监理工程师资格考试

1992年6月，原建设部发布了《监理工程师资格考试和注册试行办法》(建设部第18号令)，我国开始实施监理工程师资格考试。1996年8月，原建设部、原人事部下发了《建设部、人事部关于全国监理工程师执业资格考试工作的通知》(建监〔1996〕462号)，从1997年起，全国正式举行监理工程师执业资格考试。考试工作由原建设部、原人事部共同负责，日常工作委托原建设部建筑监理协会承担，具体考务工作由原人事部人事考试中心负责。考试设4个科目，具体是《建设工程监理基本理论与相关法规》《建设工程合同管理》《建设工程质量、投资、进度控制》《建设工程监理案例分析》。其中，《建设工程监理案例分析》为主观题，在试卷上作答；其余3科均为客观题，在答题卡上作答。

注意事项：考生应考时，可携带钢笔或圆珠笔(黑色或蓝色)、2B铅笔、橡皮、计算器(无声、无存储编辑功能)。考试分4个半天进行，《建设工程合同管理》《建设工程监理基本理论与相关法规》的考试时间为2个小时；《建设工程质量、投资、进度控制》的考试时间为3个小时；《建设工程监理案例分析》的考试时间为4个小时。

考试每年举行一次，考试时间一般安排在5月中旬。

报考条件：凡中华人民共和国公民，身体健康，遵纪守法，具备下列条件之一者，可申请参加监理工程师执业资格考试。

3.2.1 参加全科(四科)考试条件

(1) 工程技术或工程经济专业大专(含大专)以上学历，按照国家有关规定，取得工程技术或工程经济专业中级职务，并任职满 3 年。

(2) 按照国家有关规定，取得工程技术或工程经济专业高级职称。

3.2.2 免试部分科目的条件

对从事工程建设监理工作并同时具备下列四项条件的报考人员，可免试《建设工程合同管理》和《建设工程质量、投资、进度控制》两科。

(1) 1970 年(含 1970 年)以前工程技术或工程经济专业中专(含中专)以上毕业。

(2) 按照国家有关规定，取得工程技术或工程经济专业高级职称。

(3) 从事工程设计或工程施工管理工作满 15 年。

(4) 从事监理工作满 1 年。

成绩有效规定：参加全部 4 个科目考试的人员，必须在连续两个考试年度内通过全部科目考试；符合免试部分科目考试的人员，必须在一个考试年度内通过规定的两个科目的考试，可取得监理工程师执业资格证书。填写规定，续考考生必须准确填写上一年考试档案号，否则 2 年成绩无法合并计算。监理工程师执业资格证书样本见图 3-1。

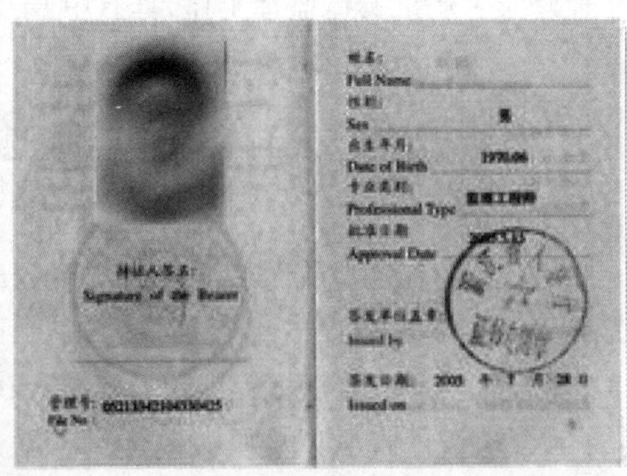

图 3-1 监理工程师执业资格证书样本(证书封面以及正面)

3.3 注册监理工程师管理规定

根据《注册监理工程师管理规定》(原建设部令第 147 号)、《住房城乡建设部关于修改〈勘察设计注册工程师管理规定〉等 11 个部门规章的决定》(住房和城乡建设部令第 32 号)和《关于建设部机关直接实施的行政许可事项有关规定和内容的公告》(原建设部公告第

278号),申请注册监理工程师初始注册、延续注册、变更注册、注销注册和注册执业证书遗失破损补办等,按以下要求办理。

3.3.1 注册申请表及网上申报要求

申请注册的申请表分为《中华人民共和国注册监理工程师初始注册申请表》《中华人民共和国注册监理工程师延续注册申请表》《中华人民共和国注册监理工程师变更注册申请表》《中华人民共和国注册监理工程师注销注册申请表》和《中华人民共和国注册监理工程师注册执业证书遗失破损补办申请表》。申请人可进入"中华人民共和国住房和城乡建设部"网站(www.mohurd.gov.cn),登录"注册监理工程师管理系统",填写以上申请表,并上报扫描件和电子文档。

3.3.2 申报材料要求

1. 初始注册

取得中华人民共和国监理工程师执业资格证书的申请人,应自证书签发之日起3年内提出初始注册申请。逾期未申请者,须符合近3年继续教育要求后方可申请初始注册。

申请初始注册需在网上提交下列材料。

(1) 本人填写的《中华人民共和国注册监理工程师初始注册申请表》。

(2) 由社会保险机构出具的近一个月在聘用单位的社保证明扫描件(退休人员需提供有效的退休证明)。

(3) 本人近期一寸彩色免冠证件照扫描件。

2. 延续注册

注册监理工程师注册有效期为3年,注册期满需继续执业的,应符合继续教育要求并在注册有效期届满30日前申请延续注册。在注册有效期届满30日前未提出延续注册申请的,在有效期满后,其注册执业证书和执业印章自动失效,需继续执业的,应重新申请初始注册。

申请延续注册需在网上提交下列材料。

(1) 本人填写的《中华人民共和国注册监理工程师延续注册申请表》。

(2) 由社会保险机构出具的近一个月在聘用单位的社保证明扫描件(退休人员需提供有效的退休证明)。

3. 变更注册

注册监理工程师在注册有效期内,需要变更执业单位、注册专业等注册内容的,应申请变更注册。

申请办理变更注册手续的,变更注册后仍延续原注册有效期。申请变更注册需在网上提交下列材料。

(1) 本人填写的《中华人民共和国注册监理工程师变更注册申请表》。

(2) 由社会保险机构出具的近一个月在聘用单位的社保证明扫描件(退休人员需提供有效的退休证明)。

(3) 在注册有效期内,变更执业单位的,申请人应提供工作调动证明扫描件(与原聘用单位终止或解除聘用劳动合同的证明文件,或由劳动仲裁机构出具的解除劳动关系的劳动仲裁文件)。

(4) 在注册有效期内,因所在聘用单位名称发生变更的,应在聘用单位名称变更后30日内按变更注册规定办理变更注册手续,并提供聘用单位新名称的营业执照、工商核准通知书扫描件。

4. 注销注册

按照《注册监理工程师管理规定》要求,注册监理工程师本人和聘用单位需要申请注销注册的,须填写并网上提交《中华人民共和国注册监理工程师注销注册申请表》电子数据,由聘用单位将相应电子文档通过网上报送给省级注册管理机构。被依法注销注册者,当具备初始注册条件,并符合近三年的继续教育要求后,可重新申请初始注册。

5. 注册执业证书遗失破损补办

因注册执业证书遗失、破损等原因,需补办注册执业证书的,须填写并网上提交《中华人民共和国注册监理工程师注册执业证书遗失破损补办申请表》电子数据和遗失声明扫描件,由聘用单位将相应电子文档通过网上报送给省级注册管理机构。

3.3.3 注册审批程序

(1) 申请人填写注册申请表并打印,签字后将申报材料和相应电子文档交聘用单位。

(2) 聘用单位在注册申请表上签署意见并加盖单位印章后,将申请人的申报材料电子版和相应电子文档通过网上报送给省级注册管理机构,同时将申请人纸质申请表和近期一寸彩色免冠证件照报送给省级注册管理机构。

(3) 省级注册管理机构在网上接收申请注册材料后,应当在5日内将全部申请材料通过网上报送住建部,同时将纸质申请表和照片报送住建部。

对申请注册的材料,省级注册管理机构应进入"中华人民共和国住房和城乡建设部"网站,登录"注册监理工程师管理系统",使用管理版进行接收,形成《申请注册监理工程师初始、延续、变更注册汇总表》后上报。

(4) 住建部收到省级注册管理机构上报的注册申报材料后,对申请初始注册的,住建部应当自受理申请之日起20日内审批完毕并作出书面决定。自作出决定之日起10日内公告审批结果。对申请变更注册、延续注册的,住建部应当自受理申请之日起10日内审批完毕并作出书面决定。

申请材料不齐全或者不符合法定形式的,应当在5日内一次性告知申请人需要补正的全部内容,待补正材料或补办手续后,按程序重新办理。逾期不告知的,自收到申请材料之日起即为受理。

对准予初始注册的人员,由住建部核发注册执业证书,并核定执业印章编号(注册号)。对准予变更注册、延续注册的人员,核发变更、延续贴条,并核定执业印章编号(注册号)。

(5) 各省级注册管理机构负责收回注销注册和破损补办未到注册有效期的注册监理工程师注册执业证书和执业印章,交住建部销毁。

3.3.4 其他

(1)《中华人民共和国注册监理工程师注册执业证书》由住建部统一制作，执业印章由申请人按照统一格式自行制作。

(2) 注册监理工程师与原聘用单位解除劳动关系后申请变更执业单位，原聘用单位有义务协助完成变更手续。若未解除劳动关系或发生劳动纠纷的，应待解除劳动关系或劳动纠纷解决后，申请办理变更手续。

(3) 军队系统取得监理工程师执业资格人员申请注册，由中央军委后勤保障部军事设施建设局按照省级注册管理机构的职责，接收申请注册申报材料后，报住建部审批。

(4) 联系方式。

通信地址：北京市海淀区三里河路9号

邮政编码：100835

联系电话：010-58933790

传真：010-58933530

(5) 相关表格。

中华人民共和国注册监理工程师初始注册申请表见表3-1。

表3-1 中华人民共和国注册监理工程师初始注册申请表

<table>
<tr><td>姓名</td><td colspan="2"></td><td>性别</td><td></td><td>出生年月</td><td></td><td rowspan="3"></td></tr>
<tr><td>证件名称</td><td colspan="6">☐身份证 ☐军官证 ☐其他</td></tr>
<tr><td>证号</td><td colspan="6"></td></tr>
<tr><td rowspan="2">监理工程师执业资格证书</td><td>证书编号</td><td colspan="2"></td><td>批准日期</td><td colspan="3"></td></tr>
<tr><td>签发单位</td><td colspan="2"></td><td>签发日期</td><td colspan="3"></td></tr>
<tr><td rowspan="4">聘用单位</td><td>单位名称</td><td colspan="6"></td></tr>
<tr><td>通信地址</td><td colspan="6"></td></tr>
<tr><td>资质证号</td><td colspan="2"></td><td colspan="2">资质等级</td><td colspan="2"></td></tr>
<tr><td>联系电话</td><td colspan="2"></td><td colspan="2">经办人手机号码</td><td colspan="2"></td></tr>
<tr><td colspan="2">申请人手机号码</td><td colspan="6"></td></tr>
<tr><td colspan="2">申请注册专业(1)</td><td colspan="2"></td><td colspan="2">申请注册专业(2)</td><td colspan="2"></td></tr>
<tr><td colspan="8">本人对此次申请监理工程师注册涉及的身份证、学历证、职称证、资格证、劳动合同、继续教育证明、工作经历、工程业绩等申报内容的真实性负责，此次申报的资料如有虚假，本人愿接受住房和城乡建设主管部门及其他有关部门依法给予的处罚。
申请人(签字)： 年 月 日</td></tr>
</table>

续表

聘用单位意见	我单位已聘用　　　同志为单位员工，聘用合同期为：　　年　月至　　年　月。其申报材料真实可信，同意该同志申报监理工程师初始注册。我知道隐瞒有关真实情况和填报虚假材料是严重的违法行为，此次注册申报的资料如有虚假，本企业及本人愿接受住房和城乡建设主管部门及其他有关部门依法给予的处罚。 企业法定代表人（签字）：　　　　（公章） 年　月　日

中华人民共和国注册监理工程师变更注册申请表见表3-2。

表3-2　中华人民共和国注册监理工程师变更注册申请表

姓名		性别		出生年月	
证件名称	□身份证　□军官证　□其他				
证号					
注册监理工程师注册执业证书	注册号			证书编号	
	发证日期			有效期	
单位变更	原聘用单位				
	现聘用单位				
	资质证号			资质等级	
	联系电话			经办人手机号码	
申请人手机号码					
单位更名	原单位名称				
	新单位名称				
专业变更	原注册专业	注册专业(1)		注册专业(2)	
	现注册专业	注册专业(1)		注册专业(2)	
其他变更					
本人对此次申请监理工程师注册涉及的身份证、学历证、职称证、资格证、劳动合同、继续教育证明、工作经历、工程业绩等申报内容的真实性负责，此次申报的资料如有虚假，本人愿接受住房和城乡建设主管部门及其他有关部门依法给予的处罚。 申请人（签字）：　　　　年　月　日					
聘用单位意见	我单位已聘用　　　同志为单位员工，聘用合同期为：　　年　月至　　年　月。其申报材料真实可信，同意该同志申报监理工程师变更注册。我知道隐瞒有关真实情况和填报虚假材料是严重的违法行为，此次注册申报的资料如有虚假，本企业及本人愿接受住房和城乡建设主管部门及其他有关部门依法给予的处罚。 企业法定代表人（签字）：　　　　（公章） 年　月　日				

中华人民共和国注册监理工程师延续注册申请表见表3-3。

表 3-3 中华人民共和国注册监理工程师延续注册申请表

<table>
<tr><td>姓名</td><td></td><td>性别</td><td></td><td>出生年月</td><td></td><td rowspan="3"></td></tr>
<tr><td>证件名称</td><td colspan="5">□身份证 □军官证 □其他</td></tr>
<tr><td>证号</td><td colspan="5"></td></tr>
<tr><td rowspan="2">注册监理工程师
注册执业证书</td><td>注册号</td><td colspan="2"></td><td>证书编号</td><td colspan="2"></td></tr>
<tr><td>发证日期</td><td colspan="2"></td><td>有效期</td><td colspan="2"></td></tr>
<tr><td rowspan="4">聘用单位</td><td>单位名称</td><td colspan="5"></td></tr>
<tr><td>通信地址</td><td colspan="5"></td></tr>
<tr><td>资质证号</td><td colspan="2"></td><td>资质等级</td><td colspan="2"></td></tr>
<tr><td>联系电话</td><td colspan="2"></td><td>经办人手机号码</td><td colspan="2"></td></tr>
<tr><td colspan="2">申请人手机号码</td><td colspan="5"></td></tr>
<tr><td colspan="2">注册专业(1)</td><td colspan="2"></td><td>注册专业(2)</td><td colspan="2"></td></tr>
<tr><td colspan="7">本人对此次申请监理工程师注册涉及的身份证、学历证、职称证、资格证、劳动合同、继续教育证明、工作经历、工程业绩等申报内容的真实性负责，此次申报的资料如有虚假，本人愿接受住房和城乡建设主管部门及其他有关部门依法给予的处罚。
申请人(签字)： 年 月 日</td></tr>
<tr><td>聘用单位意见</td><td colspan="6">我单位已聘用 同志为单位员工，聘用合同期为： 年 月至 年 月。其申报材料真实可信，同意该同志申报监理工程师延续注册。我知道隐瞒有关真实情况和填报虚假材料是严重的违法行为，此次注册申报的资料如有虚假，本企业及本人愿接受住房和城乡建设主管部门及其他有关部门依法给予的处罚。
企业法定代表人(签字)： (公章)
年 月 日</td></tr>
</table>

中华人民共和国注册监理工程师注销注册申请表见表 3-4。

表 3-4 中华人民共和国注册监理工程师注销注册申请表

<table>
<tr><td>姓名</td><td></td><td>性别</td><td></td><td>出生年月</td><td></td><td rowspan="3"></td></tr>
<tr><td>证件名称</td><td colspan="5">□身份证 □军官证 □其他</td></tr>
<tr><td>证号</td><td colspan="5"></td></tr>
<tr><td rowspan="2">注册监理工程师
注册执业证书</td><td>注册号</td><td colspan="2"></td><td>证书编号</td><td colspan="2"></td></tr>
<tr><td>发证日期</td><td colspan="2"></td><td>有效期</td><td colspan="2"></td></tr>
<tr><td rowspan="4">聘用单位</td><td>单位名称</td><td colspan="5"></td></tr>
<tr><td>通信地址</td><td colspan="5"></td></tr>
<tr><td>资质证号</td><td colspan="2"></td><td>资质等级</td><td colspan="2"></td></tr>
<tr><td>联系电话</td><td colspan="2"></td><td>经办人手机号码</td><td colspan="2"></td></tr>
<tr><td colspan="2">申请人手机号码</td><td colspan="5"></td></tr>
<tr><td colspan="2">注册专业(1)</td><td colspan="2"></td><td>注册专业(2)</td><td colspan="2"></td></tr>
</table>

续表

注销原因	聘用单位破产 聘用单位吊销营业执照 聘用单位被吊销相应资格证书 已与聘用单位解除劳动关系 注册有效期满且未延续注册 年龄超过65周岁 死亡或者丧失行为能力 受到刑事处罚 其他导致注册失效的情形 申请人(签字): 年　月　日
聘用单位意见	情况属实,同意　　　申报监理工程师注销注册。我知道隐瞒有关真实情况和填报虚假材料是严重的违法行为,此次注册申报的资料如有虚假,本企业及本人愿接受住房和城乡建设主管部门及其他有关部门依法给予的处罚。 企业法定代表人(签字):　　　(公章) 年　月　日

中华人民共和国注册监理工程师注册执业证书遗失破损补办申请表见表3-5。

表3-5　中华人民共和国注册监理工程师注册执业证书遗失破损补办申请表

姓名		性别		出生年月	
证件名称	□身份证	□军官证	□其他		
证号					
注册监理工程师注册执业证书	注册号		证书编号		
	发证日期		有效期		
聘用单位	单位名称				
	通信地址				
	资质证号		资质等级		
	联系电话		经办人手机号码		
申请人手机号码					
申请注册专业(1)			申请注册专业(2)		
本人原注册监理工程师注册执业证书不慎遗失,已声明作废,现申请补办本人注册监理工程师注册执业证书,如有虚假,愿承担相应责任。 申请人(签字): 年　月　日					
聘用单位意见	情况属实,已声明原证书作废,同意　　　申报监理工程师申请遗失补办。我知道隐瞒有关真实情况和填报虚假材料是严重的违法行为,此次注册申报的资料如有虚假,本企业及本人愿接受住房和城乡建设主管部门及其他有关部门依法给予的处罚。 企业法定代表人(签字):　　　(公章) 年　月　日				

3.3.5 监理工程师执业资格注册申报材料的简化

住房和城乡建设部办公厅关于简化监理工程师执业资格注册申报材料有关事项的通知如下。

为进一步推进简政放权、放管结合、优化服务改革，决定简化监理工程师执业资格注册申报材料，现将有关事项通知如下。

申报监理工程师执业资格注册不再要求提供以下材料，由申请人对其真实性、有效性签字承诺，并承担相应的法律责任。

（一）身份证件（身份证或军官证等）；

（二）《中华人民共和国监理工程师执业资格证书》；

（三）学历或学位证书、工程类中级及中级以上职称证书；

（四）与聘用单位签订的有效聘用劳动合同（退休人员与聘用单位签订的聘用合同）；

（五）工作经历、工程业绩等有关证明材料；

（六）达到继续教育要求的证明材料。

监理工程师执业资格注册实行网上申报和审批。申请监理工程师执业资格注册的人员，应按照修订的《注册监理工程师注册管理工作规程》（建市监函〔2017〕51号）的要求进行填报。

监理工程师执业资格注册由住房和城乡建设部审批，住房和城乡建设部执业资格注册中心负责监理工程师执业资格注册审查相关工作。各级住房和城乡建设主管部门要按照《住房和城乡建设部关于修改〈勘察设计注册工程师管理规定〉等11个部门规章的决定》（住房和城乡建设部令第32号）和《注册监理工程师注册管理工作规程》（建市监函〔2017〕51号）的要求做好相关工作。

各级住房和城乡建设主管部门要按照“双随机、一公开”的监管模式，加强对注册监理工程师在岗履职情况的监督检查。对存在违法违规行为的注册监理工程师依法给予罚款、暂停执业、吊销注册执业证书等行政处罚，同时将个人的不良行为记入信用档案并通过全国建筑市场监管公共服务平台向社会公布，切实维护建筑市场秩序，保障工程质量安全。本通知自2017年11月1日起实施。

2018年10月29日，中华人民共和国住房和城乡建设部办公厅发布了《住房城乡建设部办公厅关于进一步简化监理工程师执业资格注册申报材料的通知》，通知内容如下。

为深入推进建筑业“放管服”改革，决定进一步简化监理工程师执业资格注册申报材料。自2018年11月12日起，申报监理工程师执业资格注册（含初始注册、延续、变更），不再要求提供社保证明材料。由申请人及其聘用单位的法定代表人分别对申请人社保真实性、有效性签字承诺，并承担相应法律责任。

各级住房城乡建设主管部门要充分运用信息共享等手段核实申请人员社保等信息的真实性，加强对注册监理工程师在岗履职情况的监督检查。对发现存在弄虚作假的个人和企业，按照《中华人民共和国行政许可法》《注册监理工程师管理规定》（建设部令第147号）有关规定处理，并记入诚信档案。

3.4 监理工程师的素质

监理工作是一种高智能的服务，监理工程师需要利用自己的知识、技能、经验、信息以及必要的手段，为业主提供优质的项目管理服务，并在项目监理机构中起到承上启下的作用。

施工现场日常大量具体的监理工作极其复杂，这就决定了监理人员必须具有一定的专业知识、较强的管理能力和丰富的实际工作经验，必须成为一名一专多能的复合型人才，因此做好一名合格的专业监理工程师应做到以下几个方面。

1. 良好的思想素质

监理工程师的良好的思想素质主要体现在以下几个方面。

(1) 热爱社会主义祖国，热爱人民，热爱本职工作。

(2) 具有科学的工作态度。

(3) 具有廉洁奉公、为人正直、办事公道的高尚情操。

(4) 能听取不同的意见，而且有良好的包容性。

(5) 具有良好的职业道德。

2. 良好的业务素质

1) 具有较高的学历和多学科复合型的知识结构

现代工程建设，工艺越来越先进，材料、设备越来越新颖，而且规模大、应用科技门类多，需要组织多专业、多工种人员，形成分工协作、共同工作的群体。工程建设涉及的学科很多，其中主要学科就有几十种。作为监理工程师，不可能学习和掌握这么多的专业理论知识，但是，起码应学习、掌握一种专业理论知识。没有深厚专业理论知识的人员绝不可能胜任监理工程师的工作。

要成为一名监理工程师，至少应具有工程类大专以上学历，并了解或掌握一定的工程建设经济、法律和组织管理等方面的理论知识。同时，应不断学习和了解新技术、新设备、新材料、新工艺和法规等方面的新知识，从而达到一专多能，成为工程建设中的复合型人才，使监理企业真正成为智力密集型的知识群体。

2) 要有丰富的工程建设实践经验

工程建设实践经验就是理论知识在工程建设中的成功应用。监理工程师的业务主要表现为工程技术理论与工程管理理论在工程建设中的具体应用，因此，实践经验是监理工程师的重要素质之一。

一般来说，一个人在工程建设领域工作的时间越长，经验就越丰富。反之，经验则不足。据有关资料统计分析表明，工程建设中出现的失误多数与经验不足有关，少数原因是责任心不强。所以，世界各国都很重视工程建设的实践经验。在考核某个单位或某一个人的能力时，都把经验作为重要的衡量尺度。

英国咨询工程师协会规定，入会的会员年龄必须在 38 岁以上。新加坡有关机构规定，注册工程师必须具有 8 年以上的工程结构设计实践经验。我国在监理工程师注册制度中规定，取得中级技术职称后还要有 3 年的工作实践，方可参加监理工程师的资格考试。当然，若不从实际出发，单凭以往的经验也难以取得预期的成效。

3）要有较好的工作方法和组织协调能力

较好的工作方法和善于组织协调是体现监理工程师工作能力的重要因素，监理工程师要能够准确地综合运用专业知识和科学手段，做到事前有计划、事中有记录、事后有总结，建立较为完善的工作程序、工作制度。既要有原则性，又要有灵活性。同时，要能够抓好参与工程建设各方的组织协调，发挥系统的整体功能，善于通过别人的工作把事情做好，实现投资、进度、质量目标的协调统一。

3. 良好的身心素质

尽管工程建设监理是以脑力劳动为主，但是，也必须具有健康的身体和充沛的精力，才能胜任繁忙、严谨的监理工作。工程建设施工阶段由于露天作业，工作条件艰苦，往往工作紧迫、业务繁忙，更需要有健康的身体，否则，难以胜任工作。我国对年满65周岁的监理工程师就不再进行注册，主要就是考虑监理从业人员身体健康状况的适应能力而设定的条件。

3.5 项目监理机构各类人员的基本职责

根据《建设工程监理规范》(GB/T 50319—2013)，总监理工程师、总监理工程师代表、专业监理工程师和监理员应分别履行下列职责。

1. 总监理工程师职责

(1) 确定项目监理机构人员及其岗位职责。

(2) 组织编制监理规划，审批监理实施细则。

(3) 根据工程进展及监理工作情况调配监理人员，检查监理人员工作。

(4) 组织召开监理例会。

(5) 组织审核分包单位资格。

(6) 组织审查施工组织设计、(专项)施工方案。

(7) 审查开复工报审表，签发工程开工令、暂停令和复工令。

(8) 组织检查施工单位现场质量安全生产管理体系的建立及运行情况。

(9) 组织审核施工单位的付款申请，签发工程款支付证书，组织审核竣工结算。

(10) 组织审查和处理工程变更。

(11) 调解建设单位与施工单位的合同争议，处理工程索赔。

(12) 组织验收分部工程，组织审查单位工程质量检验资料。

(13) 审查施工单位的竣工申请，组织工程竣工预验收，组织编写工程质量评估报告，参与工程竣工验收。

(14) 参与或配合工程质量安全事故的调查和处理。

(15) 组织编写监理月报、监理工作总结，组织整理监理文件资料。

2. 总监理工程师代表职责

按总监理工程师的授权，负责总监理工程师指定或交办的监理工作，行使总监理工程师的部分职责和权力。但其中涉及工程质量、安全生产管理及工程索赔等重要职责不得委托给总监理工程师代表。具体而言，总监理工程师不得将下列工作委托给总监理工程师代表。

(1) 组织编制监理规划，审批监理实施细则。

(2) 根据工程进展及监理工作情况调配监理人员。

(3) 组织审查施工组织设计、(专项)施工方案。

(4) 签发工程开工令、暂停令和复工令。

(5) 签发工程款支付证书,组织审核竣工结算。

(6) 调解建设单位与施工单位的合同争议,处理工程索赔。

(7) 审查施工单位的竣工申请,组织工程竣工预验收,组织编写工程质量评估报告,参与工程竣工验收。

(8) 参与或配合工程质量安全事故的调查和处理。

3. 专业监理工程师职责

(1) 参与编制监理规划,负责编制监理实施细则。

(2) 审查施工单位提交的涉及本专业的报审文件,并向总监理工程师报告。

(3) 参与审核分包单位资格。

(4) 指导、检查监理员工作,定期向总监理工程师报告本专业监理工作实施情况。

(5) 检查进场的工程材料、构配件、设备的质量。

(6) 验收检验批、隐蔽工程、分项工程,参与验收分部工程。

(7) 处置发现的质量问题和安全事故隐患。

(8) 进行工程计量。

(9) 参与工程变更的审查和处理。

(10) 组织编写监理日志,参与编写监理月报。

(11) 收集、汇总、参与整理监理文件资料。

(12) 参与工程竣工预验收和竣工验收。

4. 监理员职责

(1) 检查施工单位投入的人力、主要设备的使用及运行状况。

(2) 进行见证取样。

(3) 复核工程计量有关数据。

(4) 检查工序施工结果。

(5) 发现施工作业中的问题,及时指出并向专业监理工程师报告。

专业监理工程师和监理员的上述职责为其基本职责,在建设工程监理实施过程中,项目监理机构还应针对建设工程实际情况,明确各岗位专业监理工程师和监理员的职责分工。

3.6 建设监理人员职业道德行为准则

3.6.1 职业道德的含义

一个人要想像雄鹰一样展翅高飞,就必须有法律意识和良好的道德这两个坚硬的翅膀。职业道德是指在职业范围内形成的比较稳定的道德观念、行为规范和习俗的总和。它是调节职业集团内部人们之间的关系以及职业集团与社会各方面关系的行为准则,是评价从业人员的职业行为善恶、荣辱的标准,对该行业的从业人员具有特殊的约束力。职业道德的含义包括 8 个方面。

(1) 职业道德是一种职业规范,为社会所普遍认可。

(2) 职业道德是长期以来自然形成的。

(3) 职业道德没有确定的形式,通常体现为观念、习惯、信念等。

(4) 职业道德依靠文化、内心信念和习惯,通过员工的自律实现。

(5) 职业道德大多没有实质的约束力和强制力。

(6) 职业道德的主要内容是对员工义务的要求。

(7) 职业道德标准多元化,代表了不同企业可能具有不同的价值观。

(8) 职业道德承载着企业文化和凝聚力,影响深远。

3.6.2 职业道德与法律的区别

法律约束的是不能做什么,职业道德往往会倡导最好应该做什么;法律是有强制力的,而职业道德往往没有非常大的强制力。很多企业会让人力资源部门安排法务基本知识培训,因为一旦触犯法律就会出现大问题。

3.6.3 国外工程管理人员的职业道德准则

(1) FIDIC 职业道德准则:廉洁和正直性、公正性、对他人公正、反腐败。

(2) RICS(Royal Institution of Chartered Surveyors,英国皇家特许测量协会)职业道德信念和行为规范:正直不阿、诚恳可靠、透明公开、承担责任、贵乎自知、客观持平、尊重他人、树立榜样、敢言道正。

(3) PMI(Project Management Institute,美国项目管理学会)项目管理专业人士行为守则:责任、尊重、公平、诚实。

3.6.4 我国建设监理人员职业道德行为准则

从监理行业发展总体情况看,在工程项目建设中,监理人员对控制工程质量、工程进度、工程投资和安全生产发挥着较好的作用,保证了建设工程的顺利进行。但是,在监理行业发展过程中,也出现了一些监理人员不守诚信、不廉洁执业的问题,如有的项目监理人员不严格执行劳动纪律,缺位情况严重;有的监理人员不认真履行岗位职责;有的监理人员将不合格工程、材料、设备、构配件等签字认定为合格;还有的监理人员与施工单位串通,损害项目建设单位利益等。上述不诚信及违规的做法,导致社会对监理企业诚信度认可不高。为了加强监理人员职业道德建设,提高职业道德水平,树立健康的职业观和价值观,本着规范监理人员行为,树立监理良好形象,中国建设监理协会在调研的基础上起草了《建设监理人员职业道德行为准则》,并广泛征求各省、市监理协会和行业专业委员会的意见。根据反馈的意见和建议修改形成《建设监理人员职业道德行为准则(试行)》审议稿,内容如下。

(1) 遵法守规,诚实守信。遵守法规和行业公约,讲信誉,守承诺,坚持实事求是,"公平、独立、诚信、科学"地开展工作。

(2) 严格监理,优质服务。履行合同义务,执行工程建设标准,提供专业化服务,保障工程质量和投资效益,改进服务措施,维护业主权益和公共利益。

(3) 恪尽职守,爱岗敬业。履行岗位职责,做好本职工作,热爱监理事业,维护行业信誉。

(4) 团结协作,尊重他人。树立团队意识,加强沟通交流,团结互助,不损害各方的名誉。

(5) 加强学习,提升能力。积极参加专业培训,不断更新知识,提高业务能力和工作水平。

(6) 维护形象,保守秘密。抵制不正之风,廉洁从业,不谋取不正当利益,树立良好的职业形象。保守商业秘密,不泄露保密事项。

3.6.5 我国建设监理人员的职业精神

我国建设监理人员应该具有平等精神、感恩惜福精神、新主人翁精神、新公平精神、信用主义精神、忠诚精神、主动精神、自律精神、宽容精神、追求完美的精神、集体至上精神、学习精神、谦和精神、团结精神、服务精神、创新精神、自我反省精神、积极乐观精神、实干精神等。

3.7 监理工程师的权利和义务

监理工程师的法律地位是由国家法律法规确定的,并建立在委托监理合同的基础之上。这是因为:第一,《建筑法》明确提出国家推行工程监理制度,《建设工程质量管理条例》赋予监理工程师多项签字权,并明确规定了监理工程师的多项职责,从而使监理工程执业有了明确的法律依据,确立了监理工程师作为专业人士的法律地位;第二,监理工程师的主要业务是受建设单位委托从事监理工作,其权利和义务在合同中有具体约定。

1. 监理工程师的主要权利

(1) 使用监理工程师名称。

(2) 依法自主执行业务。

(3) 依法签署工程监理及相关文件并加盖执业印章。

(4) 法律、法规赋予的其他权利。

2. 监理工程师的主要义务

(1) 遵守法律、法规,严格依照相关的技术标准和委托监理合同开展工作。

(2) 恪守职业道德,维护社会公共利益。

(3) 在执业中保守委托单位申明的商业秘密。

(4) 不得同时受聘于两个及以上单位执行业务。

(5) 不得以个人名义承接工程监理及相关业务。

(6) 不得出借《监理工程师执业资格证书》《监理工程师注册证书》和执业印章。

(7) 接受职业继续教育,不断提高业务水平。

3.8 监理工程师的法律责任

监理工程师的法律责任与其法律地位密切相关,同样是建立在法律法规和委托监理合同的基础上的。因而,监理工程师法律责任的表现行为主要有两方面:一方面是违反法律法规的行为;另一方面是违反合同约定的行为。

3.8.1 违法行为

现行法律法规对监理工程师的法律责任专门作出了具体规定，详见附录。这些规定能够有效地规范、指导监理工程师的执业行为，提高监理工程师的法律责任意识，引导监理工程师公正守法地开展监理业务。

3.8.2 违约行为

监理工程师一般主要受聘于工程监理企业，从事工程监理业务。工程监理企业是订立委托监理合同的当事人，是法定意义的合同主体。但委托监理合同在具体履行时，是由监理工程师代表监理企业来实现的，因此，如果监理工程师出现工作过失，违反了合同约定，其行为将被视为监理企业违约，由监理企业承担相应的违约责任。当然，监理企业在承担违约赔偿责任后，有权在企业内部向有相应过失行为的监理工程师追偿部分损失。所以，由监理工程师个人过失引发的合同违约行为，监理工程师应当与监理企业承担一定的连带责任。其连带责任的基础是监理企业与监理工程师签订的聘用协议或责任保证书，或监理企业法定代表人对监理工程师签发的授权委托书。一般来说，授权委托书应包含职权范围和相应责任条款。

3.8.3 对违反建设监理有关法规、规定的处罚和管理

1.《建筑法》中有关监理的规定

《建筑法》第六十九条规定，工程监理单位与建设单位或者施工企业串通，弄虚作假、降低工程质量的，责令改正，处以罚款，降低资质等级或者吊销资质证书；有违法所得的，予以没收；造成损失的，承担连带赔偿责任；构成犯罪的，依法追究刑事责任。

工程监理单位转让监理业务的，责令改正，没收违法所得，可以责令停业整顿，降低资质等级，情节严重的，吊销资质证书。

2.《建设工程质量管理条例》中有关监理的规定

《建设工程质量管理条例》中有关监理的规定如下。

第三十四条　工程监理单位应当依法取得相应等级的资质证书，并在其资质等级许可的范围内承担工程监理业务。

禁止工程监理单位超越本单位资质等级许可的范围或者以其他工程监理单位的名义承担工程监理业务。禁止工程监理单位允许其他单位或者个人以本单位的名义承担工程监理业务。工程监理单位不得转让工程监理业务。

第三十五条　工程监理单位与被监理工程的施工承包单位以及建筑材料、建筑构配件和设备供应单位有隶属关系或者其他利害关系的，不得承担该项建设工程的监理业务。

第三十六条　工程监理单位应当依照法律、法规以及有关技术标准、设计文件和建设工程承包合同，代表建设单位对施工质量实施监理，并对施工质量承担监理责任。

第三十七条　工程监理单位应当选派具备相应资格的总监理工程师和监理工程师进驻施工现场。

未经监理工程师签字，建筑材料、建筑构配件和设备不得在工程上使用或者安装，施工单位不得进行下一道工序的施工。未经总监理工程师签字，建设单位不拨付工程款，不进行竣工验收。

第三十八条　监理工程师应当按照工程监理规范的要求，采取旁站、巡视和平行检验等形式，对建设工程实施监理。

第六十条　违反本条例规定，勘察、设计、施工、工程监理单位超越本单位资质等级承揽工程的，责令停止违法行为，对勘察、设计单位或者工程监理单位处合同约定的勘察费、设计费或者监理酬金1倍以上2倍以下的罚款；对施工单位处工程合同价款2%以上4%以下的罚款；可以责令停业整顿，降低资质等级；情节严重的，吊销资质证书；有违法所得的，予以没收。

未取得资质证书承揽工程的，予以取缔，依照前款规定处以罚款，有违法所得，予以没收。

以欺骗手段取得资质证书承揽工程的，吊销资质证书，依照本条例第一款规定处以罚款，有违法所得的，予以没收。

第六十一条　违反本条例规定，勘察、设计、施工、工程监理单位允许其他单位或者个人以本单位名义承揽工程的，责令改正，没收违法所得，对勘察、设计单位和工程监理单位处合同约定的勘察费、设计费和监理酬金1倍以上2倍以下的罚款；对施工单位处工程合同价款2%以上4%以下的罚款；可以责令停业整顿，降低资质等级；情节严重的，吊销资质证书。

第六十二条　违反本条例规定，工程监理单位转让工程监理业务的，责令改正，没收违法所得，处合同约定的监理酬金25%以上50%以下的罚款；可以责令停业整顿，降低资质等级；情节严重的，吊销资质证书。

第六十七条　工程监理单位有下列行为之一的，责令改正，处50万元以上100万元以下的罚款，降低资质等级或者吊销资质证书；有违法所得的，予以没收；造成损失的，承担连带赔偿责任：

（一）与建设单位或者施工单位串通，弄虚作假、降低工程质量的；

（二）将不合格的建设工程、建筑材料、建筑构配件和设备按照合格签字。

第六十八条　违反本条例规定，工程监理单位与被监理工程的施工承包单位以及建筑材料、建筑构配件和设备供应单位有隶属关系或者其他利害关系承担该项建设工程的监理业务的，责令改正，处5万元以上10万元以下的罚款，降低资质等级或者吊销资质证书；有违法所得的，予以没收。

第七十条　发生重大工程质量事故隐瞒不报、谎报或者拖延报告期限的，对直接负责的主管人员和其他责任人员依法给予行政处分。

第七十二条　违反本条例规定，注册建筑师、注册结构工程师、监理工程师等注册执业人员因过错造成质量事故的，责令停止执业1年；造成重大质量事故的，吊销执业资格证书，5年以内不予注册；情节特别恶劣的，终身不予注册。

第七十三条　依照本条例规定，给予单位罚款处罚的，对单位直接负责的主管人员和其他直接责任人员处单位罚款数额5%以上10%以下的罚款。

第七十四条 建设单位、设计单位、施工单位、工程监理单位违反国家规定，降低工程质量标准，造成重大安全事故，构成犯罪的，对直接责任人员依法追究刑事责任。

第七十七条 建设、勘察、设计、施工、工程监理单位的工作人员因调动工作、退休等原因离开该单位后，被发现在该单位工作期间违反国家有关建设工程质量管理规定，造成重大工程质量事故的，仍应当依法追究法律责任。

3.《建设工程安全生产管理条例》中有关监理的规定

《建设工程安全生产管理条例》中规定，工程监理单位应当审查施工组织设计中的安全技术措施或者专项施工方案是否符合建设强制性标准。

工程监理单位在实施监理过程中，发现存在安全事故隐患的，应当要求施工单位整改；情况严重的，应当要求施工单位暂时停止施工，并及时报告建设单位。施工单位拒不整改或者不停止施工的，工程监理单位应当及时向有关主管部门报告。

工程监理单位和监理工程师应当按照法律、法规和工程建设强制性标准实施监理，并对建设工程安全生产承担监理责任。

违反本条例的规定，工程监理单位有下列行为之一的，责令限期改正；逾期未改正的，责令停业整顿，并处10万元以上30万元以下的罚款；情节严重的，降低资质等级，直至吊销资质证书；造成重大安全事故，构成犯罪的，对直接责任人员，依照刑法有关规定追究刑事责任；造成损失的，依法承担赔偿责任。

（1）未对施工组织设计中的安全技术措施或者专项施工方案进行审查的。

（2）发现安全事故隐患未及时要求施工单位整改或者暂时停止施工的。

（3）施工单位拒不整改或者不停止施工，未及时向有关主管部门报告的。

（4）未依照法律、法规和工程建设强制性标准实施监理的。

3.8.4 典型事故案例与监理刑事责任分析

我国目前正处于经济持续高速增长的时代，建设规模之大、速度之快均居世界之首。建筑业蓬勃发展，蒸蒸日上，已成为继工业、农业、贸易业之后的第四大产业。但其蓬勃发展的背后，却有一个不容忽视的问题存在：安全事故频发。在我国的各个行业中，建筑业的安全事故仅次于矿山采掘业和交通运输业，高居第三位。每年的死亡人数据统计已占到全国生产安全事故总数的25%以上。建筑安全生产的形势十分严峻，逐渐成为人们关注的一个焦点。

对此，国家加大了对事故责任者的处罚力度。监理单位作为当前建筑市场的三大责任主体之一，不容回避地从幕后被推到了前台。在近几年所发生的建筑安全事故中，不管是公开还是未被公开报道的，监理单位被处罚、从业人员被判刑的事例屡见不鲜，整个监理行业一片惊呼："狼来了。"

自从2000年10月25日江苏南京电视台演播厅施工中发生模板支架倒塌事故，2002年总监首次被判刑以来，各地相继发生监理人员被判刑的事件（见表3-6）。由此引发整个监理业内的大讨论：监理到底应不应该负安全责任。业内为此争论不休。2003年11月

24日，国务院第393号令《建设工程安全生产管理条例》（以下简称《条例》）正式公布，2004年2月1日起正式施行，明确了监理要对建设工程安全生产承担监理责任，争论到此告一段落。

表3-6 监理人员被判刑的事件

序号	事故名称	伤亡情况	监理被判刑期	判决罪名	法院判决理由
1	“××工程”4号地工程模板垮塌	死亡8人，伤21人	总监被判刑3年，监理员被判刑3年	重大责任事故罪	监理公司虽然不直接从事生产活动，但在工人违章造成重大伤亡事故时，也要负刑事责任
2	上海××公寓火灾	死亡58人，伤70余人	总监被判刑5年，监理员被判刑2年	重大责任事故罪	监理未认真履行职责，未制止严重违规行为
3	××电视台演播中心模板坍塌	死亡6人，伤34人	总监被判刑5年	严重失职	总监无资质，施工方案未审批，模板未验收就签发浇捣令
4	上海××河畔倒楼	死亡1人	总监被判刑3年	重大责任事故罪	监理未制止违规行为
5	××地铁基坑坍塌	死亡21人，伤4人	总监代表被判刑3年3个月	重大责任事故罪	监理未认真履行职责，对违法行为制止不力，未及时报告建设单位和有关质量监督部门
6	“××机械公司”研发综合楼工程	4人死亡，1人受伤	现场监理被判处有期徒刑3年，缓刑3年，并处罚金1万元	工程重大安全事故罪	未按照《建设工程监理规范》进行监督，降低工程质量标准
7	湖南××大桥坍塌事故	64人死亡，4人重伤，18人轻伤	现场监理给予行政记大过、行政撤职、党内严重警告处分、吊销有关执业资格和岗位证书	工程重大安全事故罪	未能制止施工单位擅自变更原主拱圈施工方案，对发现的主拱圈施工质量问题督促整改不力，在主拱圈砌筑完成但强度资料尚未测出的情况下即签字验收合格
8	南京市××工程四标段钢箱梁发生倾覆坠落事故	7人死亡，3人受伤	专业监理工程师被判处有期徒刑3年，缓刑4年	生产安全责任事故	未能履行监理职责
9	××批发市场防水工程大火	13人死亡	工程监理被判处有期徒刑3年，缓刑3年	重大责任事故罪	违章行为放任不管
10	××新机场航站区停车楼及高架桥工程A—3合同段支架局部倒塌	7人死亡，3人重伤，20人轻伤，11人轻微伤	专业监理工程师被判刑3年	重大责任事故罪	没有尽到相应的职责

续表

序号	事故名称	伤亡情况	监理被判刑期	判决罪名	法院判决理由
11	××附中体育馆及宿舍楼在建工地底板钢筋发生坍塌	10人死亡，4人受伤	公司副总兼项目总监被判刑5年；项目执行总监被判处4年6个月；土建兼安全监理工程师被判刑4年；土建监理工程师被判刑3年，缓刑3年	重大责任事故罪	未组织安排审查劳务分包合同，对长期未按照施工方案实施行为监督检查不到位，对钢筋施工的交底、专职安全员配备工作、备案项目经理长期不在岗的情况未进行监督。对作业人员长期未按照方案实施作业的行为巡视检查不到位。对施工单位违规吊运钢筋物料的事实监管失控
12	江西××发电厂“11·24”冷却塔施工平台坍塌	73人死亡，2人受伤	总监理工程师、安全副总监理工程师、土建副总监理工程师被检察机关批准逮捕	重大责任事故罪	未按照规定要求细化监理措施，对拆模工序等风险控制点失管失控，未纠正施工单位违规拆模行为，人员配置不满足监理合同要求，现场巡检不力，未按要求旁站，对施工单位项目经理长期不在岗的问题监理不到位

《条例》把监理的安全责任明确了，却并没有给监理相应的权力。监理只是一个提供技术服务的社会中介组织，没有相应的处罚权——行政权力，却要承担起如此沉重的安全监理的社会责任，形势对我们是不利的。自从《条例》实施以来，监理从业人员被吊销执照，被追究刑责，监理单位被降级受处罚的事例越来越多，影响大的有北京“××工程”4号地工程模板支架倒塌事件，湖南××桥垮塌事件，上海××河畔景苑小区塌楼事件等，不胜枚举。突出的问题是，发生事故后，对监理安全责任判定的自由裁量有扩大化的趋向。就像媒体曝光的一些“楼歪歪”“楼裂裂”“楼脆脆”“桥糊糊”等事件，一发生事故，都是施工方和现场监理人员首先被控制，随后就作出处理。从经济角度分析，现实情况是，施工现场除建设单位外，监理单位是获取利益小的一方，和施工单位获取的利益不可同日而语。目前监理单位的安全责任基本可以同施工单位比肩，有些对监理单位的处罚甚至超过施工方。监理的安全责任风险越来越重，整个监理行业演变为“高风险”行业已经是一个不争的事实。

继《条例》颁布后，原建设部及其职能部门出台了多个文件，逐渐增加了监理的安全责任。2005年9月1日，《建筑工程安全防护文明施工措施费用及使用管理规定》开始执行；2005年10月12日，《建筑安全生产监督管理工作导则》发布；2006年10月16日《关于落实建设工程安全生产监理责任的若干意见》发布；2007年5月28日，原建设部又发出了《关于加强工程监理人员从业管理的若干意见》；2008年1月28日，《建筑起重机械安全监督管理规定》发布等。住建部每次出台一个文件，对监理的安全责任就加重了一个砝码。从《条例》初出台的监理的安全责任是“审查”“制止”“报告”“执行”，层层加码，内涵逐渐延伸，基本上属于建设行政主管部门的责任，几乎全部落到了监理头上。

在当前建筑市场三大主体中，多种原因造成监理地位较低。由于存在着监理投标中业主压价压级；监理单位之间自相残压等不正当、不规范的竞争；监理行业风险大、收益低，优秀人才流失严重；从业人员数量与建设规模相比明显不足，造成部分素质不高、业务平平的不合格监理人员充斥市场，这部分监理人员缺乏现场安全管理知识和经验，缺乏对现场隐患的敏感性，难以承担安全监理的重任。以上种种，导致监理单位整体素质不容乐观，难以满足现阶段监理工作的需要。

当前，不少监理单位自身的安全体系很不健全，大多数监理企业并未将"安全监理工作"看作是企业在市场竞争中生存的头等大事，内部大多未成立一个强有力的由多种专业的安全人员组成的安全监理部门，自身安全管理薄弱，每个项目监理部基本上都是由各专业监理工程师兼管各专业的安全，跟不上建筑业安全形势发展的需要。2016 年 11 月 24 日 7 时 33 分，江西××发电厂三期扩建工程发生一起冷却塔施工平台坍塌特别重大事故，造成 73 人死亡、2 人受伤，直接经济损失 10197.2 万元。根据《国家安全监管总局关于江西××发电厂"11・24"冷却塔施工平台坍塌特别重大事故结案的通知》认定，该事故是一起生产安全责任事故。工程监理单位未按照规定要求细化监理措施，对施工方案审查不严，未纠正施工单位违规拆模行为，未按要求在浇筑混凝土时旁站，对拆模工序等风险控制点失管失控。根据《中华人民共和国行政处罚法》第三十一条和依据《建设工程安全生产管理条例》第五十七条，监理单位受到降低资质等级处理。

近年来，在我国施工安全事故的处理中，将监理作为安全事故的直接责任人或主要责任人处以刑罚，似乎成了惯例。在公众的印象中，一旦施工现场发生了重大安全事故，几乎都无一例外地适用《刑法》第一百三十七条对监理判刑。《刑法》第一百三十七条："建设单位、施工单位、工程监理单位违反国家规定，降低工程质量标准，造成重大安全事故，对直接责任人员处 5 年以下有期徒刑或者拘役，并处罚金；后果特别严重的，处 5 年以上 10 年以下有期徒刑，并处罚金。"随着我国监理制度的不断发展和完善，虽然各层级的法律、法规已经开始将监理的责任、权利、义务纳入其中，但在现实中，呈现了监理的法律责任越来越多，权力越来越少的趋势。因此，为使工程监理行业健康、向上、蓬勃地发展，在重大安全事故中，监理到底应该承担什么样的责任(行政责任、民事责任、刑事责任)，尤其是刑事责任，是我们应当关注的焦点。

根据现行的法规，监理的作为或不作为，监理应当承担的责任有 3 种，即行政责任、民事责任、刑事责任。这 3 种责任是不同性质的法律责任。认定与追究监理的法律责任时，应当对其违规或违法行为进行具体的分析，监理的违法或违规行为与事故的发生是否存在直接的因果关系。监理是否应当承担刑事责任，必须从以下 3 个方面来探究。

(1) 关于监理刑事责任的定义。所谓刑事责任，是指行为人实施刑法禁止的行为而应当承担的法律后果。刑事责任是刑罚的前提条件，没有刑事责任，就不应该受到刑事处罚。监理刑事责任是指监理单位或者监理人员在执业过程中触犯了相关刑律，构成了犯罪，司法机关依法对监理单位或监理人员违法罪行所应承担刑事法律后果的追究。我国现行的《刑法》448 条罪名中，针对监理人员在从事业务活动中可能构成犯罪的依据只有第一百三十七条。在实际案例中，由于司法机关从刑法中找不到适用追究监理刑责的其他条款，往往就只能搬出第一百三十七条。在事故案例中，多数情况都是因为监理方未严格履行职责、未制止违法违规行为、违规放行、未及时向有关部门报告等而获刑。这样的刑罚的确有些牵强附会，也是对刑罚条款的曲解。

在某工程的塔吊拆卸事故中，还有将《刑法》第一百三十四条用来判处监理的刑罚，而第一百三十四条是指企业本单位的职工本人违规造成重大伤亡事故该职工应负的刑责。这个案例中，监理人员既不是拆卸塔吊企业的职工，也未违规强令工人作业(监理不在现场，甚至不知道当天开始拆卸塔吊)，由此看来，将第一百三十四条用来追究监理人员的刑责显然是张冠李戴。

(2) 监理刑事责任的构成要件。我国目前的《建筑法》和《刑法》都对监理承担刑事责任作出了规定。但是，二者规定的责任构成要件并不完全一致，在理论上存在漏洞。《刑法》第一百三十七条就规定，建设单位、施工单位、工程监理单位违反国家规定，降低工程质量标准，造成重大安全事故，对直接责任人员处5年以下有期徒刑或者拘役，并处罚金；后果特别严重的，处5年以上10年以下有期徒刑，并处罚金。这个条款中，并未把主观故意作为承担刑事责任的构成要件。而《建筑法》第六十九条规定，工程监理单位与建设单位或者建筑施工企业串通，弄虚作假、降低工程质量的，责令改正，处以罚款，减低资质等级或者吊销资质证书；有违法所得的，予以没收；造成损失的，承担连带赔偿责任；构成犯罪的，依法追究刑事责任。显然，该条款强调了行为人的主观故意，作为刑事责任的构成要件。由于相关法律的不一致，在司法实践中往往造成混乱，甚至对相似的案件会有大相径庭的判决结果。

(3) 我国法规对监理的定位不明确。业内反映最强烈的是由此导致监理安全责任扩大化的问题。监理的职责和权限是由建设单位的委托授权而获得的，现行的法律法规并没有明确规定建设单位对施工现场的安全管理负有直接责任，既然授权主体都不承担责任，那么被授权的监理企业也不应承担建设项目施工过程的安全责任。另外，监理企业也不是政府的职能部门，不具有行政执法职能，也不具有保障人民生命财产安全的职责，因此监理也不具备承担安全生产行政责任的主体资格。

应当注意，是否追究监理人员的刑事法律责任要看监理人员的行为到底是违规还是违法。对于发生的严重后果，监理的行为到底是间接责任还是直接责任。按照FIDIC条款定义，监理不过相当于建设单位的“工程师”，只是受建设单位委托为之提供技术支持和服务罢了。监理不是施工现场安全生产的指挥者(否则属于越权行为)，无权指挥施工单位管理人员和工人。监理单位受建设单位委托对工程项目进行监理，建设单位不应该承担的法律责任，受委托方当然也不需要担当，也就是说监理方除非越权违章指挥施工单位人员，或者除非监理方自己的人员出现安全事故，监理方是没有主体资格触犯《刑法》第一百三十四条和第一百三十五条的。同时也要明确，模板支撑体系工程、塔吊等起重系统、脚手架工程等临时设施绝非《刑法》第一百三十七条“工程重大安全事故罪”所对应的工程。当然，按照“罪刑法定”的原则，即便监理人员没有遵守质量条例和安全管理条例，没有法条可以判决监理人员刑罚，也能追究监理人员的行政责任和民事责任。

监理刑事责任不同于一般主体刑事责任。要注意监理人员的违法行为是否能够直接反映监理职业行为的行业特性。如果监理人员在执业过程中，利用职务之便，实施犯罪行为，如收取承包商或供货商的贿赂，批准虚假工程量骗取工程款；或与承包商恶意串通，降低工程质量标准，造成重大经济损失或安全事故等，这就构成了监理的职业犯罪，必然就应当追究其刑事责任。为使监理行业健康发展，为使法律公平、公正，我们在此呼吁政府和有关司法机关，在施工安全事故中，准确理解并慎用刑法相关条款追究监理的刑事责任。

3.8.5 监理的自我保护

根据2014年3月1日起实施的《建设工程监理规范》(GB/T 50319—2013)规定,监理工作内容为在施工阶段对建设工程质量、进度、造价进行控制,对合同、信息进行管理,对工程建设相关方的关系进行协调,并履行建设工程安全生产管理法定职责的服务活动。

总结一下就是:三控、两管、一协调,并履行法定安全职责。

根据《建设工程安全生产管理条例》第十四条:工程监理单位应当审查施工组织设计中的安全技术措施或者专项施工方案是否符合工程建设强制性标准。工程监理单位在实施监理过程中,发现存在安全事故隐患的,应当要求施工单位整改;情况严重的,应当要求施工单位暂时停止施工,并及时报告建设单位。施工单位拒不整改或者不停止施工的,工程监理单位应当及时向有关主管部门报告。

工程监理单位和监理工程师应当按照法律、法规和工程建设强制性标准实施监理,并对建设工程安全生产承担监理责任。

监理工作要求做到:不回避,不扩大。监理工作的十六字方针:"该审的审""该查的查""该管的管""该报的报"。监理工作的十六字方针具体体现在以下几个方面。

1."该审的审",审什么

(1) 审核施工单位提交的施工组织设计或施工方案的内容及编制,并审核其程序。

(2) 审核危险性较大的分部、分项工程,专项施工方的编制内容及论证程序。

(3) 对施工单位质量、安全保证体系进行审核,包括施工单位项目部管理人员的资格条件、持证上岗情况等。

(4) 对工程计量、签证的工程量及费用的真实性进行审核。

(5) 对分包单位的资质、人员、能力等是否满足工程需要进行审核。

(6) 对施工单位选择的实验室资质、计量认证范围、实验室人员资格进行审核。

2."该查的查",查什么

(1) 检查施工单位项目部管理人员到岗情况,尤其是项目经理到岗情况。

(2) 检查施工单位自检制度的落实情况。

(3) 检查进场的分包人员、资质是否与批准的分包报审资质资料一致。

(4) 检查分部、分项施工是否按照已批准的施工方案进行施工。

(5) 检查进场原材料是否合格,是否进行原材料进场复验。

(6) 检查隐蔽工程的施工质量是否符合规范要求。

3."该管的管",管什么

(1) 对上述发现的问题,要及时给施工单位提出整改要求。

(2) 对于提出整改要求,施工单位没有进行整改的,要及时提醒,不能听之任之。

4."该报的报",报什么

(1) 发现问题及时要求施工单位进行整改或者暂停施工,并及时向建设单位报告。

(2) 施工单位拒不整改或不停止施工,及时向有关主管部门报告。

作为监理人员在安全管理方面,要认真、仔细、严格把关。在施工现场看到安全隐患,要立即要求施工单位进行整改,并要签发书面通知单,根据安全隐患的严重程度、发展趋势和施工单位整改的态度，决定下一步是否要向有关部门汇报。这样，既可以避免安全事故的发生，一旦事故发生，监理的责任也能规避。

为规避、降低监理工作风险，可采取以下几方面措施。

（1）明确定位，规范监理工作态度。监理一定要转变工作作风，从一味服从甲方、体谅乙方，转变到宁可不吃这碗饭，不接这个项目，也要防止给自己"埋雷"。

（2）不断学习，提高工作技能和业务素质。①善于学习，丰富自己的知识；②熟悉相关法律、法规、规范、合同和职责；③要有精湛的专业水平和丰富的工程建设实践经验（知道该怎么做、不该怎么做，该履行哪些职责，不该履行哪些职责）。

（3）严格按照监理程序，规范性的开展监理工作，留下监理痕迹。①要做好监理日记；②做好监理例会纪要；③做好监理月报；④及时签发监理通知单；⑤合理使用监理工作联系单。

最后，监理单位和监理工程师应当按照法律、法规和工程建设强制性标准实施监理。

监理企业和从业者应该吸取教训，认真梳理工作职责，理清各种风险和隐患，转变工作思路和方式，不要当施工员、安全员、带班，而要多写、多记，及时下达监理通知、工作联系单、邮件、停工令等，发现问题不仅要说出来，还要写出来、发出去。

单元4 项目监理机构

4.1 组织的基本原理

4.1.1 组织和组织结构

1. 组织

组织就是为了使系统达到它特定的目标，使全体参加者经分工与协作以及设置不同层次的权力和责任制度而构成的一种人的组合体。它含有3层意思：①目标是组织存在的前提；②没有分工与协作就不是组织；③没有不同层次的权力和责任制度就不能实现组织活动和组织目标。

组织不能替代其他要素，也不能被其他要素所替代。但是，组织可以使其他要素合理配合而增值，即可以提高其他要素的使用效益。

2. 组织结构

组织内部构成和各部分所确立的较为稳定的相互关系与联系方式，称为组织结构。

(1) 组织结构与职权的关系。组织结构与职权形态之间存在着一种直接的相互关系。组织中的职权指的就是组织中成员间的关系，职权是与合法地行使某一职位的权力紧密相关的。

(2) 组织结构与职责的关系。组织结构与组织中各部门、各成员的职责的分派直接有关。

(3) 组织结构图。组织结构图是组织结构简化了的抽象模型。

4.1.2 组织设计

组织设计就是对组织活动和组织结构的设计过程。

1. 组织构成因素

组织由管理层次、管理跨度、管理部门、管理职能四大因素组成。

(1) 管理层次是指从组织的最高管理者到最基层的实际工作人员之间等级层次的数量。

管理层次可分为3个层次，即决策层、协调层和执行层、操作层。决策层的任务是确定管理组织的目标和大政方针以及实施计划；协调层的任务主要是参谋、咨询职能，执行层的任务是直接调动和组织人力、财力、物力等具体活动内容；操作层的任务是从事操作和完成具体任务。

(2) 管理跨度是指一名上级管理人员所直接管理的下级人数。管理跨度的大小取决于所需要协调的工作量,与管理人员性格、才能、个人精力、授权程度以及被管理者的素质有关,还与职能的难易程度、工作的相似程度、工作制度和程序等客观因素有关。

(3) 管理部门。管理部门的划分要根据组织目标与工作内容确定,形成既有相互分工又有相互配合的组织机构。

(4) 管理职能。组织设计确定各部门的职能,应使纵向的领导、检查、指挥灵活,做到指令传递快、信息反馈及时;使横向各部门间相互联系、协调一致,使各部门有职有责、尽职尽责。

2. 组织设计原则

(1) 集权与分权统一的原则。任何组织都不存在绝对的集权和分权。在项目监理机构中,所谓集权,是指总监理工程师掌握所有监理大权,各专业监理工程师只是其命令的执行者;所谓分权,是指各专业监理工程师在各自管理的范围内有足够的决策权,总监理工程师主要起协调作用。

(2) 专业分工与协作统一的原则。分工就是将监理目标分成各部门以及各监理工作人员的目标、任务。协作就是明确组织机构内部各部门之间和各部门内部的协调关系与配合方法。

(3) 管理跨度与管理层次统一的原则。管理跨度与管理层次成反比例关系。应该在通盘考虑影响管理跨度的各种因素后,在实际运用中根据具体情况确定管理层次。

(4) 权责一致的原则。在项目监理机构中应明确划分职责、权力范围,做到责任和权力相一致。

(5) 才职相称的原则。应使每个人的现有和可能有的才能与其职务上的要求相适应,做到才职相称,人尽其才,才得其用,用得其所。

(6) 经济效率原则。应组合成最适宜的结构形式,实行最有效的内部协调,使事情办得简洁而正确,减少重复和扯皮。

(7) 弹性原则。组织机构既要有相对的稳定性,又要具有一定的适应性。

4.1.3 组织机构活动基本原理

1. 要素有用性原理

管理者在组织活动过程中,不仅要看到一切要素都有作用,还要具体分析各要素的特殊性,以便充分发挥每一要素的作用。

2. 动态相关性原理

组织管理者的重要任务就在于使组织机构活动的整体效应大于其局部效应之和。

3. 主观能动性原理

组织管理者的重要任务就是要把人的主观能动性发挥出来。

4. 规律效应性原理

要取得好的效应,就要主动研究规律,坚决按规律办事。

4.2 建设工程监理实施程序和原则

4.2.1 建设工程监理实施程序

1. 确定项目总监理工程师,成立项目监理机构

监理单位应根据建设工程的规模、性质、业主对监理的要求,委派称职的人员担任项目总监理工程师。总监理工程师是一个建设工程监理工作的总负责人,他对内向监理单位负责,对外向业主负责。

总监理工程师在组建项目监理机构时,应根据监理大纲内容和签订的委托监理合同内容组建,并在监理规划和具体实施计划执行中进行及时的调整。

2. 编制建设工程监理规划

具体内容见单元9。

3. 制定各专业监理实施细则

具体内容见单元9。

4. 规范化地开展监理工作

监理工作的规范化体现在工作的时序性、职责分工的严密性、工作目标的确定性。

5. 参与验收,签署建设工程监理意见

建设工程施工完成以后,监理单位应在正式验交前组织竣工预验收,并应参加业主组织的工程竣工验收,签署监理单位意见。

6. 向业主提交建设工程监理档案资料

监理单位向业主提交的监理档案资料应在委托监理合同文件中约定。

7. 监理工作总结

项目监理机构应及时从两方面进行监理工作总结:①向业主提交的监理工作总结;②向监理单位提交的监理工作总结。

4.2.2 建设工程监理实施原则

(1) 公平、独立、自主的原则。

(2) 权责一致的原则。监理工程师的监理职权,除了应体现在业主与监理单位之间签订的委托监理合同之外,还应作为业主与承建单位之间建设工程合同的合同条件。

(3) 总监理工程师负责制的原则。总监理工程师负责制的内涵包括:①总监理工程师是工程监理的责任主体,是向业主和监理单位所负责任的承担者;②总监理工程师是工程监理的权力主体,全面领导建设工程的监理工作。

(4) 严格监理、热情服务的原则。监理工程师应对承建单位在工程建设中的建设行为进行严格的监理。监理工程师还应为业主提供热情的服务。

(5) 综合效益的原则。监理工程师应既要对业主负责,谋求最大的经济效益,又要对国家和社会负责,取得最佳的综合效益。

4.3 项目监理机构设立的基本要求

监理单位履行施工阶段的委托监理合同时，必须在施工现场建立项目监理机构。项目监理机构在完成委托监理合同约定的监理工作后可撤离施工现场。

项目监理机构的组织规模，应根据委托监理合同规定的服务内容、服务期限、工程类别、规模、技术程度、工程环境等因素确定。

监理人员应包括总监理工程师、专业监理工师和监理员，必要时可配备总监理工程师代表。

监理单位在接受建设单位委托监理前，在监理大纲或监理投标书中应明确建立与工程项目监理范围及内容相应的监理组织形式。一般根据监理项目的规模、性质、建设阶段等不同的要求选择适应监理工作需要、有利于目标控制、有利于合同管理、有利于信息沟通的组织形式。

1. 监理组织机构分层管理原则

(1) 决策层。由总监理工程师及副总监理工程师或总监代表组成，根据工程项目的监理活动特点与内容进行科学化、程序化决策。

(2) 中间控制层(协调层和执行层)。由专业监理工程师和子项目监理工程师组成，具体负责监理规划的落实、目标控制及合同管理。属于承上启下的层次。

(3) 操作层(作业层)。由监理员、检查员组成，具体负责监理工作的操作。

其组织机构的形式可视项目大小、复杂程度等来设置，一般可以按监理机构的监理职责来设置组织机构或按监理子项设置的形式，或按矩阵制监理组织形式。

2. 设立项目监理机构应满足以下基本要求

(1) 项目监理机构设立应遵循适应、精简、高效的原则，要有利于建设工程监理目标控制和合同管理；要有利于建设工程监理职责的划分和监理人员的分工协作；要有利于建设工程监理的科学决策和信息沟通。

(2) 项目监理机构的监理人员应由一名总监理工程师、若干名专业监理工程师和监理员组成，且专业配套，数量应满足监理工作和建设工程监理合同对监理工作深度及建设工程监理目标控制的要求，必要时可设总监理工程师代表。

3. 项目监理机构可设置总监理工程师代表的情形

(1) 工程规模较大，专业较复杂，总监理工程师难以处理多个专业工程时，可按专业设总监理工程师代表。

(2) 一个建设工程监理合同中包含多个相对独立的施工合同，可按施工合同段设总监理工程师代表。

(3) 工程规模较大，地域比较分散，可按工程地域设置总监理工程师代表。除总监理工程师、专业监理工程师和监理员外，项目监理机构还可根据监理工作需要，配备文秘、翻译、司机或其他行政辅助人员。

(4) 一名注册监理工程师可担任一项建设工程监理合同的总监理工程师。当需要同时担任多项建设工程监理合同的总监理工程师时,应经建设单位书面同意,且最多不得超过3项。

工程监理单位更换、调整项目监理机构监理人员,应做好交接工作,保持建设工程监理工作的连续性。工程监理单位调换总监理工程师,应征得建设单位书面同意;调换专业监理工程师时,总监理工程师应书面通知建设单位。

4.4 项目监理机构设立的步骤

工程监理单位在组建项目监理机构时,一般按以下步骤进行。

4.4.1 确定项目监理机构目标

建设工程监理目标是项目监理机构建立的前提,项目监理机构的建立应根据建设工程监理合同中确定的目标,制定总目标并明确划分项目监理机构的分解目标。

4.4.2 确定监理工作内容

根据监理目标和建设工程监理合同中规定的监理任务,明确列出监理工作内容,并进行分类归并及组合。监理工作的归并及组合应便于监理目标控制,并综合考虑工程组织管理模式、工程结构特点、合同工期要求、工程复杂程度、工程管理及技术特点,还应考虑工程监理单位自身组织管理水平、监理人员数量、技术业务特点等。

4.4.3 项目监理机构组织结构设计

1) 选择组织结构形式

由于建设工程规模、性质等的不同,应选择适宜的组织结构形式设计项目监理机构组织结构,以适应监理工作需要。组织结构形式选择的基本原则是:有利于工程合同管理;有利于监理目标控制;有利于决策指挥;有利于信息沟通。

2) 合理确定管理层次与管理跨度

管理层次是指组织的最高管理者到最基层实际工作人员之间等级层次的数量。管理层次可分为三个层次,即决策层、中间控制层和操作层。组织的最高管理者到最基层实际工作人员权责逐层递减,而人数却逐层递增。

(1) 决策层。主要是指总监理工程师、总监理工程师代表,根据建设工程监理合同的要求和监理活动内容进行科学化、程序化决策与管理。

(2) 中间控制层(协调层和执行层)。由各专业监理工程师组成,具体负责监理规划的落实,监理目标控制及合同实施的管理。

(3) 操作层(作业层)。主要由监理员组成,具体负责监理活动的操作实施。

管理跨度是指一名上级管理人员所直接管理的下级人数。管理跨度越大，领导者需要协调的工作量越大，管理难度也越大。为使组织结构能高效运行，必须确定合理的管理跨度。

项目监理机构中管理跨度的确定应考虑监理人员的素质、管理活动的复杂性和相似性、监理业务的标准化程度、各规章制度的建立健全情况、建设工程的集中或分散情况等。

3）划分项目监理机构部门

组织中各部门的合理划分对发挥组织效用是十分重要的。如果部门划分不合理，会造成控制、协调困难，也会造成人浮于事，浪费人力、物力、财力。管理部门的划分要根据组织目标与工作内容确定，形成既有相互分工又有相互配合的组织机构。划分项目监理机构中各职能部门时，应根据项目监理机构目标、项目监理机构可利用的人力和物力资源以及合同结构情况，将质量控制、造价控制、进度控制、合同管理、信息管理、安全生产管理、组织协调等监理工作内容按不同的职能活动形成相应的管理部门。

4）制定岗位职责及考核标准

岗位职务及职责的确定，要有明确的目的性，不可因人设事。根据权责一致的原则，应进行适当授权，以承担相应的职责，并应确定考核标准，对监理人员的工作进行定期考核，包括考核内容、考核标准及考核时间。表4-1和表4-2分别为总监理工程师和专业监理工程师岗位职责考核标准。

表4-1　总监理工程师岗位职责标准

项目	职责内容	考核要求	
		标　准	时　间
工作标准	1. 质量控制	符合质量控制计划目标	工程各阶段末
	2. 造价控制	符合造价控制计划目标	每月(季)末
	3. 进度控制	符合合同工期及总进度控制计划目标	每月(季)末
基本职责	1. 根据监理合同，建立和有效管理项目监理机构	1. 项目监理组织机构科学合理 2. 项目监理机构有效运行	每月(季)末
	2. 组织编制与组织实施监理规划；审批监理实施细则	1. 对建设工程监理工作系统策划 2. 监理实施细则符合监理规划要求，具有可操作性	编写和审核完成后
	3. 审查分包单位资格	符合合同要求	规定时限内
	4. 监督和指导专业监理工程师对质量、造价、进度进行控制；审核、签发有关文件资料；处理有关事项	1. 监理工作处于正常工作状态 2. 工程处于受控状态	每月(季)末
	5. 做好监理过程中有关各方的协调工作	工程处于受控状态	每月(季)末
	6. 组织整理监理文件资料	及时、准确、完整	按合同约定

表 4-2 专业监理工程师岗位职责标准

项目	职责内容	考核要求	
		标准	时间
工作标准	1. 质量控制	符合质量控制分解目标	工程各阶段末
	2. 造价控制	符合造价控制分解目标	每周(月)末
	3. 进度控制	符合合同工期及总进度控制分解目标	每周(月)末
基本职责	1. 熟悉工程情况,负责编制本专业监理工作计划和监理实施细则	反映专业特点,具有可操作性	实施前1个月
	2. 具体负责本专业的监理工作	1. 建设工程监理工作有序 2. 工程处于受控状态,监理工作各负其责,相互配合	每周(月)末
	3. 做好项目监理机构内各部门之间监理任务的衔接、配合工作	1. 工程处于受控状态 2. 及时、真实	每周(月)末
	4. 处理与本专业有关的问题;对质量、造价、进度有重大影响的监理问题应及时报告总监理工程师	及时、真实、准确	每周(月)末
	5. 负责与本专业有关的签证、通知、备忘录,及时向总监理工程师提交报告、报表资料等		每周(月)末
	6. 收集、汇总、整理本专业的监理文件资料	及时、准确、完整	每周(月)末

5）选派监理人员

根据监理工作任务,选择适当的监理人员,必要时可配备总监理工程师代表。监理人员的选择除应考虑个人素质外,还应考虑人员总体构成的合理性与协调性。

《建设工程监理规范》(GB/T 50319—2013)规定,总监理工程师由注册监理工程师担任;总监理工程师代表由工程类注册执业资格的人员(如注册监理工程师、注册造价工程师、注册建造师、注册结构工程师、注册建筑师等)担任,也可由具有中级及以上专业技术职称、3年及以上工程实践经验并经监理业务培训的人员担任;专业监理工程师由工程类注册执业资格的人员担任,也可由具有中级及以上专业技术职称、2年及以上工程实践经验并经监理业务培训的人员担任;监理员由具有中专及以上学历并经过监理业务培训的人员担任。

4.4.4 制定工作流程和信息流程

为了使监理工作科学、有序地进行,应按监理工作的客观规律制定工作流程和信息流程,规范地开展监理工作。图4-1所示为建设工程监理的工作程序。

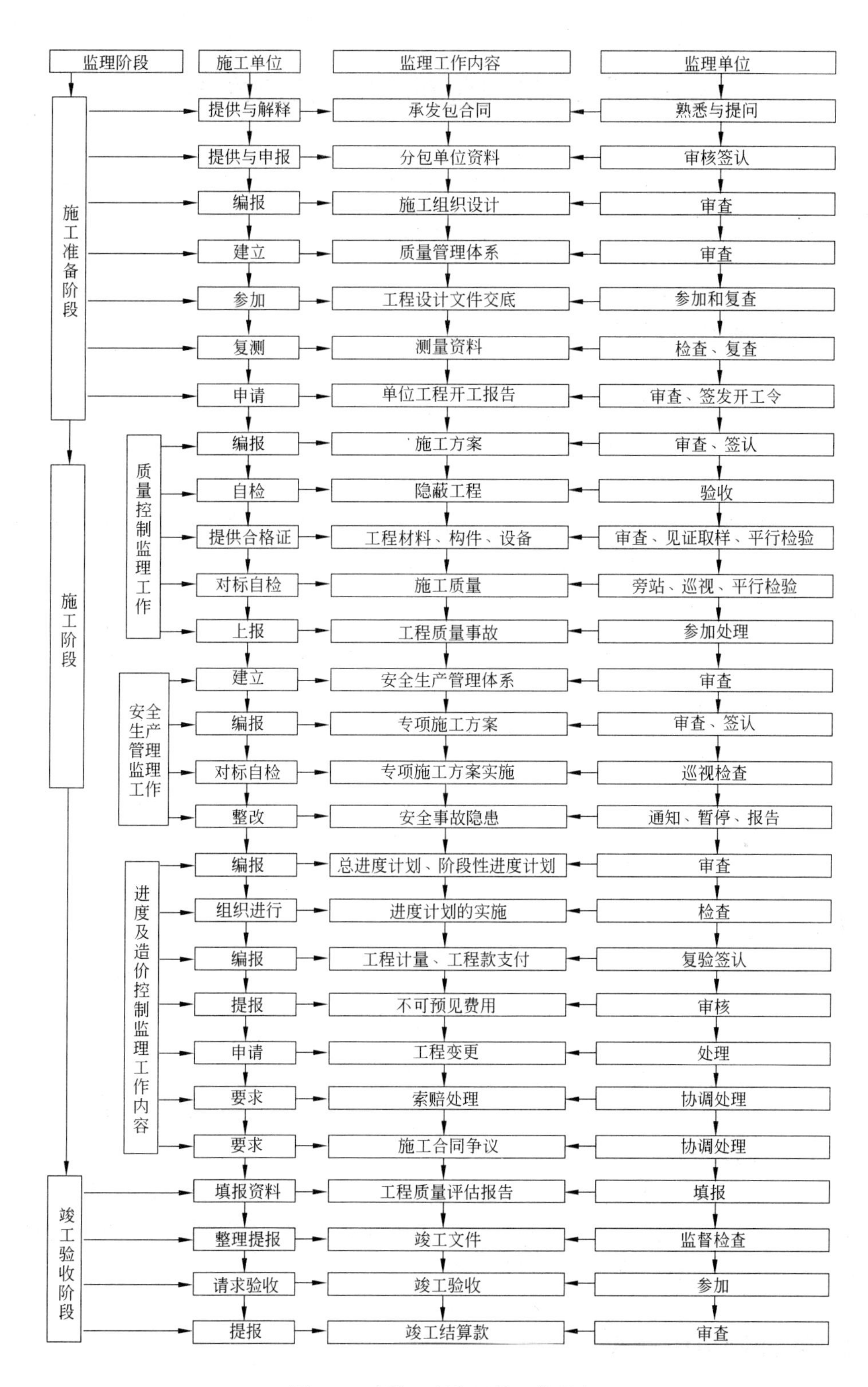

图 4-1　建设工程监理的工作程序

4.5 项目监理部的组织机构形式

项目监理部的组织机构形式是指项目监理机构具体采用的管理组织结构。应根据建设工程特点、建设工程组织管理模式及工程监理单位自身情况等选择适宜的项目监理机构组织形式。常用的项目监理机构组织形式有直线制、职能制、直线职能制、矩阵制等。

4.5.1 直线制组织形式

直线制组织形式的特点是项目监理机构中任何一个下级只接受唯一上级的命令。各级部门主管人员对各自所属部门的事务负责,项目监理机构中不再另设职能部门。

这种组织形式适用于能划分为若干个相对独立的子项目的大中型建设工程。如图 4-2 所示,总监理工程师负责整个工程的规划、组织和指导,并负责整个工程范围内各方面的指挥协调工作;子项目监理机构分别负责各子项目的目标控制,具体领导现场专业或专项监理机构的工作。

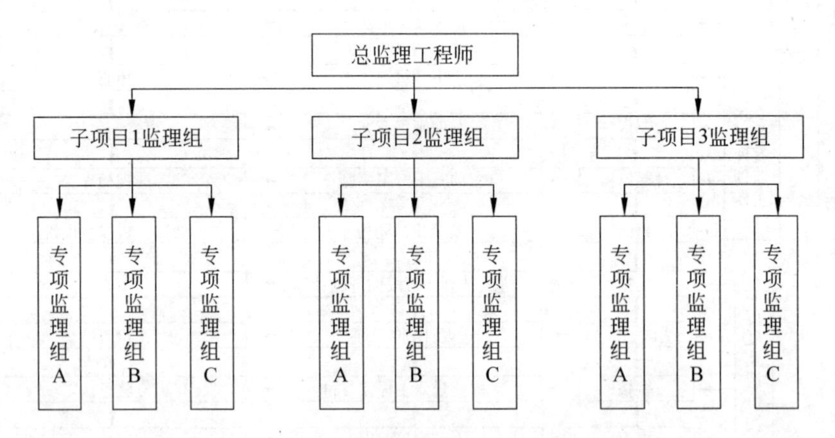

图 4-2　按子项目分解的直线制项目监理机构组织形式

如果建设单位将相关服务一并委托,项目监理机构的部门还可按不同的建设阶段分解设立直线制项目监理机构组织形式,见图 4-3。对于小型建设工程,项目监理机构也可采用按专业内容分解的直线制组织形式,见图 4-4。

直线制组织形式的主要优点是组织机构简单,权力集中,命令统一,职责分明,决策迅速,隶属关系明确。其缺点是实行没有职能部门的“个人管理”,这就要求总监理工程师通晓各种业务和多种专业技能,成为“全能”式人物。

4.5.2 职能制组织形式

职能制组织形式是在项目监理机构内设立一些职能部门,将相应的监理职责和权力交给职能部门,各职能部门在其职能范围内有权直接发布指令指挥下级。职能制组织形式一

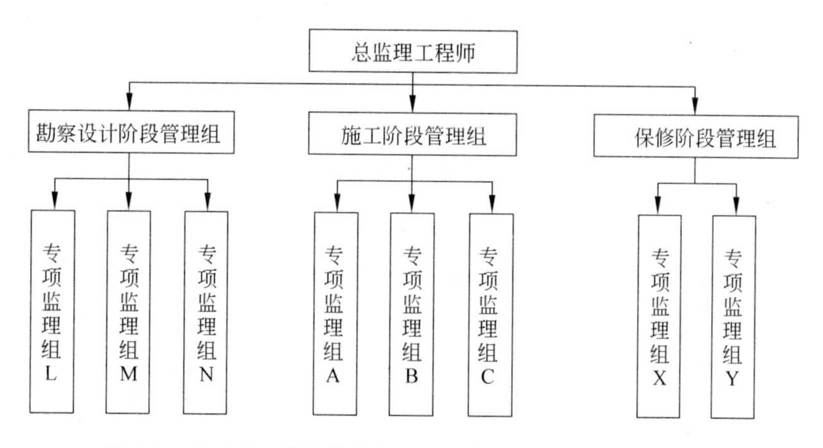

图 4-3 按工程建设阶段分解的直线制项目监理机构组织形式

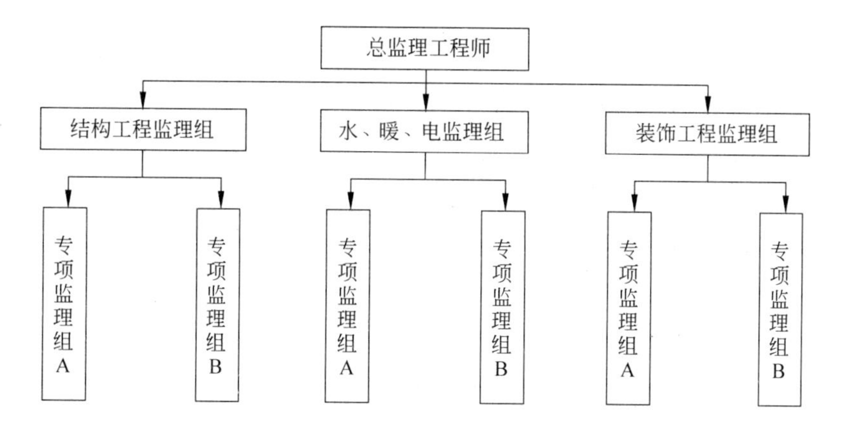

图 4-4 按专业内容分解的直线制项目监理机构组织形式

般适用于大中型建设工程,见图 4-5。如果子项目规模较大时,也可以在子项目层设置职能部门,见图 4-6。

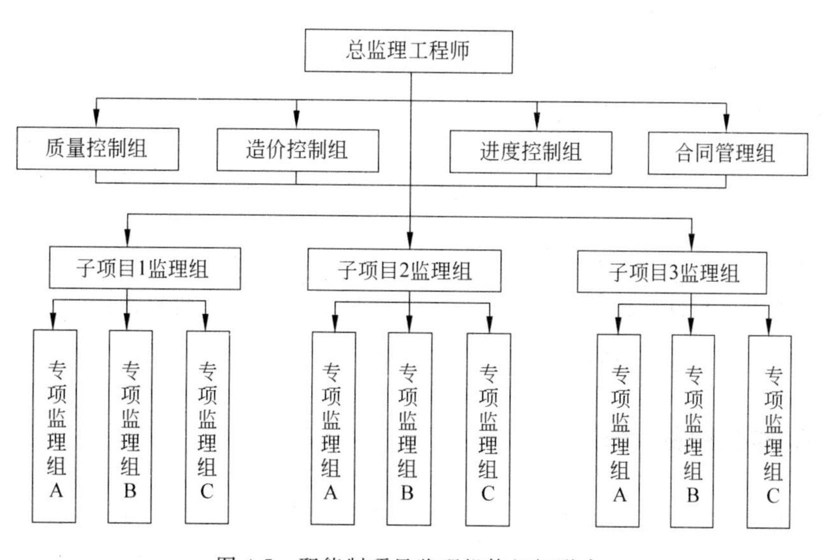

图 4-5 职能制项目监理机构组织形式

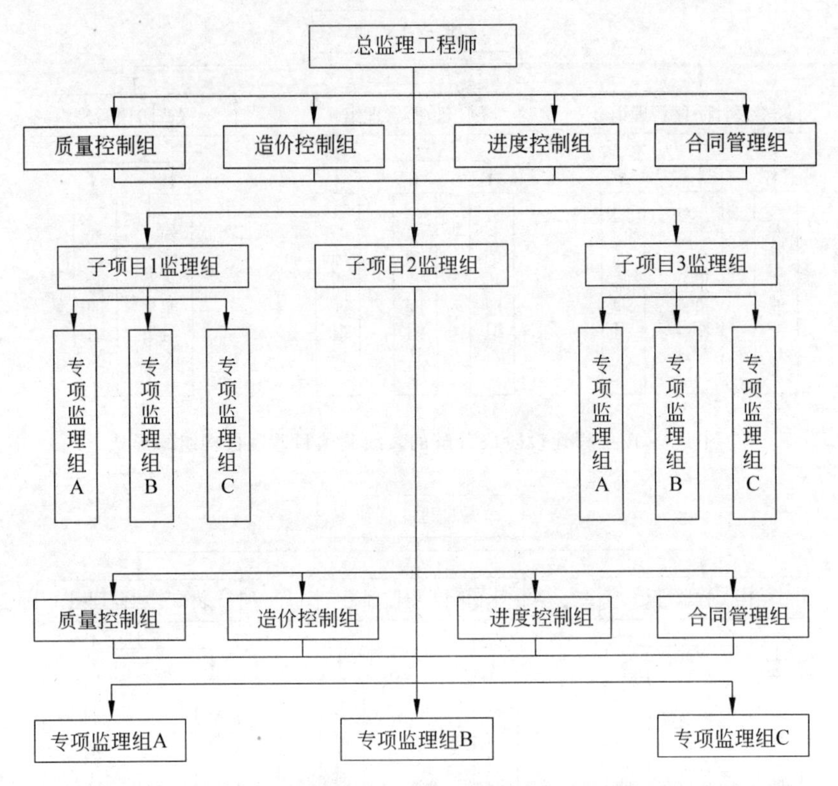

图 4-6　子项目设立职能部门的职能制项目监理机构组织形式

职能制组织形式的主要优点是加强了项目监理目标控制的职能化分工，可以发挥职能机构的专业管理作用，提高管理效率，减轻总监理工程师负担。但由于下级人员受多头指挥，如果这些指令相互矛盾，会使下级在监理工作中无所适从。

4.5.3　直线职能制组织形式

直线职能制组织形式是吸收直线制组织形式和职能制组织形式的优点而形成的一种组织形式。这种组织形式将管理部门和人员分为两类：一类是直线指挥部门的人员，他们拥有对下级实行指挥和发布命令的权力，并对该部门的工作全面负责；另一类是职能部门的人员，他们是直线指挥人员的参谋，他们只能对下级部门进行业务指导，而不能对下级部门直接进行指挥和发布命令，见图 4-7。

直线职能制组织形式既保持了直线制组织实行直线领导、统一指挥、职责分明的优点，又保持了职能制组织目标管理专业化的优点。其缺点是职能部门与指挥部门易产生矛盾，信息传递路线长，不利于互通信息。

4.5.4　矩阵制组织形式

矩阵制组织形式是由纵横两套管理系统组成的矩阵组织结构，一套是纵向职能系统，另一套是横向子项目系统，见图 4-8。这种组织形式的纵横两套管理系统在监理工作中是相

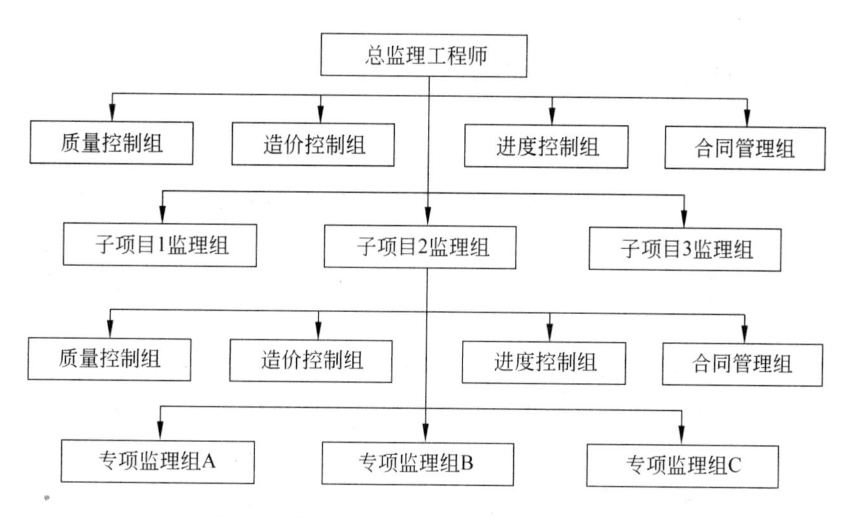

图 4-7　直线职能制项目监理机构组织形式

互融合关系。图中虚线所绘的交叉点上，表示了两者协同以共同解决问题。如子项目 1 的质量验收是由子项目 1 监理组和质量控制组共同进行的。矩阵制组织形式的优点是加强了各职能部门的横向联系，具有较大的机动性和适应性，将上、下、左、右集权与分权实行最优结合，有利于解决复杂问题，有利于监理人员业务能力的培养。其缺点是纵横向协调工作量大，处理不当会产生矛盾。

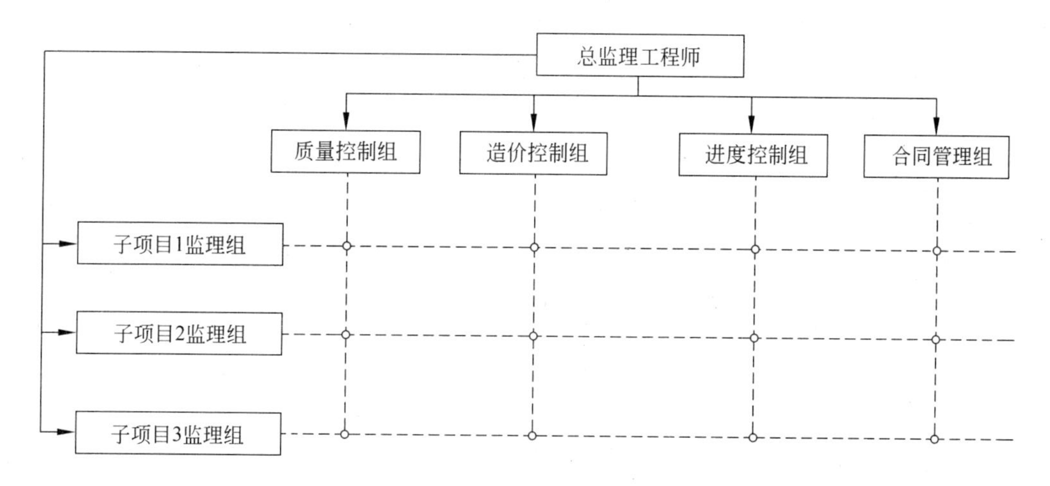

图 4-8　矩阵制项目监理机构组织形式

4.6　项目监理机构的人员配备

项目监理机构中配备监理人员的数量和专业应根据监理任务的范围、内容、工作期限以及工程的类别、规模、技术复杂程度、工程环境等因素综合考虑，并应符合建设工程监理合同中对监理工作深度及建设工程监理目标控制的要求，能体现项目监理机构的整体素质。

4.6.1 项目监理机构的人员结构

项目监理机构应具有合理的人员结构，包括以下两方面。

(1) 合理的专业结构。项目监理机构应由与所监理工程的性质（专业性强的生产项目或是民用项目）及建设单位对建设工程监理的要求（是否包含相关服务内容，是工程质量、造价、进度的多目标控制或是某一目标的控制）相适应的各专业人员组成，也即各专业人员要配套，以满足项目各专业监理工作要求。

通常，项目监理机构应具备与所承担的监理任务相适应的专业人员。但当监理的工程局部有特殊性或建设单位提出某些特殊监理要求而需要采用某种特殊监控手段时，如局部的钢结构、网架、球罐体等质量监控需采用无损探伤、X光及超声探测，水下及地下混凝土桩需要采用遥测仪器探测等，此时，可将这些局部专业性强的监控工作另行委托给具有相应资质的咨询机构来承担，这也应视为保证了监理人员合理的专业结构。

(2) 合理的技术职称结构。为了提高管理效率和经济性，应根据建设工程的特点和建设工程监理工作需要，确定项目监理机构中监理人员的技术职称结构。合理的技术职称结构表现为监理人员的高级职称、中级职称和初级职称的比例与监理工作要求相适应。

通常，工程勘察设计阶段的服务，对人员职称要求更高些，具有高级职称及中级职称的人员在整个监理人员构成中应占绝大多数。施工阶段监理，可由较多的初级职称人员从事实际操作工作，如旁站、见证取样、检查工序施工结果、复核工程计量有关数据等。

这里所称的初级职称是指助理工程师、助理经济师、技术员等，也可包括具有相应能力的实践经验丰富的工人（应能看懂图纸、正确填报有关原始凭证）。施工阶段项目监理机构监理人员应具有的技术职称结构见表4-3。

表4-3 施工阶段项目监理机构监理人员应具有的技术职称结构

<table>
<tr><th>层　次</th><th>人　员</th><th>职　能</th><th colspan="3">职称要求</th></tr>
<tr><td>决策层</td><td>总监理工程师、总监理工程师代表、专业监理工程师</td><td>项目监理的策划、规划、组织、协调、控制、评价等</td><td rowspan="2">高级职称</td><td></td><td></td></tr>
<tr><td>执行层/协调层</td><td>专业监理工程师</td><td>项目监理实施的具体组织、指挥、控制、协调</td><td>中级职称</td><td rowspan="2">初级职称</td></tr>
<tr><td>作业层/操作层</td><td>监理员</td><td>具体业务的执行</td><td></td><td></td></tr>
</table>

4.6.2 项目监理机构监理人员数量的确定

1) 影响项目监理机构人员数量的主要因素

(1) 工程建设强度。工程建设强度是指单位时间内投入的建设工程资金的数量，即

$$工程建设强度=\frac{投资}{工期}$$

其中，投资和工期是指监理单位所承担监理任务的工程的建设投资和工期。投资可按工程概算投资额或合同价计算，工期可根据进度总目标及其分目标计算。

显然，工程建设强度越大，需投入的监理人数越多。

(2) 建设工程复杂程度。通常，工程复杂程度涉及以下因素：设计活动、工程位置、气候条件、地形条件、工程地质、工程性质、工程结构类型、施工方法、工期要求、材料供应、工程分散程度等。

根据上述各项因素，可将工程分为若干工程复杂程度等级，不同等级的工程需要配备的监理人员数量有所不同。例如，可将工程复杂程度按5级划分：简单、一般、较复杂、复杂、很复杂。工程复杂程度定级可采用定量办法：对构成工程复杂程度的每一因素通过专家评估，根据工程实际情况给出相应权重，将各影响因素的评分加权平均后根据其值的大小确定该工程的复杂程度等级。例如，将工程复杂程度按10分制考虑，则平均分值1～3分、3～5分、5～7分、7～9分者依次为简单工程、一般工程、较复杂工程和复杂工程，9分以上为很复杂工程。

显然，简单工程需要的监理人员较少，而复杂工程需要的项目监理人员较多。

(3) 工程监理单位的业务水平。每个工程监理单位的业务水平和对某类工程的熟悉程度不完全相同，在监理人员素质、管理水平和监理设备手段等方面也存在差异，这都会直接影响监理效率的高低。高水平的监理单位可以投入较少的监理人力完成一个建设工程的监理工作，而一个经验不多或管理水平不高的监理单位则需投入较多的监理人力。因此，各监理单位应当根据自己的实际情况制定监理人员需要量定额。

(4) 项目监理机构的组织结构和任务职能分工。项目监理机构的组织结构情况关系到具体的监理人员配备，务必使项目监理机构任务职能分工的要求得到满足。必要时，还需要根据项目监理机构的职能分工对监理人员的配备作进一步调整。

有时，监理工作需要委托专业咨询机构或专业监测、检验机构进行。当然，项目监理机构的监理人员数量可适当减少。

2) 项目监理机构人员数量的确定方法

项目监理机构人员数量的确定方法可按以下步骤进行。

(1) 项目监理机构人员需要量定额。根据监理工作内容和工程复杂程度等级，测定、编制项目监理机构监理人员需要量定额，见表4-4。

表4-4　监理人员需要量定额　　(单位：人・年/百万美元)

工程复杂程度	监理工程师	监理员	行政、文秘人员
简单工程	0.20	0.75	0.10
一般工程	1.00	1.00	0.10
较复杂工程	1.10	1.10	0.25
复杂工程	1.50	1.50	0.35
很复杂工程	>1.50	>1.50	>0.35

(2) 确定工程建设强度。根据所承担的监理工程，确定工程建设强度。例如，某工程分为2个子项目，合同总价为3900万美元，其中子项目1合同价为2100万美元，子项目2合同价为1800万美元，合同工期为30个月。

工程建设强度＝3900÷30×12＝1560(万美元/年)＝15.6(百万美元/年)

(3) 确定工程复杂程度。按构成工程复杂程度的10个因素考虑，根据工程实际情况分别按10分制打分。具体结果见表4-5。

表4-5 工程复杂程度等级的评定

项次	影响因素	子项目1	子项目2
1	设计活动	5	6
2	工程位置	9	5
3	气候条件	5	5
4	地形条件	7	5
5	工程地质	4	7
6	施工方法	4	6
7	工期要求	5	5
8	工程性质	6	6
9	材料供应	4	5
10	分散程度	5	5
平均分		5.4	5.5

根据计算结果，此工程为较复杂工程。

(4) 根据工程复杂程度和工程建设强度套用监理人员需要量定额。从定额中可查到监理人员需要量如下(人·年/百万美元)。

监理工程师：0.35；监理员：1.10；行政文秘人员：0.25。

各类监理人员数量如下。

监理工程师：0.35×15.6＝5.46(人)，按6人考虑；

监理员：1.10×15.6＝17.16(人)，按17人考虑；

行政文秘人员：0.25×15.6＝3.9(人)，按4人考虑。

(5) 根据实际情况确定监理人员数量。该工程项目监理机构直线制组织机构见图4-9。

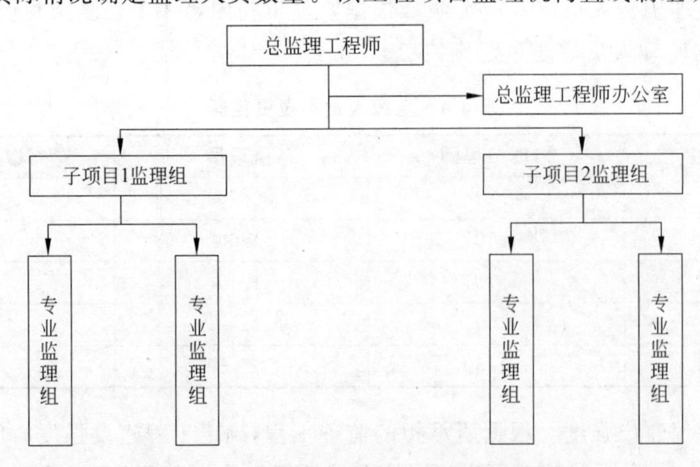

图4-9 项目监理机构的直线制组织机构

根据项目监理机构情况决定每个部门各类监理人员如下。

监理总部(包括总监理工程师、总监理工程师代表和总监理工程师办公室)：总监理工程师1人，总监理工程师代表1人，行政文秘人员2人。

子项目1监理组：专业监理工程师2人，监理员9人，行政文秘人员1人。

子项目2监理组：专业监理工程师2人，监理员8人，行政文秘人员1人。

项目监理机构监理人员数量和专业配备应随工程施工进展情况作相应调整，从而满足不同阶段监理工作需要。

拓展阅读

施工现场配备人员标准的制定

2017年7月24日，湖南省住房和城乡建设厅办公室关于征求《湖南省建设工程施工项目部和现场监理部管理力量配备标准(征求意见稿)》意见函要求如下。

(1) 现场监理部机构设置。建筑面积在5万m^2以下房屋建筑工程或合同造价在1亿元以内的市政基础设施工程现场监理部的主要管理岗位应包括总监理工程师(总监代表)、专业监理工程师和监理员。

(2) 建筑面积在5万m^2以上房屋建筑工程或合同造价在1亿元以上的市政基础设施工程现场监理部应设置管理部门，包括总监理工程师(总监代表)、技术负责人和工程部等，可根据现场管理要求和工作需要，酌情增设技术部、商务部和综合部等。

(3) 现场监理部关键岗位人员配备标准。建设工程现场监理部关键岗位人员配备应符合表4-6的规定。

表4-6 现场监理部关键岗位人员配备标准

<table>
<tr><th>工程类别</th><th>工程规模</th><th colspan="2">岗位人员配备标准/人</th><th>关键岗位配备情况</th><th>备　注</th></tr>
<tr><td rowspan="12">房屋建筑工程</td><td rowspan="3">建筑面积≤1万m^2</td><td>基础阶段</td><td>2</td><td rowspan="3">总监理工程师、专业监理工程师、监理员</td><td rowspan="12">1. 建筑面积在5万m^2以上的单位建筑，每增加5万m^2，专业监理工程师与监理员各增加1人；
2. 建筑面积在10万m^2以上的住宅小区或其他建筑群体工程，每增加10万m^2，专业监理工程师增加1人，监理员增加2人</td></tr>
<tr><td>主体阶段</td><td>3</td></tr>
<tr><td>安装、装修阶段</td><td>2</td></tr>
<tr><td rowspan="3">1万m^2<建筑面积≤3万m^2</td><td>基础阶段</td><td>2</td><td rowspan="3">总监理工程师、专业监理工程师、监理员</td></tr>
<tr><td>主体阶段</td><td>3</td></tr>
<tr><td>安装、装修阶段</td><td>3</td></tr>
<tr><td rowspan="3">3万m^2<建筑面积≤5万m^2</td><td>基础阶段</td><td>2</td><td rowspan="3">总监理工程师、专业监理工程师、监理员</td></tr>
<tr><td>主体阶段</td><td>4</td></tr>
<tr><td>安装、装修阶段</td><td>3</td></tr>
<tr><td rowspan="3">建筑面积>5万m^2</td><td>基础阶段</td><td>3</td><td rowspan="3">总监理工程师、专业监理工程师、监理员</td></tr>
<tr><td>主体阶段</td><td>4</td></tr>
<tr><td>安装、装修阶段</td><td>3</td></tr>
</table>

续表

工程类别	工程规模	岗位人员配备标准/人		关键岗位配备情况	备　注
市政基础设施工程	工程投资≤5000 万元	基础阶段	3	总监理工程师、专业监理工程师、监理员	
		主体阶段	4		
		安装、装修阶段	3		
	5000 万元＜工程投资≤1 亿元	基础阶段	3	总监理工程师、专业监理工程师、监理员	
		主体阶段	5		
		安装、装修阶段	3		工程投资在 1 亿元以上的工程，每增加 5000 万元，专业监理工程师和监理员各增加 1 人
	工程投资＞1 亿元	基础阶段	3	总监理工程师、专业监理工程师、监理员	
		主体阶段	5		
		安装、装修阶段	3		

注：1. 此标准为关键岗位人员最低配备标准。
2. 标准中，各阶段配备的专业监理工程师不少于 1 人，专业监理工程师仅包括项目主导专业监理工程师，不包括非主导专业监理工程师。
3. 投资额在 500 万元以下的项目关键岗位人员的配备数量，由业主和监理方根据实际情况协商确定，在《建设工程监理合同》中注明。

目前为更好地了解全国项目监理机构人员配置的现状，提高《项目监理机构人员配置标准》的科学性、规范性和实操性，进一步推进监理行业转型升级创新发展，中国建设监理协会《项目监理机构人员配置标准》课题组奔赴各省进行调研。

单元5 监理组织协调

5.1 组织协调

协调就是联结、联合、调和所有的活动及力量使各方配合得当,其目的是促使各方协同一致以实现预定目标。协调工作应贯穿于整个建设工程实施及其管理过程中。

建设工程的协调一般有三大类:①“人员/人员界面”;②“系统/系统界面”;③“系统/环境界面”。

组织协调工作是指监理人员通过对项目监理机构内部人与人之间、机构与机构之间,以及监理组织与外部环境组织之间的工作进行协调与沟通,从而使工程参建各方相互理解、步调一致。具体包括编制工程项目组织管理框架、明确组织协调的范围和层次,制定项目监理机构内外协调的范围、对象和内容,制定监理组织协调的原则、方法和措施,明确处理危机关系的基本要求等。

5.1.1 组织协调的范围和层次

(1) 组织协调的范围:项目组织协调的范围包括建设单位、工程建设参与各方(政府管理部门)之间的关系。

(2) 组织协调的层次,包括两个方面:①协调工程参与各方之间的关系;②工程技术协调。

5.1.2 组织协调的主要工作

1) 项目监理机构的内部协调

(1) 总监理工程师牵头,做好项目监理机构内部人员之间的工作关系协调。

(2) 明确监理人员分工及各自的岗位职责。

(3) 建立信息沟通制度。

(4) 及时交流信息、处理矛盾,建立良好的人际关系。

2) 与工程建设有关单位的外部协调

(1) 建设工程系统内的单位:进行建设工程系统内的单位协调重点分析,主要包括建设单位、设计单位、施工单位、材料和设备供应单位、资金提供单位等。

(2) 建设工程系统外的单位:进行建设工程系统外的单位协调重点分析,主要包括政府建设行政主管机构、政府其他有关部门、工程毗邻单位、社会团体等。

5.1.3 组织协调的方法和措施

1）组织协调的方法

(1）会议协调：监理例会、专题会议等方法。

(2）交谈协调：面谈、电话、网络等方法。

(3）书面协调：通知书、联系单、月报等方法。

(4）访问协调：走访或约见等方法。

2）不同阶段组织协调的措施

(1）开工前的协调：如第一次工地例会等。

(2）施工过程中协调。

(3）竣工验收阶段协调。

5.1.4 组织协调控制流程

(1）工程质量控制协调程序。

(2）工程造价控制协调程序。

(3）工程进度控制协调程序。

(4）其他方面工作协调程序。

5.1.5 "协调"在监理中的作用

在工程监理实践中，对协调的重视尚不够。事实上，在工程监理过程中，协调是至关重要、不可或缺的一项重要工作。从某种意义上说，协调工作的好坏，决定着监理工作的成败，协调工作的水平决定着监理公司、监理工程师的水平。

树立协调是监理工作灵魂的观念。我们不能仅仅把监理当成一门技术，而要把监理当成一门艺术来研究，使监理水平达到一个更高的境界。我们认为，在监理工作中应充分认识和发挥协调的重要作用，树立协调是监理工作灵魂的观念。

工程建设是一个复杂的系统工程，关系到地方政府部门、建设单位、设计单位、施工单位等各方面的利益，涉及人、机、物、料、环等因素的配合。监理要想在工程建设中履行好自身的职责，只有通过做好协调才能更好地达到目的，因为协调工作在工程建设中起到重要的整合、协同和润滑剂的作用。要使每个监理人员树立起协调是监理工作灵魂的观念，则必须首先要强化监理人员的协调意识。

认识到协调不仅仅是监理单位领导、总监理工程师的事，而且是每一个监理人员必须具备的基本工作能力。长期以来，监理人员偏重于建设程序、专业图纸、技术规范、验评标准等具体环节，而缺乏协调意识，对项目监理部内部、专业监理工程师之间、监理与各相关方之间的协调工作的重要性认识不够。我们应认识到，协调产生的效能远比监理工程师忙于一般事务产生的效能要大得多。

必须增强监理人员的协调能力。有些监理人员在专业技术、监理实务方面很精通，但不善于协调，遇到问题和矛盾不敢管，不会管，不善于与各方面沟通，语言及文字表达能力欠缺，使监理工作的效果大打折扣。必须注重提高协调工作的效果。协调与项目管理的目标实现是密不可分的，协调工作的目的就是为了实现项目的各项控制目标。协调工作效果的好坏决定了监理工作质量的好坏。要判断协调工作效果的好坏，关键是看建设单位对工程建设的整体实施水平是否满意，对监理的工作效果是否满意。

5.1.6 把握协调的基本原则

监理协调应在遵循搞好工程建设的大原则、大目标的前提下，把握好以下原则。

1. 充分尊重建设单位意图的原则

监理是受建设单位的委托与授权开展监理工作的，故协调的依据除了法律、法规、标准、规范、监理合同、施工合同之外，建设单位在工作过程中的决策、观点、意见、建议等也是监理协调的重要依据。协调是为了解决矛盾与分歧，统一思想，而在协调的过程中充分尊重建设单位的意图是十分重要的，只要建设单位的意图不违法、违规，监理就应按照建设单位的意图去协调。对于建设单位的意图要正确领会，抓住实质，并有效地贯彻。

2. 前瞻与超前的原则

"凡事预则立，不预则废"，协调也要有超前意识。监理应根据自己的专业知识和工程经验对工程实施中可能出现的质量、进度、安全等问题预先提出相关的处理建议和意见，对可能产生的不良后果采取相应的预防措施，并对此进行协调工作、统一认识。

譬如监理单位与设计单位之间的协调就是一种超前性协调，对于设计标准过高或过低、设计遗漏、图纸差错、交图时间等问题，通过与设计单位的交流、协商，达到解决问题的目的，这对保证工程的质量、进度等会有良好的效果。同样，在设备、原材料的订购方面也要有超前协调意识，监理要根据市场供求关系、建设单位的资金安排、工程的进度等方面的情况协助建设单位作出科学的预测和合理的安排，使设备的到货与工程的进度之间紧密衔接起来，以确保工程按计划完成。

3. 秉持公正的原则

公正性是监理企业的立身之本，监理在协调工作中更应秉持公正原则。协调往往发生在双方或多方有矛盾、有分歧、各执己见、互不相让之时，监理应客观公正地对待矛盾各方，应以事实为依据、以法律和有关合同为准绳，在维护建设单位的合法权益时，不损害承包单位的合法权益。

建设单位与施工单位在建设中是互为权利和义务的主体。由于各自的利益不同，他们之间会在工期延误或延长、费用索赔、工程计量、工程款支付、工程变更费用等问题上产生种种冲突，需要监理从中协调。监理应站在客观公正的立场上，多做说服解析工作，以理服人，维护双方的正当利益。只有这样，才能化解双方的矛盾，使工程建设顺利进行，最终实现工程的总目标。

4. 适度灵活的原则

协调是一门艺术，既要坚持原则，又要具体问题具体分析。灵活协调是要求在坚持原则的前提下，讲究方法上的灵活性，在保证大目标的前提下，做到适度灵活，只有这样才能使协调工作有效开展。由于工程建设各方均是独立的经济主体,都有各自的利益目标;由于参与工程建设的人员有不同的经历、能力、思维方式、兴趣爱好、人际关系等;由于不同地方的工程其地质条件、气候环境、施工条件都不同,故对同一个问题,往往因为相关各方看问题的角度不同,出发点不一样,得出的结论就不一样。因此监理在协调时要从多角度、多方面对问题作综合考虑,作全面分析,方能避免片面性,方能保证协调工作达到原则性与灵活性的统一。

5.2 项目监理机构组织协调内容

从系统工程角度看,项目监理机构组织协调内容可分为系统内部(项目监理机构)协调和系统外部协调两大类,系统外部协调又分为系统近外层协调和系统远外层协调。近外层和远外层的主要区别是,建设单位与近外层关联单位之间有合同关系,与远外层关联单位之间没有合同关系(见图 5-1)。

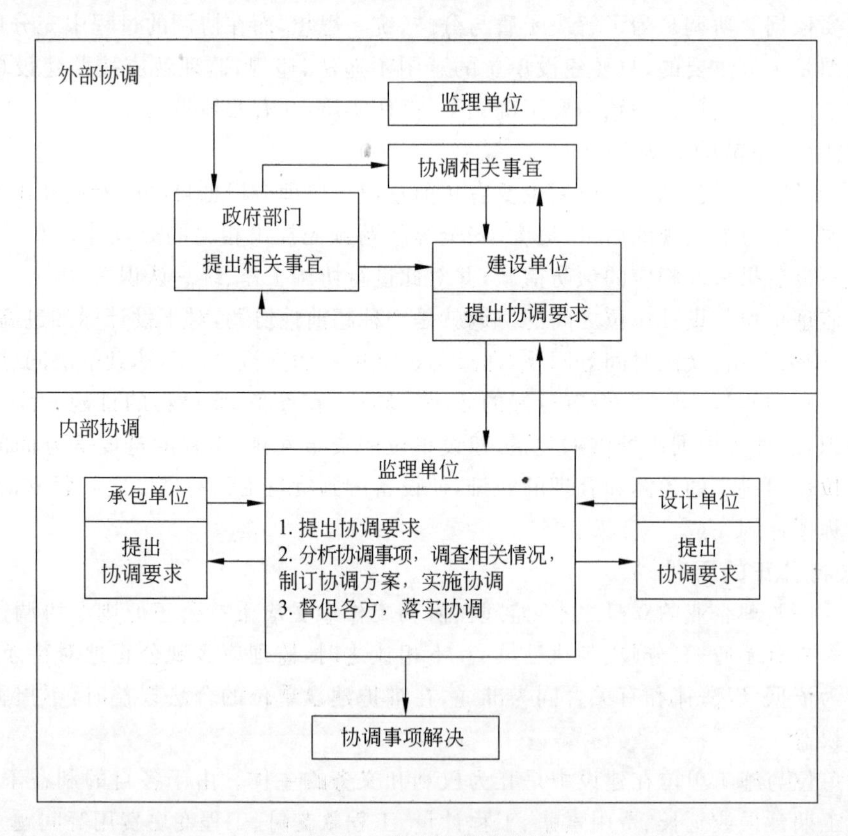

图 5-1 组织协调的范围

5.2.1 项目监理机构内部的协调

1. 项目监理机构内部人际关系的协调

项目监理机构是由工程监理人员组成的工作体系,工作效率在很大程度上取决于人际关系的协调程度。总监理工程师应首先协调好人际关系，激励项目监理机构人员。

(1) 在人员安排上要量才录用。要根据项目监理机构中每个人的专长进行安排，做到人尽其才。工程监理人员的搭配要注意能力互补和性格互补，人员配置要尽可能少而精，避免力不胜任和忙闲不均。

(2) 在工作委任上要职责分明。对项目监理机构中的每一个岗位，都要明确岗位目标和责任，应通过职位分析，使管理职能不重不漏，做到事事有人管，人人有专责，同时明确岗位职权。

(3) 在绩效评价上要实事求是。要发扬民主作风，实事求是地评价工程监理人员工作绩效，以免人员无功自傲或有功受屈，使每个人热爱自己的工作，并对工作充满信心和希望。

(4) 在矛盾调解上要恰到好处。人员之间的矛盾总是存在的，一旦出现矛盾，就要进行调解，要多听取项目监理机构成员的意见和建议，及时沟通，使工程监理人员始终处于团结、和谐、热情高涨的工作氛围之中。

2. 项目监理机构内部组织关系的协调

项目监理机构是由若干部门(专业组)组成的工作体系，每个专业组都有自己的目标和任务。如果每个专业组都从建设工程整体利益出发，理解和履行自己的职责，则整个建设工程就会处于有序的良性状态，否则，整个系统便处于无序的紊乱状态，导致功能失调，效率下降。为此，应从以下几方面协调项目监理机构内部组织关系。

(1) 在目标分解的基础上设置组织机构，根据工程特点及建设工程监理合同约定的工作内容，设置相应的管理部门。

(2) 明确规定每个部门的目标、职责和权限，最好以规章制度形式作出明确规定。

(3) 事先约定各个部门在工作中的相互关系。工程建设中的许多工作是由多个部门共同完成的，其中有主办、牵头和协作、配合之分，事先约定，可避免误事、脱节等贻误工作现象的发生。

(4) 建立信息沟通制度。如采用工作例会、业务碰头会、发送会议纪要、工作流程图、信息传递卡等来沟通信息，这样有利于从局部了解全局，服从并适应全局需要。

(5) 及时消除工作中的矛盾或冲突。坚持民主作风，注意从心理学、行为科学角度激励各个成员的工作积极性；实行公开信息政策，让大家了解建设工程实施情况、遇到的问题或危机；经常性地指导工作，与项目监理机构成员一起商讨遇到的问题，多倾听他们的意见、建议，鼓励大家同舟共济。

3. 项目监理机构内部需求关系的协调

建设工程监理实施中有人员需求、检测试验设备需求等，而资源是有限的，因此，内部需求平衡至关重要。协调平衡需求关系需要从以下环节考虑。

(1) 对建设工程监理检测试验设备的平衡。建设工程监理开始实施时，要做好监理规划和监理实施细则的编写工作，合理配置建设工程监理资源，要注意期限的及时性、规格的明确性、数量的准确性、质量的规定性。

(2) 对工程监理人员的平衡。要抓住调度环节，注意各专业监理工程师的配合。工程监理人员的安排必须考虑到工程进展情况，根据工程实际进展安排工程监理人员进退场计划，以保证建设工程监理目标的实现。

5.2.2 项目监理机构与建设单位的协调

建设工程监理实践证明，项目监理机构与建设单位组织协调关系的好坏，在很大程度上决定了建设工程监理目标能否顺利实现。

我国长期计划经济体制的惯性思维，使得多数建设单位合同意识差、工作随意性大，主要体现在3个方面：一是沿袭计划经济时期的基建管理模式，搞“大业主、小监理”，建设单位的工程建设管理人员有时比工程监理人员多，或者由于建设单位的管理层次多，对建设工程监理工作干涉多，并插手工程监理人员的具体工作；二是不能将合同中约定的权力交给工程监理单位，致使监理工程师有职无权，不能充分发挥作用；三是科学管理意识差，随意压缩工期、压低造价，工程实施过程中变更多或不能按时履行职责，给建设工程监理工作带来困难。因此，与建设单位的协调是建设工程监理工作的重点和难点。监理工程师应从以下几方面加强与建设单位的协调。

(1) 监理工程师首先要理解建设工程总目标和建设单位的意图。对于未能参加工程项目决策过程的监理工程师，必须了解项目构思的基础、起因、出发点，否则，可能会对建设工程监理目标及任务有不完整、不准确的理解，从而给监理工作造成困难。

(2) 利用工作之便做好建设工程监理宣传工作，增进建设单位对建设工程监理的理解，特别是对建设工程管理各方职责及监理程序的理解；主动帮助建设单位处理工程建设中的事务性工作，以自己规范化、标准化、制度化的工作去影响和促进双方工作的协调一致。

(3) 尊重建设单位，让建设单位一起投入工程建设全过程。尽管有预定目标，但建设工程实施必须执行建设单位指令，使建设单位满意。对建设单位提出的某些不适当要求，只要不属于原则性问题，都可先执行，然后在适当时机、采取适当方式加以说明或解释；对于原则性问题，可采取书面报告等方式说明原委，尽量避免发生误解，以使建设工程顺利实施。

5.2.3 项目监理机构与施工单位的协调

监理工程师对工程质量、造价、进度目标的控制，以及履行建设工程安全生产管理的法定职责，都是通过施工单位的工作来实现的，因此，做好与施工单位的协调工作是监理工程师组织协调工作的重要内容。

1. 与施工单位的协调应注意的问题

(1) 坚持原则，实事求是，严格按规范、规程办事，讲究科学态度。监理工程师应强调各方面利益的一致性和建设工程总目标；应鼓励施工单位向其汇报建设工程实施状况、实施结果和遇到的困难与意见，以寻求对建设工程目标控制的有效解决办法。双方了解得越多越深刻，建设工程监理工作中的对抗和争执就越少。

(2) 协调不仅是方法、技术问题，更多的是语言艺术、感情交流和用权适度等问题。有时尽管协调意见是正确的，但由于方式或表达不妥，也会激化矛盾。高超的协调能力则往往能起到事半功倍的效果，令各方面都满意。

2. 与施工单位协调的工作内容

(1) 与施工项目经理关系的协调。施工项目经理及工地工程师最希望监理工程师能够公平、通情达理，指令明确不含糊，并且能及时答复所询问的问题。监理工程师既要懂得坚持原则，又要善于理解施工项目经理的意见，工作方法灵活，能够随时提出或愿意接受变通办法解决问题。

(2) 施工进度和质量问题的协调。由于工程施工进度和质量的影响因素错综复杂，因而施工进度和质量问题的协调工作也十分复杂。监理工程师应采用科学的进度和质量控制方法，设计合理的奖罚机制及组织现场协调会议等来协调工程施工进度和质量问题。

(3) 对施工单位违约行为的处理。在工程施工过程中，监理工程师对施工单位的某些违约行为进行处理是一件慎重而又难免的事情。当发现施工单位采用不适当的方法进行施工，或采用不符合质量要求的材料时，监理工程师除立即制止外，还需要采取相应的处理措施。遇到这种情况，监理工程师需要在其权限范围内采用恰当的方式及时作出协调处理。

(4) 施工合同争议的协调。对于工程施工合同争议，监理工程师应首先采用协商解决方式，协调建设单位与施工单位的关系。协商不成时，才由合同当事人申请调解，甚至申请仲裁或诉讼。遇到非常棘手的合同争议时，不妨暂时搁置等待时机，另谋良策。

(5) 对分包单位的管理。监理工程师虽然不直接与分包合同发生关系，但可对分包合同中的工程质量、进度进行直接跟踪监控，然后通过总承包单位进行调控、纠偏。分包单位在施工中发生的问题，由总承包单位负责协调处理。分包合同履行中发生的索赔问题，一般应由总承包单位负责，涉及总包合同中建设单位的义务和责任时，由总承包单位通过项目监理机构向建设单位提出索赔，由项目监理机构进行协调。

监理除应正确处理与建设单位的关系外，也应正确处理好与施工单位的关系。作为现场监理人员，主要面对的是施工单位，能否与施工单位保持良好、正常的工作关系，是能否顺利完成监理任务的重要条件。

3. 监理工作中应注意讲究“七忌”

要想正确处理好与施工单位的关系，归纳起来，在监理工作中应注意讲究“七忌”。

一忌不讲原则，一团和气。监理工程师要在法规和合同授权范围内，严格履行自己的职责，站在公正的立场上，独立地解决工作中出现的问题。如果在工作中采取模棱两可的工作态度，当“好好先生”，所谓监而不理，就失去了监理的意义。这种情况下，施工质量和施工安全难以得到保证。不仅建设单位不会满意，在施工单位面前也会失去威信。想当好人，结果只会适得其反。

二忌不讲礼仪，高高在上。少数监理人员看不起现场施工人员，工作中盛气凌人。此种做法必然造成抵触情绪，十分不利于监理任务的完成。监理人员应摆正心态，将施工单位，尤其是一线作业人员置于与自己平等的位置。人与人之间只是分工不同，人格是一样的。要学会尊重监管对象，尊重他人的同时也会获得他人的尊重，而只有当他尊重你的时候，才会从心里服从你的管理。

三忌不出主意，光挑毛病。监理工程师在工作中挑毛病是正常的。但在挑毛病的同时，要摆事实、讲道理，要讲究方式方法。对出现的问题，要帮助他们进行分析，找出问题的根源，讲清如果不这样做的危害性。如此，会使施工单位对你挑出的毛病认真对待，积极整改，并举一反三，避免今后再次发生类似问题。可以这样说，当他对你提出的问题认为你是在帮他的时候，你的工作就会轻松许多，同时也意味着你的管理方法获得了成功。

四忌不担责任，推脱问题。监理工程师在开展工作时应注意，能在自己职权范围内处理的问题,就不要用建设单位作“挡箭牌”而千方百计推脱责任。因为建设单位委托监理工程师进行监理,就是委托监理工程师对施工进行协调、约束。因此,监理工程师要不断提高发现问题、分析问题、解决问题的能力,该承担责任的时候要勇于承担责任,这样才能树立自我形象,提高威信,赢得建设单位的信任和施工单位的信赖。

五忌不看成绩,凡事挑剔。监理站在“挑毛病”的立场去对待施工单位本来无可厚非,但如果把这种“挑毛病”的立场转变为“戴着有色眼镜看问题”,其结果只能适得其反。要知道,不少强势建筑企业,他们的管理方法、施工技术等许多好的地方同样是监理人员应该汲取的;施工一线人员吃苦耐劳、乐观向上的精神也是监理人员应该学习的。一方面,监理只有既能从“本位”上看问题,又能进行“换位思考”,才能正确处理工作中的许多问题。另一方面,一个善于向被监管对象学习的人,才能使自身获得更大的提高,从而带动监理事业的不断进步。

六忌不懂装懂,生搬硬套。工程项目的地理环境、人文环境、工程特点和解决方法千变万化,完全用理论的、理想的模式去约束施工单位,必将寸步难行。监理人员只有用理论联系实际的工作作风,用实事求是的工作态度去处理施工中出现的种种问题,才能搞好与施工单位的工作配合,才能使自己的监理工作得以顺利开展。可以这样说,作为监理人员,我们在尊重理论的同时,不应拘泥于某种经验或形式。做到这一点,就能够在种种复杂的环境下完成自己的监理任务。

七忌不讲立场,堕落腐化。在当前不规范的建筑市场中,部分建筑企业在工程招标中违背游戏规则,以超低价中标,便想通过偷工减料、无根据地增加工程量等途径来达到“失之东隅,收之桑榆”的目的。此时监理人员如果立场不坚定,缺乏职业道德、丧失诚信原则,就很可能被抛射过来的“糖衣炮弹”击中。更有甚者,个别监理人员要么主动和少数不规范的施工单位沆瀣一气,要么或遮遮掩掩或肆无忌惮地“吃拿卡要”,这种和施工单位的不健康关系和见不得阳光的做法,是工程监理工作中的大敌,必须坚决杜绝。否则监理工作就可能遭受损失,甚至出现严重后果。

实践中,监理人员处理与施工单位的关系时应注意的问题还有很多,限于篇幅不再赘述。但有一点不变的是,处理好这种关系均需二者用心打造,用德维系,用法规范。

5.2.4 项目监理机构与设计单位的协调

工程监理单位与设计单位都是受建设单位委托进行工作的,两者之间没有合同关系,因此,项目监理机构要与设计单位做好交流工作,需要建设单位的支持。

(1) 真诚尊重设计单位的意见,在设计交底和图纸会审时,要理解和掌握设计意图、技术要求、施工难点等,将标准过高、设计遗漏、图纸差错等问题解决在施工之前。进行结构工程验收、专业工程验收、竣工验收等工作,要约请设计代表参加。发生质量事故时,要认真听取设计单位的处理意见等。

(2) 施工中发现设计问题,应及时按工作程序通过建设单位向设计单位提出,以免造成更大的直接损失。监理单位掌握比原设计更先进的新技术、新工艺、新材料、新结构、新设备时,可主动通过建设单位与设计单位沟通。

(3) 注意信息传递的及时性和程序性。监理工作联系单、工程变更单等要按规定的程序进行传递。

5.2.5 项目监理机构与政府部门及其他单位的协调

建设工程实施过程中，政府部门、金融组织、社会团体、新闻媒介等也会起到一定的控制、监督、支持、帮助作用，如果这些关系协调不好，建设工程实施也可能严重受阻。

（1）与政府部门的协调。包括与工程质量监督机构的交流和协调；建设工程合同备案；协助建设单位在征地、拆迁、移民等方面的工作争取得到政府有关部门的支持；现场消防设施的配置得到消防部门检查认可；现场环境污染防治得到环保部门认可等。

（2）与社会团体、新闻媒介等的协调。建设单位和项目监理机构应把握机会，争取社会各界对建设工程的关心和支持。这是一种争取良好社会环境的远外层关系的协调，建设单位应起主导作用。如果建设单位确需将部分或全部远外层关系协调工作委托工程监理单位承担，则应在建设工程监理合同中明确委托的工作和相应报酬。

5.3 项目监理机构组织协调方法

5.3.1 会议协调法

会议协调法是建设工程监理中最常用的一种协调方法，包括第一次工地会议、监理例会、专题会议等。

1）第一次工地会议

第一次工地会议是建设工程尚未全面展开、总监理工程师下达开工令前，建设单位、工程监理单位和施工单位对各自人员及分工、开工准备、监理例会的要求等情况进行沟通和协调的会议，也是检查开工前各项准备工作是否就绪并明确监理程序的会议。第一次工地会议应由建设单位主持，监理单位、总承包单位授权代表参加，也可邀请分包单位代表参加，必要时可邀请有关设计单位人员参加。第一次工地会议上，总监理工程师应介绍监理工作的目标、范围和内容、项目监理机构及人员职责分工、监理工作程序、方法和措施等。

2）监理例会

监理例会是项目监理机构定期组织有关单位研究解决与监理相关问题的会议。监理例会应由总监理工程师或其授权的专业监理工程师主持召开，宜每周召开一次。参加人员包括项目总监理工程师或总监理工程师代表、其他有关监理人员、施工项目经理、施工单位其他有关人员。需要时，也可邀请其他有关单位代表参加。

监理例会主要内容应包括以下几方面。

（1）检查上次例会议定事项的落实情况，分析未完事项原因。

（2）检查分析工程项目进度计划完成情况，提出下一阶段进度目标及其落实措施。

（3）检查分析工程项目质量、施工安全管理状况，针对存在的问题提出改进措施。

（4）检查工程量核定及工程款支付情况。

（5）解决需要协调的有关事项。

(6) 其他有关事宜。

3) 专题会议

专题会议是由总监理工程师或其授权的专业监理工程师主持或参加的，为解决建设工程监理过程中的工程专项问题而不定期召开的会议。

5.3.2 交谈协调法

在建设工程监理实践中，并不是所有问题都需要开会来解决，有时可采用“交谈”的方法进行协调。交谈包括面对面的交谈和电话、电子邮件等形式交谈。

无论是内部协调还是外部协调，交谈协调法的使用频率是相当高的。由于交谈本身没有合同效力，而且具有方便、及时等特性，因此，工程参建各方之间及项目监理机构内部都愿意采用这一方法进行协调。此外，相对于书面寻求协作而言，人们更难以拒绝面对面的请求。因此，采用交谈方式请求协作和帮助比采用书面方法实现的可能性要大。

5.3.3 书面协调法

当会议或者交谈不方便或不需要时，或者需要精确地表达自己的意见时，就会采用书面协调的方法。书面协调法的特点是具有合同效力，一般常用以下几个方面。

(1) 不需双方直接交流的书面报告、报表、指令和通知等。

(2) 需要以书面形式向各方提供详细信息和情况通报的报告、信函和备忘录等。

(3) 事后对会议记录、交谈内容或口头指令的书面确认。

5.3.4 访问协调法

访问协调法主要用于外部协调，有走访和邀访两种形式。

5.3.5 情况介绍法

情况介绍法通常是与其他协调方法紧密结合在一起的，形式上主要是口头的，有时也伴有书面的。介绍往往作为其他协调的引导，目的是使别人首先了解情况。

总之，组织协调是一种管理艺术和技巧，监理工程师尤其是总监理工程师需要掌握领导科学、心理学、行为科学方面的知识和技能，如激励、交际、表扬和批评的艺术、开会的艺术、谈话的艺术、谈判的技巧等。只有这样，监理工程师才能有效进行协调。

5.4 监理工作中平衡的智慧

“智慧”是利用知识解决系统问题的能力。影响智慧表现的因素是掌握的知识数量和结构。监理是工程建设行业中的重要角色之一，监理工作需要一定的素养、学识与经验的结合，需要站在不同参建单位的角度，体会各方感受，平衡各方关系，力求共赢，实现全面工程目标的工作能力，需要一种平衡的智慧。监理是工程建设行业中的重要角色之一。监理人员理应对控制工程质量、进度、造价和安全生产管理发挥较好的作用。

首先是敢管，是一个监理从业者最基本的素养，是对自己监理岗位职责(当然也包括权利)的基本认知下的责任意识体现。

其次是能管，是作为一个监理从业人员，具备应有的文化素质、技术经验能力和管理知识体系后，进行的有效监理行为。

最后才是有办法管，这个办法不是法律、规章和规范的条文，也不单独是教科书中的管理科学和方法论，需要的是素养、学识与经验的结合。是一种智慧，一种历经磨炼中成长起来的，能站在不同参建单位的角度，体会各方感受，平衡各方关系，力求共赢，实现全面工程目标的工作能力。

要说"平衡"是监理工作中不可或缺的智慧，首先平衡智慧是管理协调的最好手段。工程建设的参建单位主要包括建设单位(业主单位和建设管理单位)、施工单位、设计单位、勘测单位和监理单位。监理单位受建设单位委托，根据法律法规、工程建设标准、勘察设计文件及合同，在施工阶段对建设工程质量、进度、造价进行控制，对合同、信息进行管理，对工程建设相关方的关系进行协调，并履行建设工程安全生产管理法定职责的服务活动。其中管理协调是进行其他管理控制活动的基本手段，过程中要特别注重平衡的原则和方法。

1. 工作目标的协调和平衡

虽说参建各方有共同的工程目标，却各有职责分工，在工程目标的分解时就会产生不同的分解目标。当分解目标出现矛盾冲突时就必然导致行动的差异。因此，协调好不同参建方和人员之间的工作目标差异，实行个体服从整体，局部服从全面，一切为更好实现整体目标为准的思想，平衡协调各方工作目标是目标协调的主要内容和基本原则。

2. 工作计划的协调和平衡

不同的工作分解目标决定了不同的工作计划。计划不周或主客观情况的重大变化，是导致计划执行受阻和工作出现脱节的重要原因。监理对各参建单位进度计划的审查非常关键。当实际情况发生重大变化，或不同参建方之间计划的不协调，或参建方计划与总体计划的不协调，或执行过程中实际投入与计划的不一致等，都是造成目标无法实现的原因。监理方要及时发现，协调督促相关责任方及时纠偏。计划调整过程中势必会有资源分配调整的需要，这时需要监理协调平衡目标与投入成本间的关系，确定合理调整计划。

3. 职权关系的协调和平衡

各参建方职权划分不清，任务分配不明，是造成工作中推诿扯皮、矛盾冲突的重要原因。虽说随着当前工程管理的水平不断提升，工程各项管理制度日益完善，责任分工也已明确，但由于工程建设产品的单一性，工程实施过程中经常会出现无法确定解决方法和明确责权义务的特殊事件。因此，过程中及时组织各方针对特殊问题召开专题会，协调解决特殊问题，协调平衡各方的职权关系，消除相互之间的矛盾冲突，也是协调平衡工作的重要内容。

4. 政策措施的协调和平衡

政策措施不统一，相互矛盾，是造成工程实施活动不能顺利实施的重要原因。工程实施关系到企业与政府、关系到不同行业、关系到当地居民，也关系到各参建公司等。政府有相关的政策，企业有相应的制度，集体和个人的利益也不会完全统一。消除政策措施、各方制度、各方利益矛盾和冲突，也是协调平衡工作的重要内容。

5. 思想认知的协调和平衡

纵然在政策、制度和利益上理应一致的情况下，不同人员对同一问题认知也仍然可能产生不一致的观点和意见，这样必然导致行动上的差异和整个组织活动的不协调。这就需要监理利用协调的手段，从不同人员的思想认知着手，统一大家对某个问题的基本看法，统一思想认知是协调组织活动的前提条件和协调平衡工作的重要内容。

6. 实施文明监理

文明监理是指监理人员在每项工程监理工作中要塑造形象美，锤炼语言美，讲究文字美，注重仪表美，感悟和谐美，守望环境美，崇尚道德美，弘扬人格美，坚守诚信美，珍视自律美。有了合理的依据，正确的目标，还有文明监理的服务意识，就能有效平衡好各参建方的人际关系，监理工作就能得到业主的好评，也会有其他各参建方的好口碑。

平衡是一种智慧，一种后天具备一定学识后通过不断的专业训练达成的工作能力，每一个领域的工作都不同程度地需要，在监理这个特殊的行业和岗位上尤其重要与需要。我们说的平衡不是一般厚黑学里讲究的关系之道，强调的是为达成一个共同的正确目标，为兼顾过程中暂时、局部的矛盾，让事物朝着共同的大方向和根本目标顺利进展而进行的沟通协调与抉择。工程监理需要的平衡智慧就是这样一种大智慧，有了它监理不再是“夹心饼”，不再受夹板气。监理应当是门与框间的合页，是瓷砖与墙体间的水泥，是工程建设管理中不可或缺的重要角色。

最后，还要特别注意，不要忽视工作职责与家庭需要之间的平衡。监理是工程建设的参与者，有着工程建设相关单位共有的痛处和难处，现场监理人员长期的野外工作不只是辛苦和劳累，更是长期与家人两地分居和疏于对家人照顾给家庭关系带来的影响。工程建设工作需要承建者应有的贡献和付出，选择了工程建设行业的工程人也理应有这种奉献的准备，但工程人也有自己的生活和家庭，也应计划组织好自己的生活，让自己更快地成长，这是公司的需要和愿望，也是家人的愿望，更应该是自己自觉的努力方向和计划，这样就能更快地成长为一个了解现场、具备经验的管理人才。

5.5 监理工作的几大误区

1. 误认为查阅设计图纸工作与监理关系不大

在施工准备阶段中，建设单位将工程设计图纸提交给监理和施工单位，通过预先查阅设计文件，熟悉工程内容，以便在设计交底会议时提出意见和建议，这不仅是国家《监理规范》的要求，也是日后能取得监理工作的主动和顺利履行监理合同而设立的必要程序。

2. 误认为已经勘察设计单位签认，如出现质量问题与监理无关

有些情况要作具体分析，如基础验槽有局部未达到规定要求，而勘察设计单位已有确认，此时监理人员不应盲目同意进行下一道工序的施工，要以现场监理机构的名义向施工单位发出监理通知单，并与勘察设计单位沟通，要求对地基进行处理后再进入下一道工序。

3. 误认为监理人员应唯业主是听

凡有业主提出建筑物分隔、加层、结构尺寸、建筑材料等的设计变更，应该通过设计单位的书面认可，监理人员要在业主和设计单位间做好相互沟通工作。凡属变更设计的一定要有设计单位的修改文件或施工图纸，监理人员应按有关签认的变更文件监督施工，不能只按业主单方的意见行事。

4. 误认为自己不是资料员，就不必注重收集与工程实体相关的监理资料

监理资料与工程实体质量有着密不可分的关系，如施工人员的专业上岗证体现施工操作人员的技能；材料要先检查、后使用，才能保证工程材质等。在《监理规范》的专业监理工程师职责中就有“负责监理资料的收集、汇总及整理”的规定。监理资料是反映监理服务工作的实际业绩，所以凡参与某项目监理的所有人员，在各自的岗位上都应注意监理资料的收集与整理。

5. 误认为对某项目监理制订了规划、细则和各种计划等，以后就只要照此行事

建设项目有着施工周期长，受外界变更因素多的特点，各种变化的发生是难免的、是绝对的，如设计图纸的修改；施工进度计划的变更；施工计量仪器校准的限定期等，所以监理人员要注意工程情况的变化，随之作出相应的监理调整措施。也就是必须建立动态管理的思想准备和实际应对，绝不能以固定不变的模式进行监理。

6. 误认为对施工过程中发生的问题，只要口头通知就可以了

在施工过程中，凡对各项控制目标有发生偏差时，监理人员不能对相关方只使用口头通知，而是要使用“工作联系单”或“监理工程师通知单”来写下文字记录。这样做，既可以检验监理工作是否尽责到位，必要时也可以作为追查责任的书面凭证，防止出现“口说无凭”的情况。

7. 误认为当施工项目发生质量缺陷时，监理人员发出通知单，就算尽了责

监理人员向施工方发出通知单，仅是尽责的一种表现，但还不能作为完全尽责。发出书面通知单只是要求解决或纠正问题的第一步，也可以说只是一种手段。发通知单的目的是为了要求解决已发现的问题，如不合格的工序或行为，所以在发出通知单后，必须还要有相应的跟踪，待对方整改并再经复验后才能称为完全尽责。

8. 误认为质量监理与安全监理关系不大，因而有忽视安全监理的现状

从施工实践中可知施工质量的保证，是取决于施工方案的合理，而施工方案则是施工工艺与安全措施相结合的产物，所以对监理工作中进行的质量监控也一定要与施工安全检查相结合，两者不能脱节。

9. 误认为监理人员就是充当施工单位的质量员、施工员、安全员

这是很大的误解。工程监理的性质是接受建设单位的委托，对工程建设实施专业化的监督管理，监理人员的基本职责在国家《监理规范》中已作了规定，但目前在实际监理中，仍有对旁站、安全、质量等监理工作中存在有些主管部门或相关单位对监理有扩大工作范围的过分要求，造成这种情况的主要原因，是由于社会上和某些主管职能部门对工程监理的性质定位，未能取得一致的认知；也由于未能做好全面宣传。凡此种种，归根结底，就是对“监理”二字应作进一步的理解：监者——监督、监管、监视等，不是直接参与者；理者——疏理、管理、佐理等，分明是协助者。

监理的核心即控制、管理、协调。存在以上几种错误认知的原因有以下几点。

（1）建设项目发展太快，需要大量监理人员，人才供不应求，结果就是鱼龙混杂、良莠不齐。

（2）学习不够，文化、技术水准低，知识更新跟不上，水平提不高。

（3）培训就低不就高，监理员的上岗培训、培训所要求的文化、技术条件并不低，但满足条件者却为数不多。

（4）工资收入低，工作条件差，难以吸收中高端或全面成熟的人才。

（5）监理行业的市场定位不确定，监理单位没有权威性，说话不灵，有令难行。施工单位只注重建设主管部门，忽视监理的作用，建设单位认为监理作用不到位、拼命压低费率。

（6）对监理单位执业资格的管理缺乏有效措施，监理单位管理水平、队伍素质差异很大，造成监理行业的无序竞争和恶意压价。

导致监理工作失误的原因还有很多。所以，监理工作中出现各种误区也就不足为奇了。这是一个系统工程，需要从政府到行业、从法规到制度等方方面面去完善、去解决。

单元6 监理目标控制

6.1 目标控制概述

6.1.1 控制流程及其基本环节

1. 控制流程的含义

建设工程的目标控制是一个有限循环过程，而且一般表现为周期性的循环过程。通常，在建设工程监理的实践中，投资控制、进度控制和常规质量控制问题的控制周期按周或月计，而严重的工程质量问题和事故，则需要及时加以控制。目标控制也可能包含着对已采取的目标控制措施的调整或控制。

2. 控制流程的基本环节

控制流程可以进一步抽象为投入、转换、反馈、对比、纠偏5个基本环节。

投入首先涉及的是传统的生产要素，还包括施工方法、信息等。要使计划能够正常实施并达到预定的目标，就应当保证将质量、数量符合计划要求的资源按规定时间和地点投入建设工程实施过程中去。

所谓转换，是指由投入到产出的转换过程，通常表现为劳动力(管理人员、技术人员、工人)运用劳动资料(如施工机具)将劳动对象(如建筑材料、工程设备等)转变为预定的产出品。在转换过程中，计划的运行往往受到许多因素干扰，同时，由于计划本身不可避免地存在一定问题，从而造成实际状况偏离预定的目标和计划。对于可以及时解决的问题，应及时采取纠偏措施，避免“积重难返”。

控制部门和控制人员需要全面、及时、准确地了解计划的执行情况及其结果，而这就需要通过反馈信息来实现。为此，需要设计信息反馈系统，预先确定反馈信息的内容、形式、来源、传递等，使每个控制部门和人员都能及时获得他们所需要的信息。信息反馈方式可以分为正式和非正式两种。对非正式信息反馈也应当予以足够的重视，非正式信息反馈应当适时转化为正式信息反馈。

对比是将目标的实际值与计划值进行比较，以确定是否发生偏离。在对比工作中，要注意以下几点：①明确目标实际值与计划值的内涵。从目标形成的时间来看，在前者为计划值，在后者为实际值。②合理选择比较的对象。常见的是相邻两种目标值之间的比较。结算价以外各种投资值之间的比较都是一次性的，而结算价与合同价(或设计概算)的比较则是经常性的，一般是定期(如每月)比较。③建立目标实际值与计划值之间的对应关系。目标的分解深度、细度可以不同，但分解的原则、方法必须相同。④确定衡量目标偏离的标准。

根据偏差的具体情况,可以按以下 3 种情况进行纠偏:①直接纠偏。指在轻度偏离的情况下,不改变原定目标的计划值,基本不改变原定的实施计划,在下一个控制周期内,使目标的实际值控制在计划值范围内。②不改变总目标的计划值,调整后期实施计划,这是在中度偏离情况下所采取的对策。③重新确定目标的计划值,并据此重新制订实施计划,这是在重度偏离情况下所采取的对策。纠偏一般是针对正偏差(实际值大于计划值)而言,如投资增加、工期拖延。对于负偏差的情况,要仔细分析其原因,排除假象。

6.1.2 控制类型

根据划分依据的不同,可将控制分为不同的类型。例如,按照控制措施作用于控制对象的时间,可分为事前控制、事中控制和事后控制;按照控制信息的来源,可分为前馈控制和反馈控制;按照控制过程是否形成闭合回路,可分为开环控制和闭环控制;按照控制措施制定的出发点,可分为主动控制和被动控制。同一控制措施可以表述为不同的控制类型,或者说,不同划分依据的不同控制类型之间存在内在的同一性。

1. 主动控制

所谓主动控制,是在预先分析各种风险因素及其导致目标偏离的可能性和程度的基础上,拟定和采取有针对性的预防措施,从而减少乃至避免目标偏离。主动控制是事前控制、前馈控制、开环控制,是面对未来的控制。

2. 被动控制

所谓被动控制,是从计划的实际输出中发现偏差,通过对产生偏差原因的分析,研究制定纠偏措施,以使偏差得以纠正,工程实施恢复到原来的计划状态,或虽然不能恢复到计划状态,但可以减少偏差的严重程度。被动控制是事中控制和事后控制、反馈控制、闭环控制,是面对现实的控制。

3. 主动控制与被动控制的关系

在建设工程实施过程中,如果仅仅采取被动控制措施,难以实现预定的目标。但是,仅仅采取主动控制措施是不现实的,或者说是不可能的,有时可能是不经济的。这表明,是否采取主动控制措施以及采取何种主动控制措施,应在对风险因素进行定量分析的基础上,通过技术经济分析和比较来决定。因此,对于建设工程目标控制来说,主动控制和被动控制两者缺一不可,应将主动控制与被动控制紧密结合起来。

要做到主动控制与被动控制相结合,关键在于处理好以下两方面问题:①要扩大信息来源,即不但要从本工程获得实施情况的信息,而且要从外部环境获得有关信息,包括已建同类工程的有关信息,这样才能对风险因素进行定量分析,使纠偏措施有针对性;②要把握好输入这个环节,即要输入两类纠偏措施,不但有纠正已经发生的偏差的措施,而且有预防和纠正可能发生的偏差的措施,这样才能取得较好的控制效果。

在建设工程实施过程中,应当认真研究并制定多种主动控制措施,尤其要重视那些基本上不需要耗费资金和时间的主动控制措施,如组织、经济、合同方面的措施,并力求加大主动控制在控制过程中的比例。

6.1.3 目标控制的前提工作

目标控制的前提工作：一是目标规划和计划；二是目标控制的组织。

1. 目标规划和计划

目标规划和计划越明确、越具体、越全面，目标控制的效果就越好。

1）目标规划和计划与目标控制的关系

目标规划需要反复进行多次，这表明目标规划和计划与目标控制的动态性相一致。随着建设工程的进展，目标规划需要在新的条件和情况下不断深入、细化，并可能需要对前一阶段的目标规划作出必要的修正或调整。由此可见，目标规划和计划与目标控制之间表现出一种交替出现的循环关系。

2）目标控制的效果在很大程度上取决于目标规划和计划的质量

应当说，目标控制的效果直接取决于目标控制的措施是否得力，是否将主动控制与被动控制有机地结合起来，以及采取控制措施的时间是否及时等。虽然目标控制的效果是客观的，但是人们对目标控制效果的评价是主观的，通常是将实际结果与预定的目标和计划进行比较。如果出现较大的偏差，一般就认为控制效果较差；反之，则认为控制效果较好。从这个意义上讲，目标控制的效果在很大程度上取决于目标规划和计划的质量。因此，必须合理确定并分解目标，并制订可行且优化的计划。

计划不仅是对目标的实施，也是对目标的进一步论证。计划是许多更细、更具体的目标的组合。制订计划首先要保证计划的技术、资源、经济和财务可行性，还应根据一定的方法和原则力求使计划优化。对计划的优化实际上是做多方案的技术经济分析和比较。计划制订得越明确、越完善，目标控制的效果就越好。

2. 目标控制组织

目标控制的组织机构和任务分工越明确、越完善，目标控制的效果就越好。为了有效地进行目标控制，需要做好以下几方面的组织工作：①设置目标控制机构；②配备合适的目标控制人员；③落实目标控制机构和人员的任务和职能分工；④合理组织目标控制的工作流程和信息流程。

任何建设工程都有质量、造价、进度三大目标，这三大目标构成了建设工程目标系统。工程监理单位受建设单位委托，需要协调处理三大目标之间的关系，确定与分解三大目标，并采取有效措施控制三大目标。

6.2 建设工程三大目标之间的关系

建设工程质量、造价、进度三大目标之间相互关联，共同形成一个整体。从建设单位角度出发，往往希望建设工程的质量好、投资省、工期短（进度快）。但在工程实践中，几乎不可能同时实现上述目标。确定和控制建设工程三大目标，需要统筹兼顾三大目标之间的密切联系，防止发生盲目追求单一目标而冲击或干扰其他目标，也不可分割三大目标。

1. 三大目标之间的对立关系

在通常情况下，如果对工程质量有较高的要求，就需要投入较多的资金和花费较长的建设时间；如果要抢时间、争进度，以极短的时间完成建设工程，势必会增加投资或者使工程质量下降；如果要减少投资、节约费用，势必会考虑降低工程项目的功能要求和质量标准。这些表明，建设工程三大目标之间存在着矛盾和对立的一面。

2. 三大目标之间的统一关系

在通常情况下，适当增加投资数量，为采取加快进度的措施提供经济条件，即可加快工程建设进度，缩短工期，使工程项目尽早动用，投资尽早收回，建设工程全生命周期经济效益得到提高；适当提高建设工程的功能要求和质量标准，虽然会造成一次性投资的增加和建设工期的延长，但能够节约工程项目动用后的运行费和维修费，从而获得更好的投资效益。如果建设工程进度计划制订得既科学又合理，使工程进展具有连续性和均衡性，不但可以缩短建设工期，而且有可能获得较好的工程质量和降低工程造价。这些表明，建设工程三大目标之间存在着统一的一面。

6.3 建设工程三大目标的确定与分解

控制建设工程三大目标，需要综合考虑建设工程三大目标之间的相互关系，在分析论证基础上明确建设工程项目质量、造价、进度总目标；需要从不同角度将建设工程总目标分解成若干分目标、子目标及可执行目标，从而形成“自上而下层层展开、自下而上层层保证”的目标体系，为建设工程三大目标动态控制奠定基础。

1. 建设工程总目标的分析论证

建设工程总目标是建设工程目标控制的基本前提，也是建设工程监理成功与否的重要判据。确定建设工程总目标，需要根据建设工程投资方及利益相关者需求，并结合建设工程本身及所处环境特点进行论证。分析论证建设工程总目标，应遵循下列基本原则。

(1) 确保建设工程质量目标符合工程建设强制性标准。工程建设强制性标准是有关人民生命财产安全、人体健康、环境保护和公众利益的技术要求，在追求建设工程质量、造价和进度三大目标间最佳匹配关系时，应确保建设工程质量目标符合工程建设强制性标准。

(2) 定性分析与定量分析相结合。在建设工程目标系统中，质量目标通常采用定性分析方法，而造价、进度目标可采用定量分析方法。对于某一建设工程而言，采用不同的质量标准，会有不同的工程造价和工期，需要采用定性分析与定量分析相结合的方法综合论证建设工程三大目标。

(3) 不同建设工程三大目标可具有不同的优先等级。建设工程质量、造价、进度三大目标的优先顺序并非固定不变，由于每一建设工程的建设背景、复杂程度、投资方及利益相关者需求等不同，决定了三大目标的重要性顺序不同。有的建设工程工期要求紧迫，有的建设工程资金紧张等，从而决定了三大目标在不同建设工程中具有不同的优先等级。

总之，建设工程三大目标之间密切联系、相互制约，需要应用多目标决策、多级梯阶、动态规划等理论统筹考虑、分析论证，努力在“质量优、投资省、工期短”之间寻求最佳匹配。

2. 建设工程总目标的逐级分解

为了有效地控制建设工程三大目标，需要逐级分解建设工程总目标，按工程参建单位、工程项目组成和时间进展等制定分目标、子目标及可执行目标，形成图 6-1 所示建设工程目标体系。在建设工程目标体系中，各级目标之间相互联系，上一级目标控制下一级目标，下一级目标保证上一级目标的实现，最终保证建设工程总目标的实现。

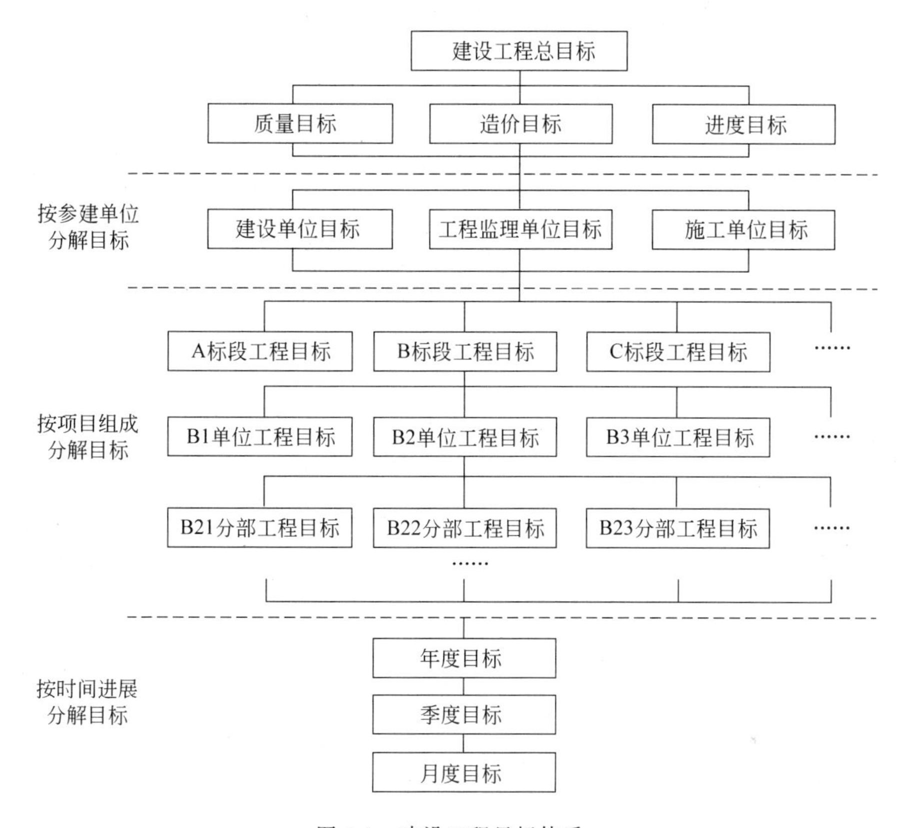

图 6-1　建设工程目标体系

6.4　建设工程三大目标控制的任务和措施

1. 三大目标动态控制过程

建设工程目标体系构建后，建设工程监理工作的关键在于动态控制。为此，需要在建设工程实施过程中监测实施绩效，并将实施绩效与计划目标进行比较，采取有效措施纠正实施绩效与计划目标之间的偏差，力求使建设工程实现预定目标。建设工程目标体系的 PDCA (Plan—计划；Do—执行；Check—检查；Action—纠偏）动态控制过程见图 6-2。

2. 三大目标控制任务

(1) 建设工程质量控制任务。建设工程质量控制就是通过采取有效措施，在满足工程造价和进度要求的前提下，实现预定的工程质量目标。

项目监理机构在建设工程施工阶段质量控制的主要任务是通过对施工投入、施工和安

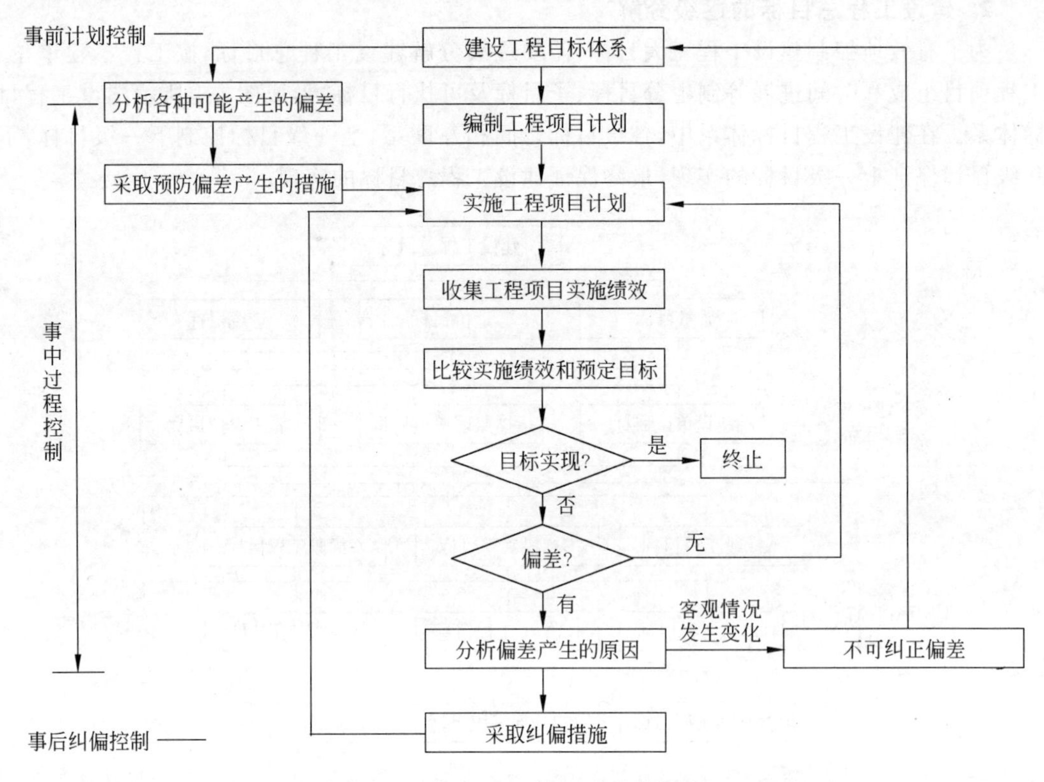

图 6-2 建设工程目标动态控制过程

装过程、施工产出品(分项工程、分部工程、单位工程、单项工程等)进行全过程控制,以及对施工单位及其人员的资格、材料和设备、施工机械和机具、施工方案和方法、施工环境实施全面控制,以期按标准实现预定的施工质量目标。为完成施工阶段质量控制任务,项目监理机构需要做好以下工作:协助建设单位做好施工现场准备工作,为施工单位提交合格的施工现场;审查确认施工总包单位及分包单位资格;检查工程材料、构配件、设备质量;检查施工机械和机具质量;审查施工组织设计和施工方案;检查施工单位的现场质量管理体系和管理环境;控制施工工艺过程质量;验收分部分项工程和隐蔽工程;处置工程质量问题、质量缺陷;协助处理工程质量事故;审核工程竣工图,组织工程预验收;参加工程竣工验收等。

(2) 建设工程造价控制任务。建设工程造价控制,就是通过采取有效措施,在满足工程质量和进度要求的前提下,力求使工程实际造价不超过预定造价目标。

项目监理机构在建设工程施工阶段造价控制的主要任务是通过工程计量、工程付款控制、工程变更费用控制、预防并处理好费用索赔、挖掘降低工程造价潜力等使工程实际费用支出不超过计划投资。为完成施工阶段造价控制任务,项目监理机构需要做好以下工作:协助建设单位制订施工阶段资金使用计划,严格进行工程计量和付款控制,做到不多付、不少付、不重复付;严格控制工程变更,力求减少工程变更费用;研究确定预防费用索赔的措施,以避免、减少施工索赔;及时处理施工索赔,并协助建设单位进行反索赔;协助建设单位按期提交合格施工现场,保质、保量、适时、适地提供由建设单位负责提供的工程材料和设备;审核施工单位提交的工程结算文件等。

(3) 建设工程进度控制任务。建设工程进度控制就是通过采取有效措施,在满足工程质量和造价要求的前提下,力求使工程实际工期不超过计划工期目标。

项目监理机构在建设工程施工阶段进度控制的主要任务,是通过完善建设工程控制性进度计划、审查施工单位提交的进度计划、做好施工进度动态控制工作、协调各相关单位之间的关系、预防并处理好工期索赔,力求实际施工进度满足计划施工进度的要求。为完成施工阶段进度控制任务,项目监理机构需要做好以下工作:完善建设工程控制性进度计划;审查施工单位提交的施工进度计划;协助建设单位编制和实施由建设单位负责供应的材料与设备供应进度计划;组织进度协调会议,协调有关各方关系;跟踪检查实际施工进度;研究制定预防工期索赔的措施,做好工程延期审批工作等。

3. 三大目标控制措施

为了有效地控制建设工程项目目标,应从组织、技术、经济、合同等方面采取措施。

(1) 组织措施。组织措施是其他各类措施的前提和保障,包括建立健全实施动态控制的组织机构、规章制度和人员,明确各级目标控制人员的任务和职责分工,改善建设工程目标控制的工作流程;建立建设工程目标控制工作考评机制,加强各单位(部门)之间的沟通协作;加强动态控制过程中的激励措施,调动和发挥员工实现建设工程目标的积极性与创造性等。

(2) 技术措施。为了对建设工程目标实施有效控制,需要对多个可能的建设方案、施工方案等进行技术可行性分析。为此,需要对各种技术数据进行审核、比较,需要对施工组织设计、施工方案等进行审查、论证等。此外,在整个建设工程实施过程中,还需要采用工程网络计划技术、信息化技术等实施动态控制。

(3) 经济措施。无论是对建设工程造价目标实施控制,还是对建设工程质量、进度目标实施控制,都离不开经济措施。经济措施不仅是审核工程量、工程款支付申请及工程结算报告,还需要编制和实施资金使用计划,对工程变更方案进行技术经济分析等。而且通过投资偏差分析和未完工程投资预测,可发现一些可能引起未完工程投资增加的潜在问题,从而便于以主动控制为出发点,采取有效措施加以预防。

(4) 合同措施。加强合同管理是控制建设工程目标的重要措施。建设工程总目标及分目标将反映在建设单位与工程参建主体所签订的合同之中。由此可见,通过选择合理的承发包模式和合同计价方式,选定满意的施工单位及材料设备供应单位,拟定完善的合同条款,并动态跟踪合同执行情况及处理好工程索赔等,是控制建设工程目标的重要合同措施。

4. 施工阶段工程投资控制流程

施工阶段工程投资控制流程见图 6-3。

5. 施工阶段工程进度控制流程

施工阶段工程进度控制流程见图 6-4。

6. 施工阶段工程质量控制流程

施工阶段工程质量控制流程见图 6-5。

7. 工程质量问题及工程质量事故处理流程

工程质量问题及工程质量事故处理流程见图 6-6。

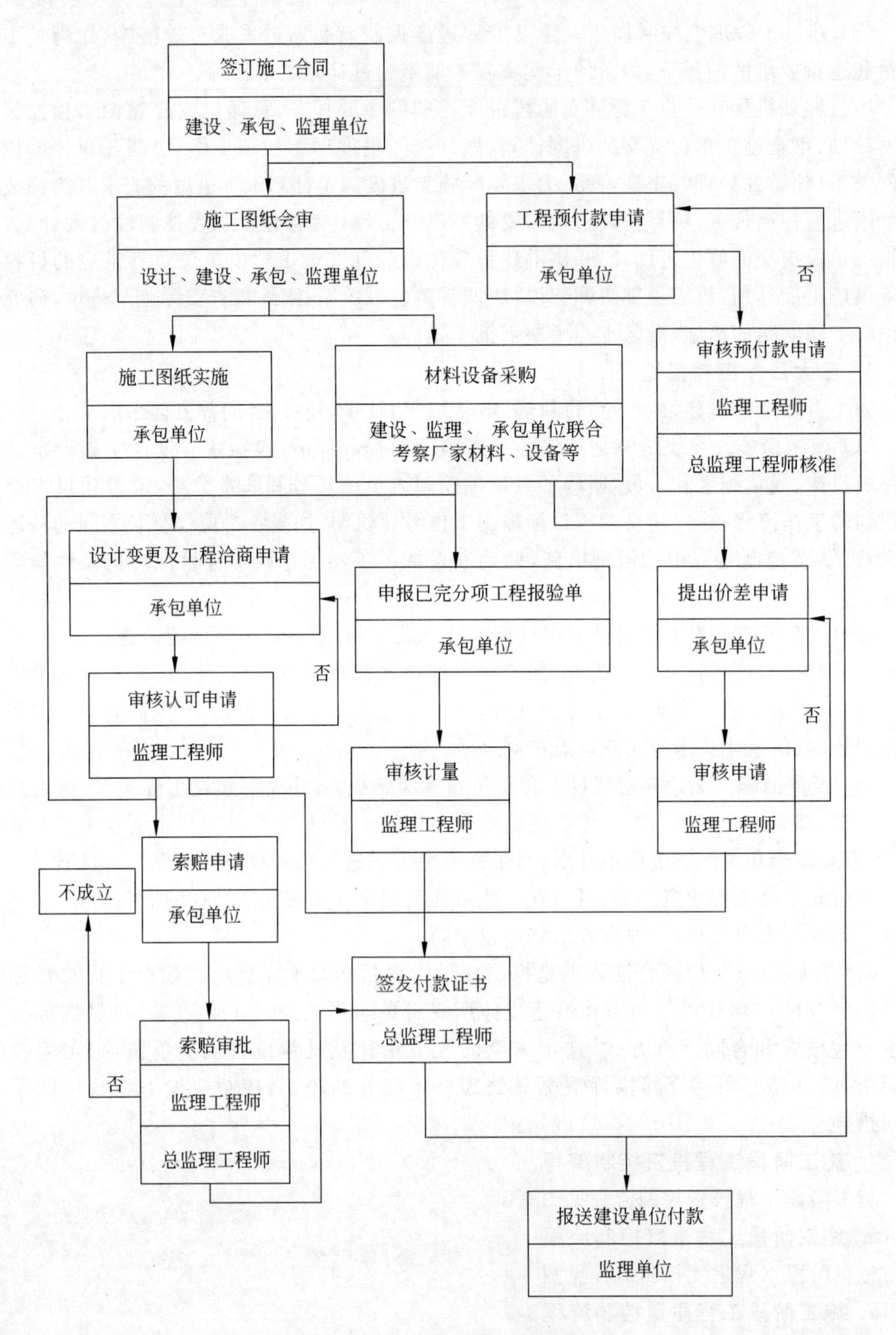

图 6-3 施工阶段工程投资控制流程

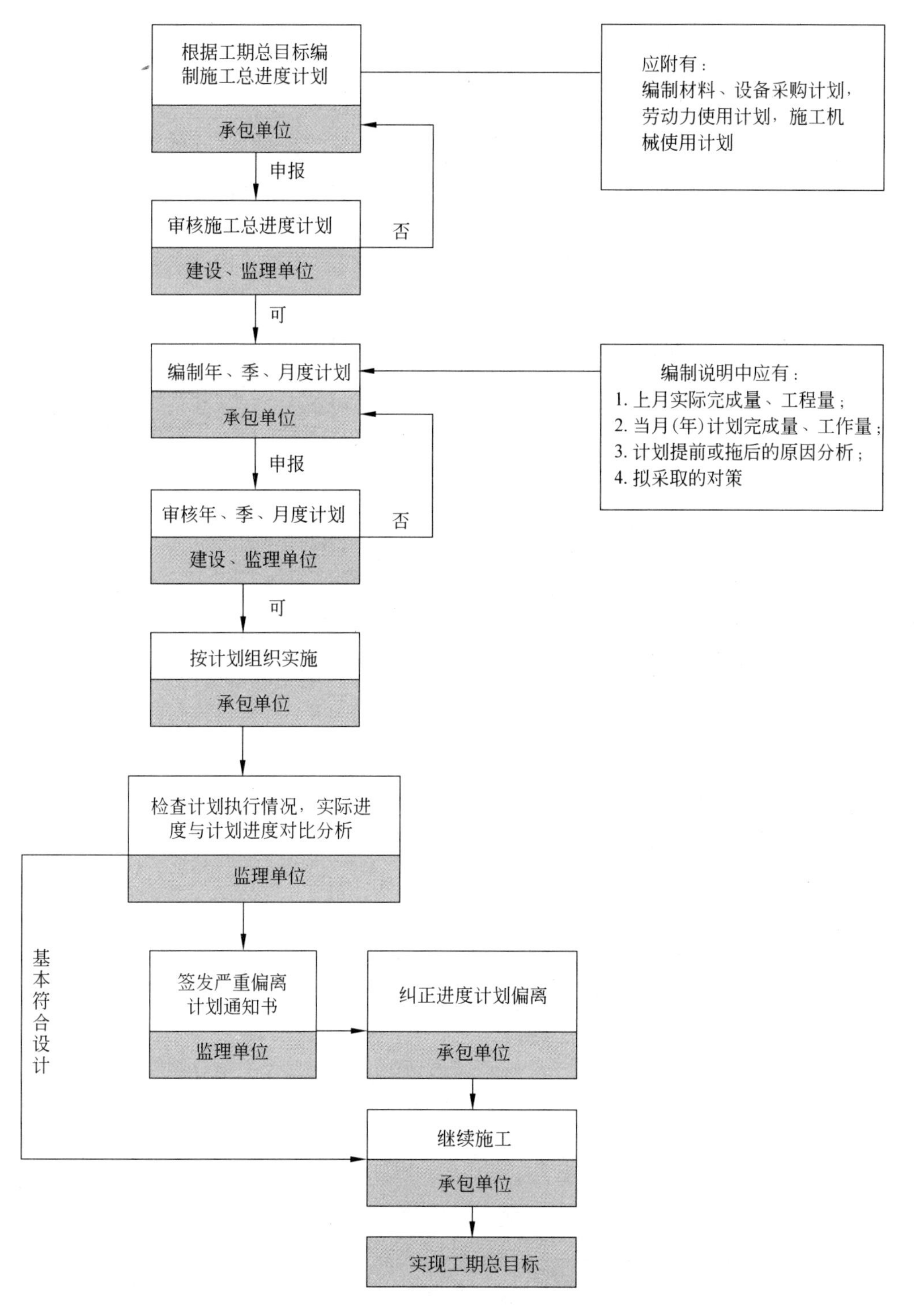

图 6-4　施工阶段工程进度控制流程

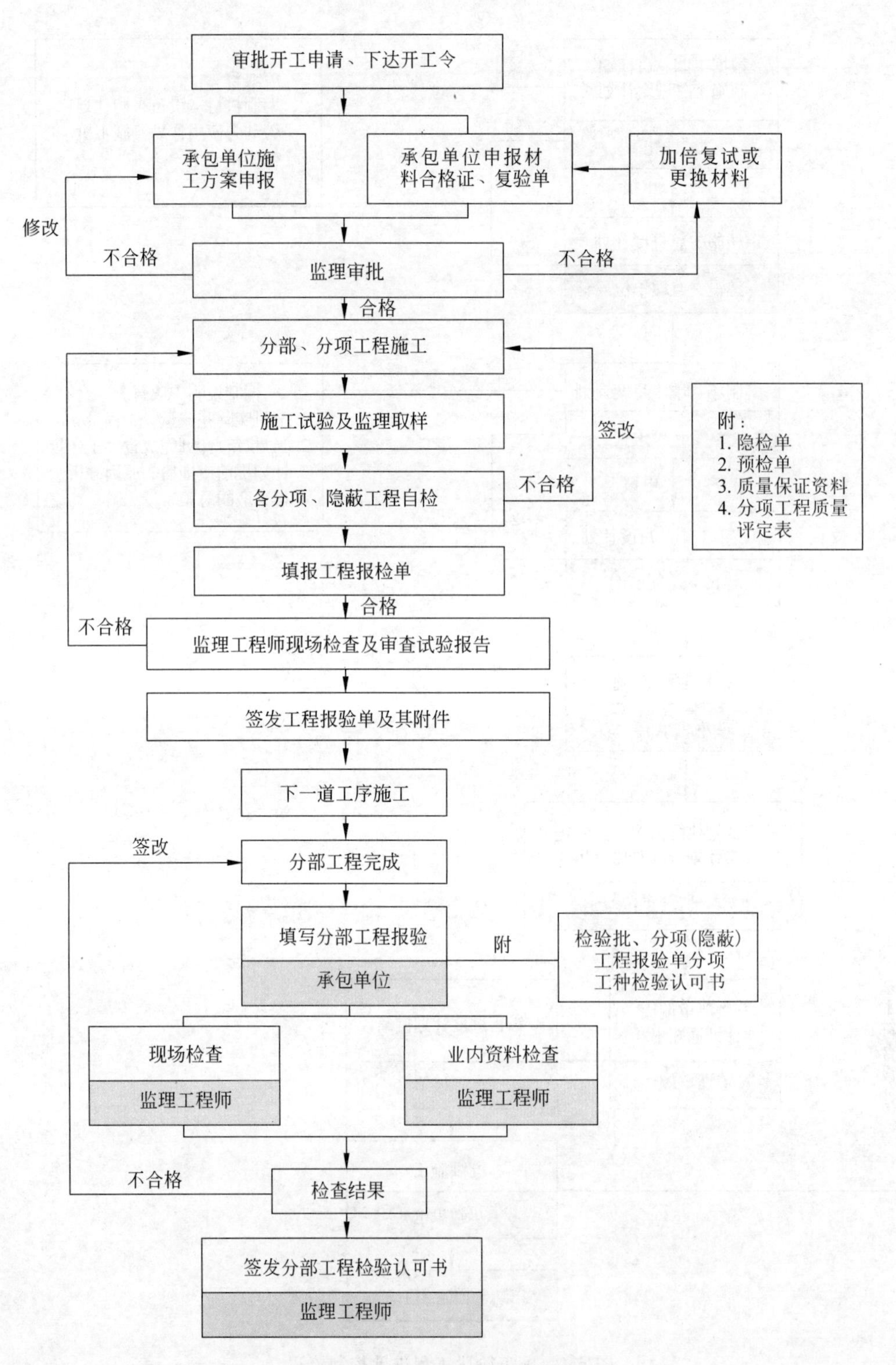

图 6-5 施工阶段工程质量控制流程

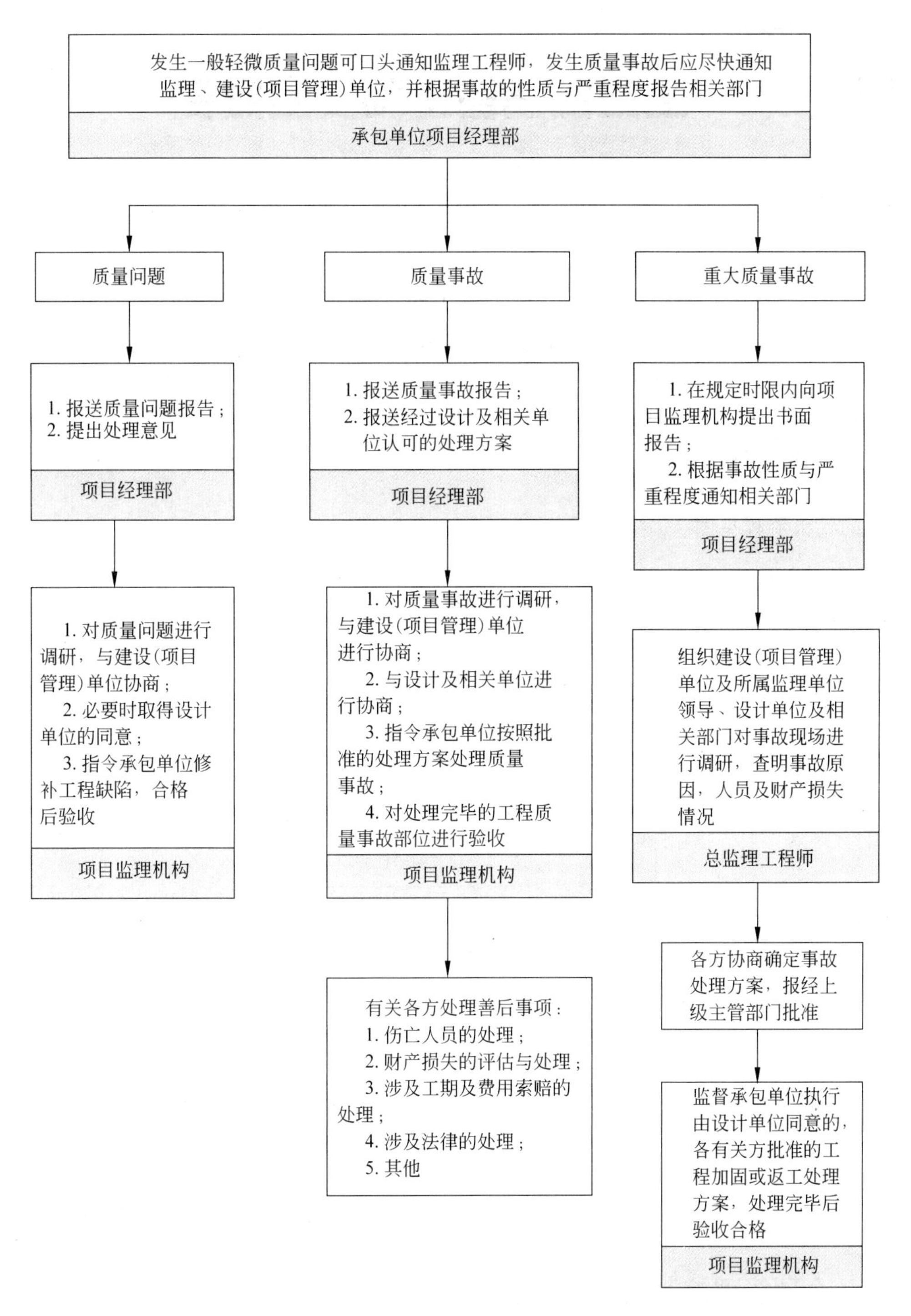

图 6-6 工程质量问题及工程质量事故处理流程

单元7 工程监理管理和安全履责

7.1 合同管理

7.1.1 合同签订流程

合同签订流程见图 7-1。

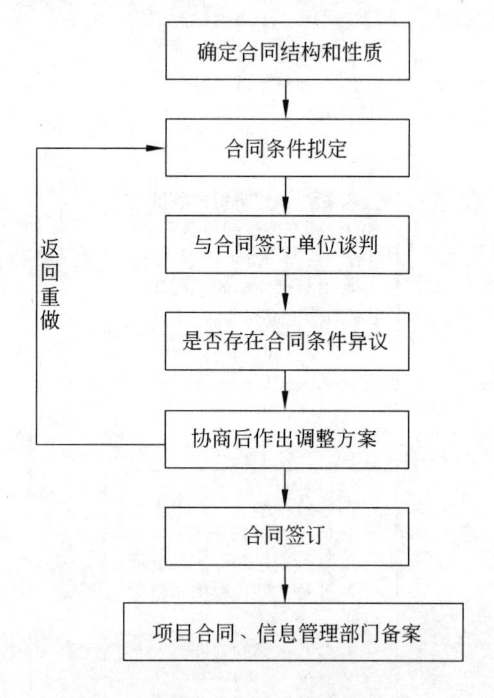

图 7-1 合同签订流程

7.1.2 合同管理控制流程

合同管理控制流程见图 7-2。

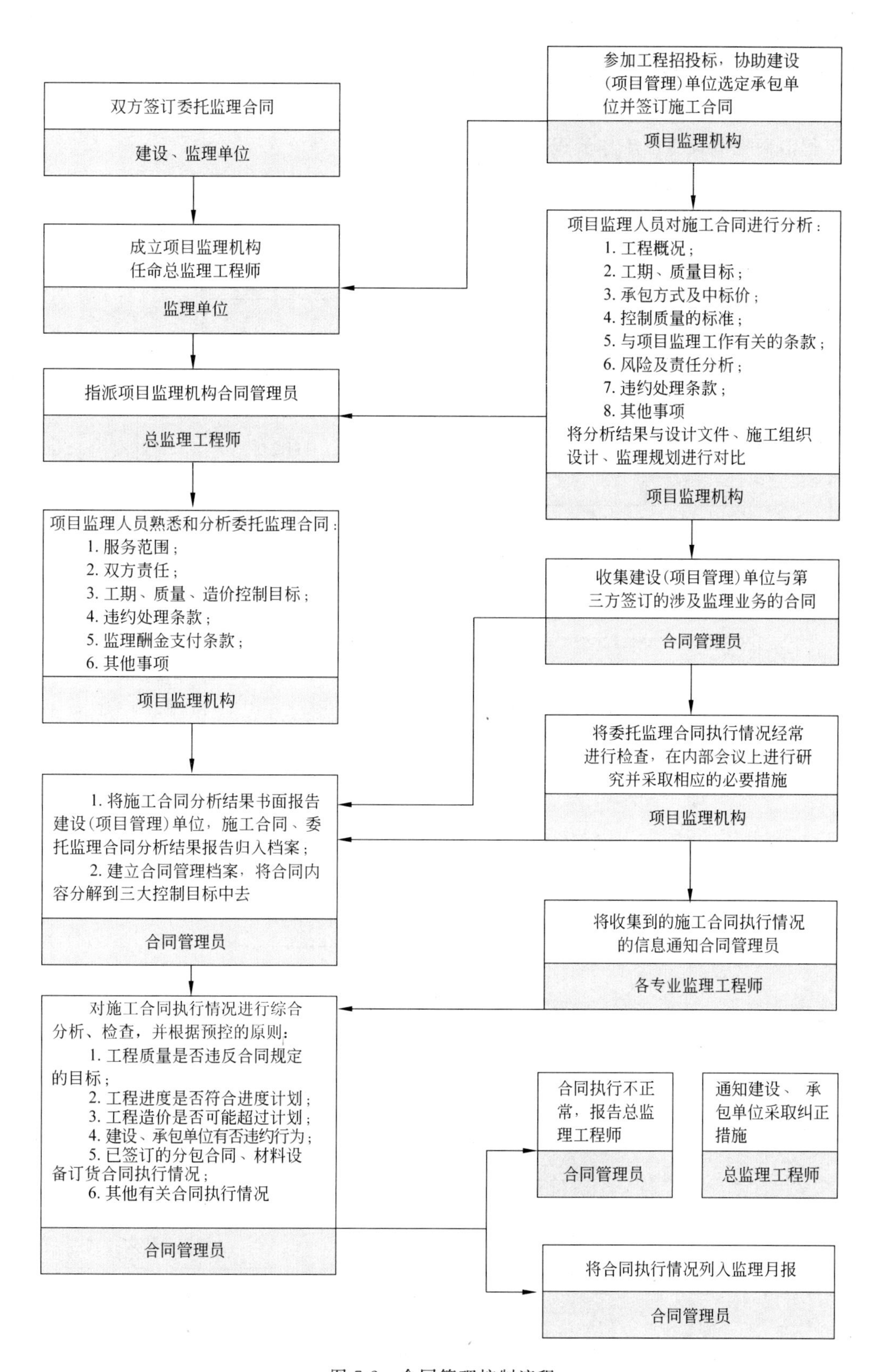

图 7-2 合同管理控制流程

7.1.3 工程洽商控制及签证工作流程

工程洽商控制及签证工作流程见图 7-3。

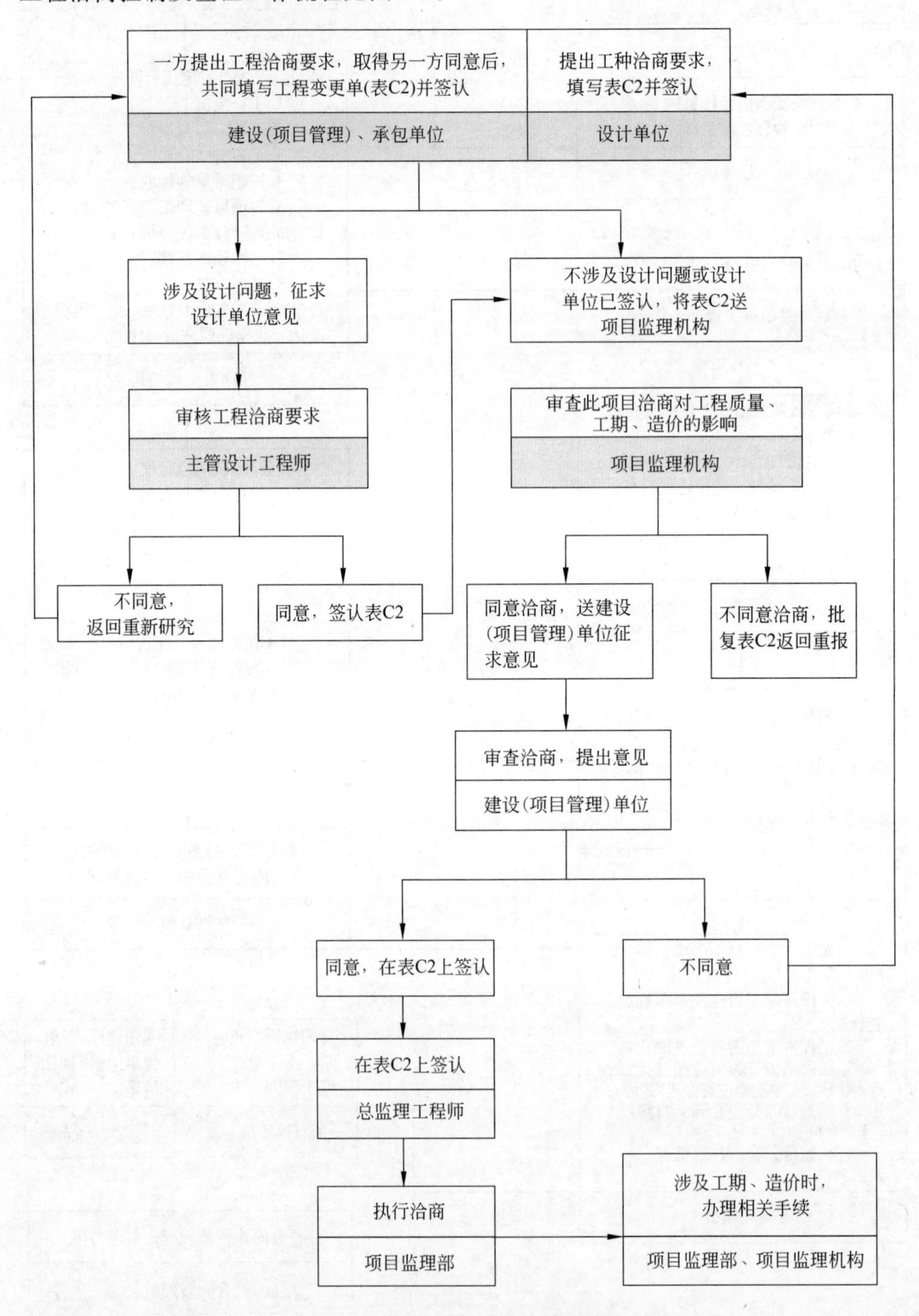

图 7-3 工程洽商控制及签证工作流程

7.1.4 建设工程委托监理合同的履行

1. 业主的履行

(1) 按照监理合同的规定履行应尽的义务。监理合同内规定的应由业主负责的工作，是使合同最终实现的基础，如外部关系的协调，为监理工作提供外部条件，为监理单位提供本工程使用的原材料、构配件、机械设备等生产厂家名录等，都是监理方做好工作的先决条件。业主方必须严格按照监理合同的规定，履行应尽的义务，才有权要求监理公司履行合同。

(2) 按照监理合同的规定行使权利。监理合同中规定的业主即委托人的权利，主要有以下3个方面：①对设计、施工单位的发包权；②对工程规模、设计标准的认定权及对工程设计变更的审批权；③对监理方的监督管理权。

(3) 业主的档案管理。在全部工程项目竣工后，业主应将全部合同文件，包括完整工程竣工资料加以系统整理，按照国家《档案法》及有关规定，建档保管。为了保证监理合同档案的完整性，业主对合同文件及履行中与监理单位之间进行的签证、记录协议、补充合同、备忘录、函件等都应系统整理，妥善保管。

2. 监理单位的履行

监理合同一经生效，监理单位就要按合同规定，行使权利，履行应尽的义务，具体内容程序如下。

(1) 确定项目总监理工程师，成立项目监理组织。

(2) 进一步熟悉情况，收集有关资料，为开展建设监理工作做准备。

(3) 制定工程项目监理规划。

(4) 制定各专业监理工作实施细则。

(5) 根据制定的监理实施细则，规范化地开展监理工作。

(6) 监理工作总结归档。

3. 建设工程监理合同(示范文本)

建设工程监理合同(示范文本)(GF-2012-0202)由住房和城乡建设部和国家工商行政管理总局共同制定，分3部分：协议书、通用条款和专用条款。

建设工程实施过程中会涉及许多合同，如勘察设计合同、施工合同、监理合同、咨询合同、材料设备采购合同等。合同管理是在市场经济体制下组织建设工程实施的基本手段，也是项目监理机构控制建设工程质量、造价、进度三大目标的重要手段。

完整的建设工程施工合同管理应包括施工招标的策划与实施；合同计价方式及合同文本的选择；合同谈判及合同条件的确定；合同协议书的签署；合同履行检查；合同变更、违约及纠纷的处理；合同订立和履行的总结评价等。

根据《建设工程监理规范》(GB/T 50319—2013)，项目监理机构在处理工程暂停及复工、工程变更、索赔及施工合同争议、解除等方面的合同管理职责如下。

7.1.5 工程暂停及复工处理

1. 签发工程暂停令的情形

项目监理机构发现下列情况之一时，总监理工程师应及时签发工程暂停令。

(1) 建设单位要求暂停施工且工程需要暂停施工的。

(2) 施工单位未经批准擅自施工或拒绝项目监理机构管理的。

(3) 施工单位未按审查通过的工程设计文件施工的。

(4) 施工单位违反工程建设强制性标准的。

(5) 施工存在重大质量、安全事故隐患或发生质量、安全事故的。

总监理工程师在签发工程暂停令时,可根据停工原因的影响范围和影响程度,确定停工范围。总监理工程师签发工程暂停令,应事先征得建设单位同意,在紧急情况下未能事先报告时,应在事后及时向建设单位作出书面报告。

2. 工程暂停相关事宜

暂停施工事件发生时,项目监理机构应如实记录所发生的情况。总监理工程师应会同有关各方按施工合同约定,处理因工程暂停引起的与工期、费用有关的问题。

因施工单位原因暂停施工时,项目监理机构应检查、验收施工单位的停工整改过程、结果。

3. 复工审批或指令

当暂停施工原因消失、具备复工条件时,施工单位提出复工申请的,项目监理机构应审查施工单位报送的工程复工报审表及有关材料,符合要求后,总监理工程师应及时签署审查意见,并应报建设单位批准后签发工程复工令;施工单位未提出复工申请的,总监理工程师应根据工程实际情况指令施工单位恢复施工。

7.1.6 工程变更处理

1. 施工单位提出的工程变更处理程序

项目监理机构可按下列程序处理施工单位提出的工程变更。

(1) 总监理工程师组织专业监理工程师审查施工单位提出的工程变更申请,提出审查意见。对涉及工程设计文件修改的工程变更,应由建设单位转交原设计单位修改工程设计文件。必要时,项目监理机构应建议建设单位组织设计、施工等单位召开论证工程设计文件的修改方案的专题会议。

(2) 总监理工程师组织专业监理工程师对工程变更费用及工期影响作出评估。

(3) 总监理工程师组织建设单位、施工单位等共同协商确定工程变更费用及工期变化,会签工程变更单。

(4) 项目监理机构根据批准的工程变更文件监督施工单位实施工程变更。

2. 建设单位要求的工程变更处理职责

项目监理机构可对建设单位要求的工程变更提出评估意见,并应督促施工单位按会签后的工程变更单组织施工。

7.1.7 工程索赔处理

工程索赔包括费用索赔和工程延期申请。项目监理机构应及时收集、整理有关工程费用、施工进度的原始资料,为处理工程索赔提供证据。

项目监理机构应以法律法规、勘察设计文件、施工合同文件、工程建设标准、索赔事件的证据等为依据处理工程索赔。

1. 费用索赔处理

项目监理机构应按《建设工程监理规范》(GB/T 50319—2013)规定的费用索赔处理程序和施工合同约定的时效期限处理施工单位提出的费用索赔。当施工单位的费用索赔要求与工程延期要求相关联时,项目监理机构可提出费用索赔和工程延期的综合处理意见,并应与建设单位和施工单位协商。

因施工单位原因造成建设单位损失,建设单位提出索赔时,项目监理机构应与建设单位和施工单位协商处理。

2. 工程延期审批

项目监理机构应按《建设工程监理规范》(GB/T 50319—2013)规定的工程延期审批程序和施工合同约定的时效期限审批施工单位提出的工程延期申请。施工单位因工程延期提出费用索赔时,项目监理机构可按施工合同约定进行处理。

7.1.8 施工合同争议与解除的处理

1. 施工合同争议的处理

项目监理机构应按《建设工程监理规范》(GB/T 50319—2013)规定的程序处理施工合同争议。在处理施工合同争议过程中,对未达到施工合同约定的暂停履行合同条件的,应要求施工合同双方继续履行合同。

在施工合同争议的仲裁或诉讼过程中,项目监理机构应按仲裁机关或法院要求提供与争议有关的证据。

2. 施工合同解除的处理

(1) 因建设单位原因导致施工合同解除时,项目监理机构应按施工合同约定与建设单位和施工单位协商确定施工单位应得款项,并签发工程款支付证书。

(2) 因施工单位原因导致施工合同解除时,项目监理机构应按施工合同约定,确定施工单位应得款项或偿还建设单位的款项,与建设单位和施工单位协商后,书面提交施工单位应得款项或偿还建设单位款项的证明。

(3) 因非建设单位、施工单位原因导致施工合同解除时,项目监理机构应按施工合同约定处理合同解除后的有关事宜。

7.1.9 建筑工程施工合同审查要点

1. 合同双方的主体资格审查

合同主体是否具备签订及履行合同的资格,是合同审查中首先要注重的问题,是涉及交易是否合法、合同是否有效的问题。

审查身份:审查对方的经营主体资格是否合法,是否真实存在。

审查履约能力:①审查对方现有的、实际的、真正的经营情况。②审查施工合同对方当事人是否取得了建筑法律或行政法规要求的资质,是否具备相应的工程造价所要求的施工企业法人资质等级。

审查时主要看其是否持有国家工商行政管理机关核发的企业法人营业执照,是否持有建设行政主管机关颁发的资质证书,对于不具备相应资质、资格的施工企业应该拒绝,以免合同无效,造成经济损失。

审查施工当事人的设备、技术水平、经营范围、信誉等情况,加以调查核实。

2. 代理人要有代理权

(1) 在与企业的分支机构或职能部门(如项目部)签合同时,必须得到企业法人的书面授权委托书,可以在其营业执照的经营范围之内与其签订合同。

(2) 分公司一般有营业执照,其经营范围在总公司经营范围之内,但无总公司相关资质,需要总公司授权书方能签订合同。

(3) 职能部门(如项目部),有授权书也能签合同,甲方名称可以写上职能部门的名称。

3. 审查合同招投标要求

对于使用国有资金投资或者国家融资的项目、使用国际组织或者外国政府贷款及援助资金的项目、大型基础设施或公用事业等关系社会公共利益及公众安全的项目,必须通过招投标(具体参阅发改委令第16号)。

审查有无建设工程必须进行招标而未进行招标或者中标无效的,以免造成合同无效。

4. 审查工程期限的约定

工程期限包括计划开工日、实际开工日、计划完工日、实际完工日、计划竣工日和实际竣工日等的确认程序和时间限制是否明确。

工程有无阶段工期的要求;是否有工期顺延的情况,如何提出、确认;工期延误、延期竣工造成的责任承担。

施工合同的履行期限,分期形象进度和总履行期限都要写清楚,这涉及工程形象进度款支付及工程款最终结算时间,从而影响支付工程款的时间价值(利息)及工期索赔,最终影响工程造价。

有无各种合同工期的定义、确认程序和时限,包括工程完工工期、总承包工程开工至整体竣工验收的工期、计划开工日、实际开工日、计划完工日、实际完工日、计划竣工日和实际竣工日。

5. 工程量条款的审查

审查工程量的确定、确认方法,工程量调整依据是否约定。工程量的计算方法是否科学,有关工程量的报告材料如何编写、提交、确认等内容是否具有可操作性。

碰到超出设计范围、变更施工范围、返工等情况如何计算工程量是否有约定,工程量的核定期限是否细致、明确。

6. 工程质量约定的审查

审查工程质量的确定、确认方法程序。

审查工程质量有无明晰的标准,工程质量必须达到国家标准规定的合格标准,或作出其他约定,如取得“鲁班杯”“钱江杯”等。

验收范围,如验收依据、设计任务书、设计施工图、技术说明、验收规范等,有无书面的双方签字确认的质量标准细则。

验收的主体是否合格,验收的期限、程序设计是否合理,如何提出质量异议、如何磋商、处理等。

质量争议的处理方式及违约责任是否约定；工程质量保修范围、保修期和保修金的规定等。

7. 审查造价条款，防止造价结算争议

审查是否明确合同价款的性质是暂定价、可调价、固定单价还是固定总价。

审查价款的调整条件和方法；价款调整的依据；固定总价时的包干范围和风险包干系数；固定单价时的工程量调整依据、计量方法及适用单价；垫资合同垫资款回收的安全性。

审查工程造价是否合法，是否公平合理，有无明显偏高或不合法之处。

合同中必须对价款调整的范围、程序、计算依据和设计变更、现场签证、材料价格的审批、确认作出明确规定。

8. 工程价款支付条款审查

工程进度款的支付流程是否约定，是否明确价款的计算方法（如按什么定额计算）、货币种类、支付时间和方式。工程价款支付方式（如按月支付、分段结算、一次性结算）中相关依据是否科学、可行，具有操作性。

工程价款计量如何进行，程序如何安排，拖延支付惩罚措施是否明确。

工程价款支付是否存在不确定性，是否有批准、前置或其他任何形式的弹性条款存在。

审查竣工结算的前提条件，如结算的条件、依据、期限、程序、审核，逾期审核的责任等。

审查施工企业保证金等是否符合法定数额，工程预付款数目是否合理，施工进度款支付数额、日期是否合理，维修保证金是否合规。

如果工程项目存在大量增加合同外工作量的可能，有无相关支付约定。合同外增加的价款，应约定当月签证，纳入当月支付。

9. 工程施工条件条款审查

工程预备工作如何开展。

设备材料如何安排、设备材料如何采购检验。

现场工作如何组织、安全施工由谁保障、场地通行通水通电如何保证。

一般约定施工条件由承包方承担，但为保护承包方利益时，可以约定一个兜底条款，如因为发包方原因造成的安全文明施工问题，由发包方承担一切损失。

10. 关于工程变更约定的审查

工程变更、设计修改、方案变更、材料更换、其他临时修改的双方交换意见的程序、费用计算方法和支付方式等内容的约定是否合理。

工程签证的条件、形式、确认程序及作为结算依据的必要条件是否明确。

11. 关于竣工验收和结算约定的审查

审查关于验收的主体资格、质量不合格情况下的整改措施和责任承担、结算资料的提交时间和补充要求是否明确。

审查是否明确已完成工程的保护、竣工验收的性质和程序，竣工资料的内容、份数、提交时限和逾期提交的责任，竣工资料、竣工验收资料的备案。

审查关于竣工验收、工程交付和竣工结算先后顺序约定，是否明确未及时支付竣工结算的违约责任。

12. 合同的涉税性条款审查

合同的价款须约定价税分离，列清合同总金额、不含税金额、税额，以使合同印花税税基明确。

合同中约定开具发票的时间、发票类别(专票/普票)、税率、结算方式、付款的条件等,付款时间、开票时间决定纳税义务发生时间。

合同中约定如有预收款,是否开具发票,开具何种发票(不征税/正常税率),正常情况是不产生纳税义务,开“不征税”发票,如果开具正常税率发票则须提前缴税。

合同中约定由于一方原因造成发票不可用,由责任方负责,与对方无关。

合同执行期间如遇国家财税政策调整、新政出台,按调整后的政策、新出台政策对合同具体条款协商调整。

13. 各阶段应提供的书面报告、材料准备条款审查

施工前、施工过程中、竣工结算时需要哪些材料,如何编排目录,如何提交、确认,如何联系、通知等,如验收材料、竣工材料、结算材料等。

是否需要阶段性工程技术资料,如何整理收集、提供和确认。

14. 关于合同生效时间、地点效力的约定审查

签字盖章时、履约保证金缴纳时(附生效条件)等;合同签订地、项目所在地。

15. 关于合同签字的审查

合同的成立可以以签字为准,也可以以盖章为准,签字优先。合同确认的最好方式就是签字,或者签字加盖章。

有权签字的人:法人的代表人、委托代理人(有授权委托书)。

合同大于 2 页的,要盖骑缝章。

如果对方的签字人是法人代表,要求对方出具法人个人的身份证明、营业执照副本或工商局出具的法人资格证书;如果对方的签字人是职能部门人员,则需提供法人代表的授权委托证书和职能部门人员本人的身份证复印件。

企业法人:盖公章或合同专用章;法定代表人单独亲笔签字,不盖章合同也生效;委托代理人有授权委托书的,不盖公章,只签字也生效。

建议做法:盖章,并经法定代表人或法定代表人授权的人签字后生效。

16. 合同提前终止、解除条件、确认和后续处理程序的审查

合同终止、解除情况下已经完成的工作量、工程质量如何审查确认。

审查是否约定已购买材料设备的处理,工程资料的编制与移交的时限和程序。

审查已完成工程与未完成工程的技术衔接和处理;合同终止、解除或者符合约定交付工程时的撤场时限、确认程序。

17. 保修及退还保修金条款的审查

明确质保金返还的年限,质保金的结算方式。质保金在质保期满无息返还,质保期间发生的甲方维修费用的规定。

质保期均从最后一项单位工程工期竣工合格日开始计算。

大型设备的各配件质保期的规定。

质量保证期中的维修项目的再次保修期限和保修金的问题。

18. 施工合同中违约责任条款的审查

施工合同中违约责任与义务要相对应,应符合法律法规规定,约定的违约金和赔偿金的数额不得高于或者低于法律法规规定的比例幅度或限额。

履约保证金(或保函)的具体内涵加以明确：何种情况下扣除、保函生效失效时间、保证金退还的时间及利息约定。

对于工期拖延的罚则：扣保证金、违约金及抵工程款、总价款的违约金。

对于逾期支付工程款的罚则：发包人不能按时支付工程款的，自逾期之日起按照中国人民银行规定的贷款利率承担迟延履行期间的利息。

违约金：可与延期同比例的约定。

对于工程及资料交付的约定：发包人与承包人工程结算发生的任何异议，应当通过仲裁或者诉讼解决，但是无论是否发生或者争议责任如何，都不能成为承包人行使工程移交、工程验收、配合工程备案以及移交工程资料的抗辩理由。上述争议被确认属于发包人过错的，发包人承担相应责任(留置权)。

对于质量争议的约定：质量问题认定的中间机构设置和认定。证明责任的承担和程序。可约定第三方：区所在地的质量部门。

对于质保金的约定：质保期的长短，质保金返还的方式和利息支付问题。

对于安全文明施工过程中的责任承担和处罚方式的约定。

19. 争议解决条款审查

《最高人民法院关于适用〈中华人民共和国民事诉讼法〉的解释》第二十八条明确规定，建设工程施工合同纠纷案件按照不动产专属管辖确定受诉法院，即建设工程施工合同纠纷由建设工程所在地人民法院管辖，从而排除了协议管辖。

审查施工合同解决争议的条款时要注意：尽量选择双方协商，协商不成时申请仲裁或诉讼。选择仲裁时必须写明仲裁机构和仲裁地点，诉讼虽然不能协议管辖，但是仲裁的管辖约定依然有效。

20. 其他注意点

质量约定：合格、市优、省优、国优。

材料：甲供、乙供；如甲供，甲供材料明细、价款、乙方领用程序的约定。

保险：工程一切险；甲乙双方的人身险。

履约保函、农民工工资支付(专户农民工工资保证金)约定。

7.2 信息管理

7.2.1 数据、信息的基本概念

1. 数据

数据是客观实体属性的反映，是一组表示数量、行为和目标，可以记录下来加以鉴别的符号。

数据，首先是客观实体属性的反映，客观实体通过各个角度的属性的描述，反映其与其他实体的区别。例如，在反映某个建筑工程质量时，我们通过对设计、施工单位资质、人员、施工设备、使用的材料、构配件、施工方法、工程地质、天气、水文等各个角度的数据收集汇总起来，就能很好地反映了该工程的总体质量。这里，各个角度的数据，即是建筑工程这个实

体的各种属性的反映。

数据有多种形态，这里所提到的数据是广义的数据概念，包括文字、数值、语言、图表、图形、颜色等多种形态。现在计算机对此类数据都可以加以处理，如施工图纸、管理人员发出的指令、施工进度的网络图、管理的直方图、月报表等都是数据。

2. 信息

信息和数据是不可分割的。信息来源于数据，又高于数据，信息是数据的灵魂，数据是信息的载体。对信息有不同的定义，从辩证唯物主义的角度出发，可以给信息以下的定义：信息是对数据的解释，反映了事物（事件）的客观规律，为使用者提供决策和管理所需要的依据。

使用信息的目的是为决策和管理服务。信息是决策和管理的基础，决策和管理依赖信息，正确的信息才能保证决策的正确，不正确的信息则会造成决策的失误，管理则更离不开信息。传统的管理是定性管理，现代的管理则是定量管理，定量管理离不开系统信息的支持。

3. 信息的时态

信息有3个时态：信息的过去时是知识，现在时是数据，将来时是情报。

（1）知识是前人经验的总结，是人类对自然界规律的认知和掌握，是一种系统化的信息。

（2）信息的现在时是数据。数据是人类生产实践中不断产生信息的载体，我们要用动态的眼光来看待数据，把握住数据的动态节奏，就掌握了信息的变化。

（3）信息的将来时是情报。情报代表信息的趋势和前沿，情报往往要用特定的手段获取，有特定的使用范围、特定的目的、特定的时间、特定的传递方式，带有特定的机密性。

4. 信息的特点

信息具有真实性、系统性、时效性、不完全性、层次性的特点。

7.2.2 建设工程项目信息的分类

建设工程项目监理过程中，涉及大量的信息，这些信息依据不同标准可划分如下。

1. 按照建设工程的目标划分

（1）投资控制信息：与投资控制直接有关的信息。

（2）质量控制信息：与建设工程项目质量有关的信息。

（3）进度控制信息：与进度相关的信息。

（4）合同管理信息：与建设工程相关的各种合同信息。

2. 按照建设工程项目信息的来源划分

（1）项目内部信息：建设工程项目各个阶段、各个环节、各有关单位发生的信息总体。

（2）项目外部信息：来自项目外部环境的信息称为外部信息。

3. 按照信息的稳定程度划分

（1）固定信息：指在一定时间内相对稳定不变的信息。

（2）流动信息：指在不断变化的动态信息。

4. 按照信息的层次划分

（1）战略性信息：指该项目建设过程中的战略决策所需的信息，如投资总额、建设总工期、承包商的选定、合同价的确定等信息。

（2）管理性信息：指项目年度进度计划、财务计划等。

（3）业务性信息：指各业务部门的日常信息，较具体，精度较高。

5. 按照信息的性质划分

建设项目信息按项目管理功能可划分为组织类信息、管理类信息、经济类信息和技术类信息四大类。

6. 按照其他标准划分

（1）按照信息范围的不同，可以把建设工程项目信息分为精细的信息和摘要的信息两类。

（2）按照信息时间的不同，可以把建设工程项目信息分为历史性信息、即时性信息和预测性信息三大类。

（3）按照监理阶段的不同，可以把建设工程项目信息分为计划的信息、作业的信息、核算的信息和报告的信息 4 类。

（4）按照对信息的期待性不同，可以把建设工程项目信息分为预知的信息和突发的信息两类。

建设工程信息管理是指对建设工程信息的收集、加工、整理、存储、传递、应用等一系列工作的总称。信息管理是建设工程监理的重要手段之一，及时掌握准确、完整的信息，可以使监理工程师耳聪目明，更加卓有成效地完成建设工程监理与相关服务工作。信息管理工作的好坏，将直接影响建设工程监理与相关服务工作的成败。

7.2.3 信息管理的基本环节

建设工程信息管理贯穿工程建设全过程，其基本环节包括信息的收集、传递、加工、整理、分发、检索和存储。

1. 建设工程信息的收集

在建设工程的不同进展阶段，会产生大量的信息。工程监理单位的介入阶段不同，决定了信息收集的内容不同。如果工程监理单位接受委托在建设工程决策阶段提供咨询服务，则需要收集与建设工程相关的市场、资源、自然环境、社会环境等方面的信息；如果是在建设工程设计阶段提供项目管理服务，则需要收集的信息有工程项目可行性研究报告及前期相关文件资料；同类工程相关资料；拟建工程所在地信息；勘察、测量、设计单位相关信息；拟建工程所在地政府部门相关规定；拟建工程设计质量保证体系及进度计划等。如果是在建设工程施工招标阶段提供相关服务，则需要收集的信息有工程立项审批文件；工程地质、水文地质勘察报告；工程设计及概算文件；施工图设计审批文件；工程所在地工程材料、构配件、设备、劳动力市场价格及变化规律；工程所在地工程建设标准及招投标相关规定等。

在建设工程施工阶段，项目监理机构应从下列方面收集信息。

（1）建设工程施工现场的地质、水文、测量、气象等数据；地上、地下管线，地下洞室，地上即有建筑物、构筑物及树木、道路，建筑红线，水、电、气管道的引入标志；地质勘察报告、地形测量图及标桩等环境信息。

（2）施工机构组成及进场人员资格；施工现场质量及安全生产保证体系；施工组织设计及（专项）施工方案、施工进度计划；分包单位资格等信息。

（3）进场设备的规格型号、保修记录；工程材料、构配件、设备的进场、保管、使用等信息。

（4）施工项目管理机构管理程序；施工单位内部工程质量、成本、进度控制及安全生产管理的措施及实施效果；工序交接制度；事故处理程序；应急预案等信息。

（5）施工中需要执行的国家、行业或地方工程建设标准；施工合同履行情况。

（6）施工过程中发生的工程数据，如地基验槽及处理记录；工序交接检查记录；隐蔽工程检查验收记录；分部分项工程检查验收记录等。

（7）工程材料、构配件、设备质量证明资料及现场测试报告。

（8）设备安装试运行及测试信息，如电气接地电阻、绝缘电阻测试，管道通水、通气、通风试验，电梯施工试验，消防报警、自动喷淋系统联动试验等信息。

（9）工程索赔相关信息，如索赔处理程序、索赔处理依据、索赔证据等。

2. 建设工程信息的加工、整理、分发、检索和存储

1）信息的加工和整理

信息的加工和整理主要是指将所获得的数据与信息通过鉴别、选择、核对、合并、排序、更新、计算、汇总等，生成不同形式的数据与信息，目的是提供给各类管理人员使用。加工和整理数据与信息，往往需要按照不同的需求分层进行。

工程监理人员对于数据和信息的加工要从鉴别开始。一般而言，工程监理人员自己收集的数据和信息的可靠度较高；而对于施工单位报送的数据，就需要进行鉴别、选择、核对，对于动态数据需要及时更新。为了便于应用，还需要对收集来的数据和信息按照工程项目组成（单位工程、分部工程、分项工程等）、工程项目目标（质量、造价、成本）等进行汇总和组织。

科学的信息加工和整理，需要基于业务流程图和数据流程图，结合建设工程监理与相关服务业务工作绘制业务流程图和数据流程图，不但是建设工程信息加工和整理的重要基础，而且是优化建设工程监理与相关服务业务处理过程、规范建设工程监理与相关服务行为的重要手段。

（1）业务流程图。业务流程图是以图示形式表示业务处理过程。通过绘制业务流程图，可以发现业务流程的问题或不完善之处，进而可以优化业务处理过程。某项目监理机构的工程量处理业务流程图见图7-4。

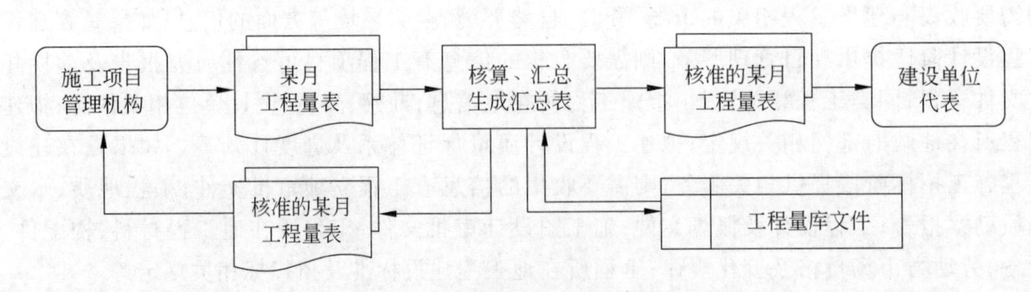

图7-4 工程量处理业务流程图

（2）数据流程图。数据流程图是根据业务流程图，将数据流程以图示形式表示出来。数据流程图的绘制应自上而下地层层细化。根据图7-4绘制的工程量处理数据流程图见

图 7-5。

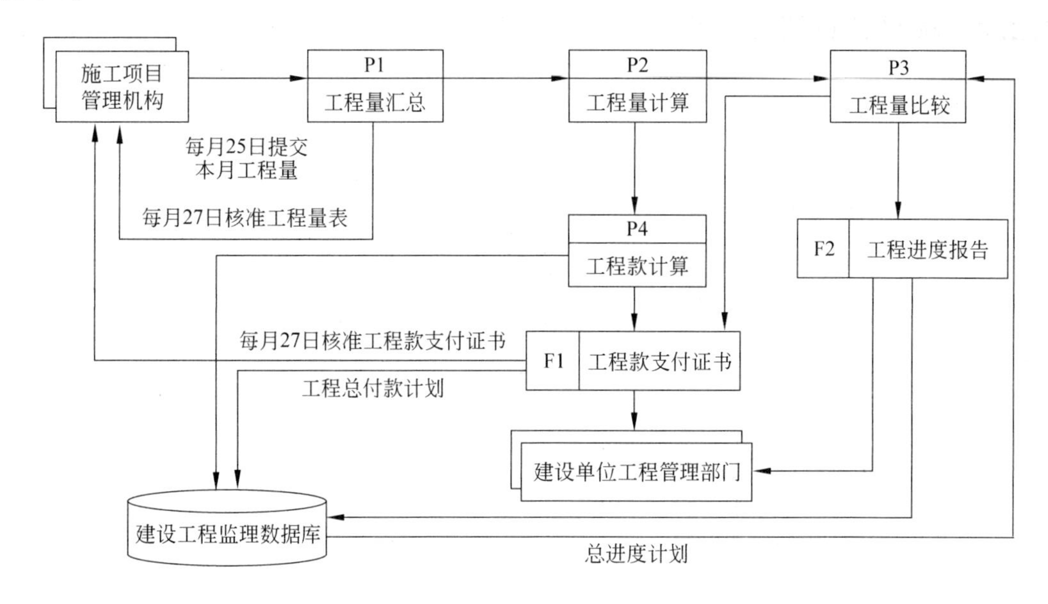

图 7-5 工程量处理数据流程图

2）信息的分发和检索

加工整理后的信息要及时提供给需要使用的部门和人员，信息的分发要根据需要来进行，信息的检索需要建立在一定的分级管理制度上。信息的分发和检索的基本原则：需要信息的部门和人员，有权在需要的第一时间，方便地得到所需要的信息。

设计信息分发时需要考虑的因素如下。

(1) 了解信息使用部门和人员的使用目的、使用周期、使用频率、获得时间及信息的安全要求。

(2) 决定信息分发的内容、数量、范围、数据来源。

(3) 决定分发信息的数据结构、类型、精度和格式。

(4) 决定提供信息的介质。

设计信息检索时需要考虑的因素如下。

(1) 允许检索的范围，检索的密级划分，密码管理等。

(2) 检索的信息能否及时、快速地提供，实现的手段。

(3) 所检索信息的输出形式，能否根据关键词实现智能检索等。

3）信息的存储

存储信息需要建立统一数据库。需要根据建设工程实际，规范地组织数据文件。

(1) 按照工程进行组织，同一工程按照质量、造价、进度、合同等类别组织，各类信息再进一步根据具体情况进行细化。

(2) 工程参建各方要协调统一数据存储方式，数据文件名要规范化，要建立统一的编码体系。

(3) 尽可能以网络数据库形式存储数据，减少数据冗余，保证数据的唯一性，并实现数据共享。

7.2.4 项目信息管理流程

项目信息管理流程见图 7-6。

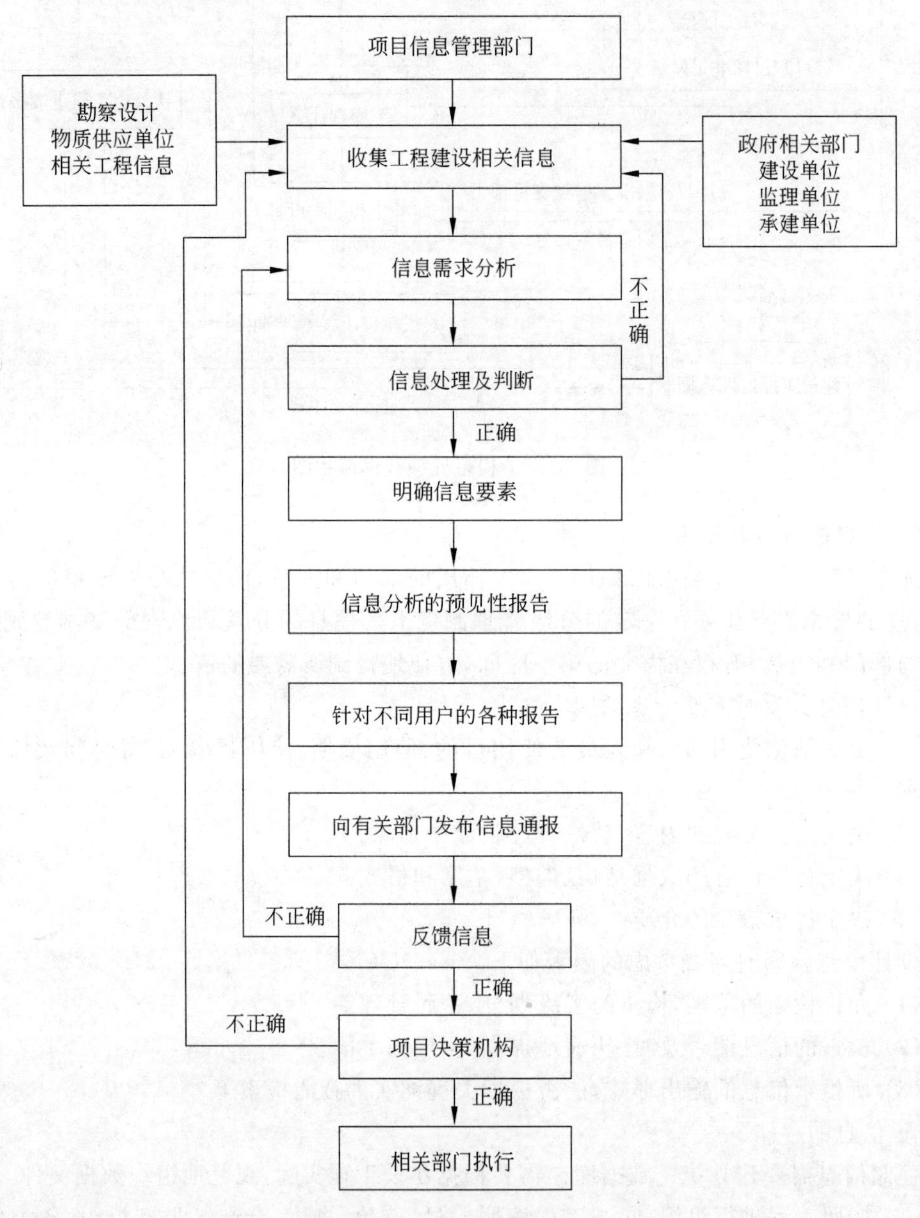

图 7-6 项目信息管理流程

7.2.5 信息管理控制流程

信息管理控制流程见图 7-7。

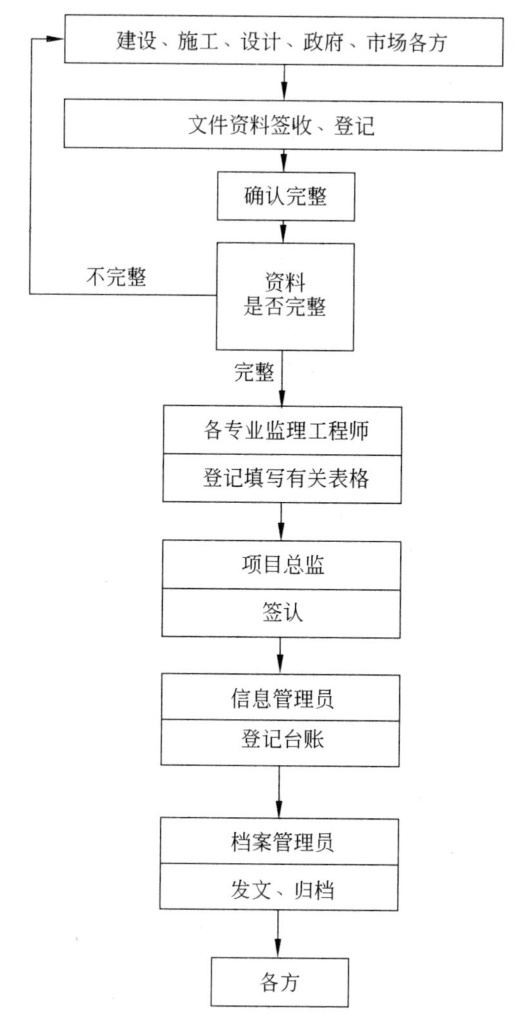

图 7-7　信息管理控制流程

7.2.6　信息管理系统

随着工程建设规模的不断扩大,信息量的增加是非常惊人的。依靠传统的手动处理方式已难以适应工程建设管理需求。建设工程信息管理系统已成为建设工程管理的基本手段。

1. 信息管理系统的主要作用

建设工程信息管理系统作为处理工程项目信息的人—机系统,其主要作用体现在以下几个方面。

(1) 利用计算机数据存储技术,存储和管理与工程项目有关的信息,并随时进行查询和更新。

(2) 利用计算机数据处理功能,快速、准确地处理工程项目管理所需要的信息,如工程造价的估算与控制，工程进度计划的编制和优化等。

(3) 利用计算机分析运算功能，快速提供高质量的决策支持信息和备选方案。

(4) 利用计算机网络技术，实现工程参建各方、各部门之间的信息共享和协同工作。

(5) 利用计算机虚拟现实技术，直观展示工程项目大量数据和信息。

2. 信息管理系统的基本功能

建设工程信息管理系统的目标是实现信息的系统管理和提供必要的决策支持。建设工程信息管理系统可以为监理工程师提供标准化、结构化的数据；提供预测、决策所需要的信息及分析模型；提供建设工程目标动态控制的分析报告；提供解决建设工程监理问题的多个备选方案。工程实践中，建设工程信息管理系统的名称有多种，如 PMIS (Project Management Information System)、PIMS (Project Information Management System)、CMIS (Construction Management Information System)、PCIS (Project Controlling Information System)、PIMIS(Project Integration Management Information System)等。不论名称如何，建设工程信息管理系统的基本功能应至少包括工程质量控制、工程造价控制、工程进度控制、工程合同管理 4 个子系统。

随着信息化技术的快速发展，信息管理平台得到越来越广泛的应用。基于建设工程信息管理平台，工程参建各方可以实现信息共享和协同工作。特别是近年来建筑信息建模(Building Information Modeling, BIM)技术的应用，为建设工程信息管理提供了可视化手段。

7.2.7 建筑信息建模(BIM)

BIM 是利用数字模型对工程进行设计、施工和运营的过程。BIM 以多种数字技术为依托，可以实现建设工程全生命周期集成管理。在建设工程实施阶段，借助于 BIM 技术，可以进行设计方案比选，实际施工模拟，在施工之前就能发现施工阶段会出现的各种问题，以便能提前处理，从而可提供合理的施工方案，合理配置人员、材料和设备，在最大范围内实现资源的合理运用。

1. BIM 的特点

BIM 具有可视化、协调性、模拟性、优化性、可出图性等特点。

1) 可视化

可视化即“所见即所得”。对于建筑业而言，可视化的作用非常大。目前，在工程建设中所用的施工图纸只是将各个构件信息用线条来表达，其真正的构造形式需要工程建设参与人员去自行想象。但对于现代建筑而言，形式各异、造型复杂，光凭人脑去想象，不太现实。BIM 技术可将以往的线条式构件形成一种 3D 立体实物图形展现在人们面前，见图 7-8。

应用 BIM 技术，不仅可以用来展示效果，还可以生成所需要的各种报表。更重要的是，在工程设计、建造、运营过程中的沟通、讨论、决策都能在可视化状态下进行。

2) 协调性

协调是工程建设实施过程中的重要工作。在通常情况下，工程实施过程中一旦遇到问题，就需将各有关人员组织起来召开协调会，找出问题产生的原因及解决办法，然后采取相

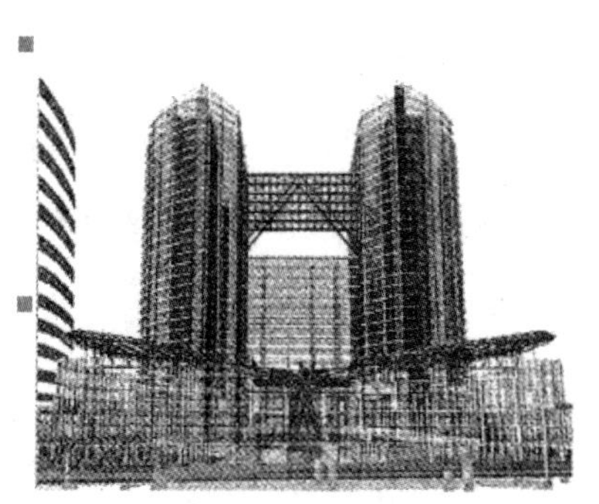

图 7-8 3D结构模型

应补救措施。应用 BIM 技术,可以将事后协调转变为事前协调。如在工程设计阶段,可应用 BIM 技术协调解决施工过程中建筑物内设施的碰撞问题。在工程施工阶段,可以通过模拟施工,事先发现施工过程中存在的问题。此外,还可对空间布置、防火分区、管道布置等问题进行协调处理。

3）模拟性

应用 BIM 技术,在工程设计阶段,可对节能、紧急疏散、日照、热能传导等进行模拟;在工程施工阶段,可根据施工组织设计将 3D 结构模型加施工进度(4D)模拟实际施工,从而通过确定合理的施工方案指导实际施工,还可进行 5D 模拟(基于 3D 结构模型的造价控制),实现造价控制(通常被称为“虚拟施工”);在运营阶段,可对日常紧急情况的处理进行模拟,如地震人员逃生模拟及消防人员疏散模拟等。

4）优化性

应用 BIM 技术,可提供建筑物实际存在的信息,包括几何信息、物理信息、规则信息等,并能在建筑物变化后自动修改和调整这些信息。现代建筑物越来越复杂,在优化过程中需处理的信息量已远远超出人脑的能力极限,需借助其他手段和工具来完成,BIM 技术与其配套的各种优化工具为复杂工程项目进行优化提供了可能。目前,基于 BIM 技术的优化可完成以下工作。

(1) 设计方案优化。将工程设计与投资回报分析结合起来,可以实时计算设计变化对投资回报的影响。这样,建设单位对设计方案的选择就不会仅仅停留在对形状的评价上,可以知道哪种设计方案更适合自身需求。

(2) 特殊项目的设计优化。有些工程部位往往存在不规则设计,如裙楼、幕墙、屋顶、大空间等处。这些工程部位通常也是施工难度较大、施工问题比较多的地方,对这些部位的设计和施工方案进行优化,可以缩短施工工期、降低工程造价。

5）可出图性

应用 BIM 技术对建筑物进行可视化展示、协调、模拟、优化后,还可输出有关图纸或报告。

(1) 综合管线图(经过碰撞检查和设计修改,消除了相应错误)。

(2) 综合结构留洞图(预埋套管图)。

(3) 碰撞检查侦错报告和建议改进方案。

2. BIM 在工程项目管理中的应用

1）应用目标

工程监理单位应用 BIM 的主要任务是通过借助 BIM 理念及其相关技术搭建统一的数字化工程信息平台，实现工程建设过程中各阶段数据信息的整合及其应用，进而更好地为建设单位创造价值，提高工程建设效率和质量。目前，建设工程监理过程中应用 BIM 技术期望实现以下目标。

（1）可视化展示。应用 BIM 技术可实现建设工程完工前的可视化展示，与传统单一的设计效果图等表现方式相比，由于数字化工程信息平台包含了工程建设各阶段所有的数据信息，基于这些数据信息制作的各种可视化展示将更准确、更灵活地表现工程项目，并辅助各专业、各行业之间的沟通交流。

（2）提高工程设计和项目管理质量。BIM 技术可帮助工程项目各参建方在工程建设全过程中更好地沟通协调，为做好设计管理工作，进行工程项目技术、经济可行性论证，提供了更为先进的手段和方法，从而可提升工程项目管理的质量和效率。

（3）控制工程造价。通过数字化工程信息模型，确保工程项目各阶段数据信息的准确性和唯一性，进而在工程建设早期发现问题并予以解决，减少施工过程中的工程变更，大大提高对工程造价的控制力。

（4）缩短工程施工周期。借助 BIM 技术，实现对各重要施工工序的可视化整合，协助建设单位、设计单位、施工单位更好地沟通协调与论证，合理优化施工工序。

2）应用范围

现阶段，工程监理单位运用 BIM 技术提升服务价值仍处于初级阶段，其应用范围主要包括以下几个方面。

（1）可视化模型建立。可视化模型建立是应用 BIM 的基础，包括建筑、结构、设备等各专业工种。BIM 模型在工程建设中的衍生路线就像一棵大树，其源头是设计单位在设计阶段培育的种子模型；其生长过程伴随着工程进展，由施工单位进行二次设计和重塑，以及建设单位、工程监理单位等多方审核。后端衍生的各层级应用如同果实一样。它们之间相互维系，而维系的血脉就是带有种子模型基因的数据信息，数据信息如同新陈代谢随着工程进展不断进行更新维护。

（2）管线综合。随着建筑业的快速发展，对协同设计与管线综合的要求愈加强烈。但是，由于缺乏有效的技术手段，不少设计单位都没有能够很好地解决管线综合问题，各专业设计之间的冲突严重地影响了工程质量、造价、进度等。BIM 技术的出现，可以很好地实现碰撞检查，尤其对于建筑形体复杂或管线约束多的情况是一种很好的解决方案。此类服务可使建设工程监理服务价值得到进一步提升。

（3）4D 虚拟施工。当前，绝大部分工程项目仍采用横道图进度计划，用直方图表示资源计划，无法清晰描述施工进度以及各种复杂关系，难以准确表达工程施工的动态变化过程，更不能动态地优化分配所需要的各种资源和施工场地。将 BIM 技术与进度计划软件（如 MS Project、P6 等）数据进行集成，可以按月、按周、按天看到工程施工进度并根据现场情况进行实时调整，分析不同施工方案的优劣，从而得到最佳施工方案。此外，还可对工程项目的重点或难点部分进行可施工性模拟。通过对施工进度和资源的动态管理及优化控制,以及施工过程的模拟,可以更好地提高工程项目的资源利用率。

(4) 成本核算。对于工程项目而言,预算超支现象是极其普遍的。而缺乏可靠的成本数据是造成工程造价超支的重要原因。BIM 是一个包含丰富数据、面向对象、具有智能和参数特点的建筑数字化标识。借助这些信息,计算机可以快速对各种构件进行统计分析,完成成本核算。通过将工程设计和投资回报分析相结合,实时计算设计变更对投资回报的影响,合理控制工程总造价。

由于工程项目本身的特殊性,工程建设过程中随时都可能出现无法预测的各类问题,而BIM 技术的数字化手段本身也是一项全新技术。因此,在建设工程监理与项目管理服务过程中,使用 BIM 技术具有开拓性意义,同时,也对建设工程监理与项目管理团队带来极大的挑战,不仅要求建设工程监理与项目管理团队具备优秀的技术和服务能力,还需要强大的资源整合能力。

7.3 安全生产管理

项目监理机构应根据法律法规、工程建设强制性标准,履行建设工程安全生产管理的监理职责,并应将安全生产管理的监理工作内容、方法和措施纳入监理规划及监理实施细则。

7.3.1 施工单位安全生产管理体系的审查

1. 审查施工单位的管理制度、人员资格及验收手续

项目监理机构应审查施工单位现场安全生产规章制度的建立和实施情况;审查施工单位安全生产许可证的符合性和有效性;审查施工单位项目经理、专职安全生产管理人员和特种作业人员的资格;核查施工机械和设施的安全许可验收手续。

施工单位在使用施工起重机械和整体提升脚手架、模板等自升式架设设施前,应当组织有关单位进行验收,也可以委托具有相应资质的检验检测机构进行验收;使用承租的机械设备和施工机具及配件的,由施工总承包单位、分包单位、出租单位和安装单位共同进行验收,验收合格的方可使用。

2. 审查专项施工方案

项目监理机构应审查施工单位报审的专项施工方案,符合要求的,应由总监理工程师签认后报建设单位。超过一定规模的危险性较大的分部分项工程的专项施工方案,应检查施工单位组织专家进行论证、审查的情况,以及是否附具安全验算结果。专项施工方案审查的基本内容包括以下两方面。

(1) 编审程序应符合相关规定。专项施工方案由施工项目经理组织编制,经施工单位技术负责人签字后,才能报送项目监理机构审查。

(2) 安全技术措施应符合工程建设强制性标准。

7.3.2 专项施工方案的审核

近年来基础建设发展迅速，工程建设安全事故多次发生。特别是危险性较大的分部工程，如基坑支护、高大模板支撑体系、脚手架、起重吊装的事故频发，造成了群死群伤、经济损失大、社会影响大的严重后果。

《建设工程监理规范》(GB/T 50319—2013)在总监职责中明确规定由总监组织审查专项方案，且不得将该项工作委托给总监代表；在相关安全生产管理的监理工作的规定中，也明确规定由总监签认施工单位报审的专项施工方案。从规范规定可以明显看出，总监作为监理单位的全权代表，对工程项目负有主要的监理责任；而危险性较大的工程项目的专项施工方案的实施对保证工程质量和安全十分重要，总监负有审核把关的重要责任。

1. 总监审核专项施工方案责任不到位现状分析

1）专项施工方案的完整性和可行性方面

(1) 审批手续不完善，安全责任不到位。安全专项施工方案审批的手续不完善，安全责任不到位。例如，方案批准人资格问题，本应由上一级公司技术负责人审批，实际却由项目经理代签，并以项目部公章代替上级公司公章；个别还出现编制、审核、批准一人代笔签字。针对审批手续中存在的问题，总监却未能审核和提出。

(2) 安全专项施工方案针对工程概况的描述笼统，表述不详。尤其是详细的施工平面布置图的制作有欠缺，施工现场的具体情况未作详细图示；监控范围内的建(构)筑物、地下管线道路等需要保护的对象表述模糊。比如，针对需要保护的建筑物，应表明建筑物结构的类型、层数、基础形式和埋深、有无地下室、竣工时间以及与施工现场的距离等。只有了解清楚，才能采取有效的安全保护措施，保证施工安全，预防事故发生。

(3) 方案编制依据中列入已废止规范，造成依据错误。由于目前正值新一轮的规范大量修订发布实施的时期，大部分2000年左右制定实施的专业工程规范已废止，新规范对原规范作了许多重要的修改。专项施工方案中的编制依据如果出现已废止规范，就可能形成依据的错误，使专项施工方案的相关内容不符合现行规范的要求，从而不能保证施工的安全。在进行专项施工方案论证过程中发现的大量的专项施工方案中存在的编制依据错误，总监未能审核和提出。

(4) 重要尺寸不全面，安全内容不完整。专项施工方案是指导施工具体实施的文件。但是，有的方案中重要的剖面图尺寸不全面，仅为示意图；个别方案内容以普通施工工艺为主；针对专项施工方案的主要的安全要求不能满足施工需要，且内容有缺失或错误。

对上述安全专项施工方案的完整性和可行性存在的问题，总监在审核方案时未提出具体意见就签认通过。这些问题往往在专家论证会时才被提出，反映出总监在审核安全专项方案时把关不严，责任没有到位。

2）专项施工方案在保证安全的计算和验算方面

(1) 如钢板桩计算参数取值和安全等级确定错误，无法保证安全。在基坑工程中较多采用的钢板桩支护，按要求应确定基坑工程施工安全等级；等级不同，安全系数要求也不同，但方案却无等级确定。钢板桩支护为悬臂式支挡结构，应确定入土的嵌固深度。入土的嵌固深度应满足嵌固稳定安全系数要求：一级为1.25；二级为1.20；三级为1.15。为此，要计算主动土压力和被动土压力。如果计算中采用的土工关键参数内摩角与凝聚力取值不对，则会导致稳定安全计算错误，不能满足安全要求。另外，钢板桩的抗弯抗剪也不满足按钢结构计算的要求，提供的计算不足以保证安全。

(2) 降水计算取值有误或内容不全，导致降水方案不合理。降水计算中对地下水的埋藏条件交代不清楚，如地下水的分布位置、水位、水压、埋藏量、补给、流向等。降水深度穿越土层的关键参数——渗透系数取值不对，将造成降水方案确定与计算依据条件不充分，导致降水方案不合理，需修改方案。

(3) 顶管方案计算不完整或选取参数不对，无法保证安全。对市政工程中的顶管施工专项方案要求的计算内容，包括顶机的最大顶力、迎面最大阻力、管材的最大承载力、后背墙的强度刚度等，大部分方案的计算不完整且有错误。有的计算公式错误，应选取的顶管方式及关键参数不对，如管壁与土体接触面平均摩阻力取值错误，形成计算错误不足以保证安全。

安全专项方案计算验算中出现的上述问题，多数总监在审核方案时未提出意见并要求整改就签认通过，在审核的关键环节上责任没有到位。

3) 安全措施不能满足施工现场安全的需要

(1) 未根据现场周边具体情况识别危险源。安全措施没有根据周边应保护对象的安全控制要求，如对边坡失稳坍塌、支护失效、基坑漏水流砂的险情，应依据工程地质、水文地质及荷载作用等分析确定，并根据危险程度和发生频率来识别其属于是重大危险源还是一般危险源。不分主次地罗列一堆应注意的事项，达不到防范安全事故发生的作用。

(2) 应急预案的适用性和可操作性不足。方案中未能提出针对性强的具体应急措施，如变形达到报警值时如何调整施工方案(回填反压、加临时支撑、卸载、回灌等措施)，导致应急预案的适用性和可操作性不足。

(3) 应急响应内容不完整。在提出的专项施工方案中针对应急响应的内容不完整，如在抢险准备要求中包括的人员组织、物资设备、通道、医院、增加变形监测等；信息报告要求的按程序逐级上报；启动应急预案的安排等方面，都存在欠缺。

(4) 监测监控内容无针对性。监测监控是防止安全事故发生的重要措施。在专项施工方案中，监测监控内容没有针对可能出现的危险源制定变形监测措施，如监测项目、测点布置、测试频率、测试强度、变形报警值，达不到监测变形防止事故发生的要求。

2. 对改进总监审核专项施工方案责任不到位的建议

1) 与时俱进，加强对现行强制性规范的学习掌握

目前，正值大量新修订的规范发布实施的时期，一批新修订的规范将取代2000年左右制定实施的旧的规范。《危险性较大的分部分项工程安全管理规定》要求安全专项施工方案的相关内容，必须符合现行规范的要求。不仅新规范对旧规范修改的内容较多，包括材料、计算、构造等，还有第一次发布实施的新规范，如基坑工程中的《建筑深基坑工程安全技术规范》(JGJ 311—2013)和《建筑地基基础工程施工规范》(GB 51004—2015)等。若不学习掌握现行规范的要求，对方案的审核肯定不能到位，甚至可能因判断错误而造成把关失误，对工

程质量控制及安全事故的预防产生不利影响。

危险性较大的分部工程涉及面广、专业种类多，要求总监全部掌握到位难度太大。但是，要适应工作要求，只有知难而进，加强学习，尽快提高，达到总监职责要求的标准，才能使责任落实到位。

2）加强责任心，发挥好总监应有的作用

项目总监是监理单位派驻现场实施监理工作的全权代表，肩挑主持监理工作的重担。若总监的责任心不强、工作不到位，特别是对危险性较大的工程掉以轻心，一旦发生事故，不仅给工程造成重大损失，给社会带来负面影响，同时给所在监理单位带来不利的社会影响，更会因自己审核工作的不到位造成的严重后果承担相应的责任。因此总监要有强烈的社会责任感，全身心投入自己所担负的工作中，履行好自己的职责，提升监理工作的力度。

7.3.3 专项施工方案的监督实施及安全事故隐患的处理

1. 专项施工方案的监督实施

项目监理机构应要求施工单位按已批准的专项施工方案组织施工。专项施工方案需要调整时，施工单位应按程序重新提交项目监理机构审查。项目监理机构应巡视检查危险性较大的分部分项工程专项施工方案实施情况。发现未按专项施工方案实施时，应签发监理通知单，要求施工单位按专项施工方案实施。

2. 安全事故隐患的处理

项目监理机构在实施监理过程中，发现工程存在安全事故隐患时，应签发监理通知单，要求施工单位整改；情况严重时，应签发工程暂停令，并应及时报告建设单位。施工单位拒不整改或不停止施工时，项目监理机构应及时向有关主管部门报送监理报告。

紧急情况下，项目监理机构可通过电话、传真或者电子邮件向有关主管部门报告，事后应形成监理报告。

7.3.4 施工阶段安全监理控制流程

施工阶段安全监理控制流程见图 7-9。

7.3.5 工程安全事故处理流程

工程安全事故处理流程见图 7-10。

7.3.6 项目风险管理流程

项目风险管理流程见图 7-11。

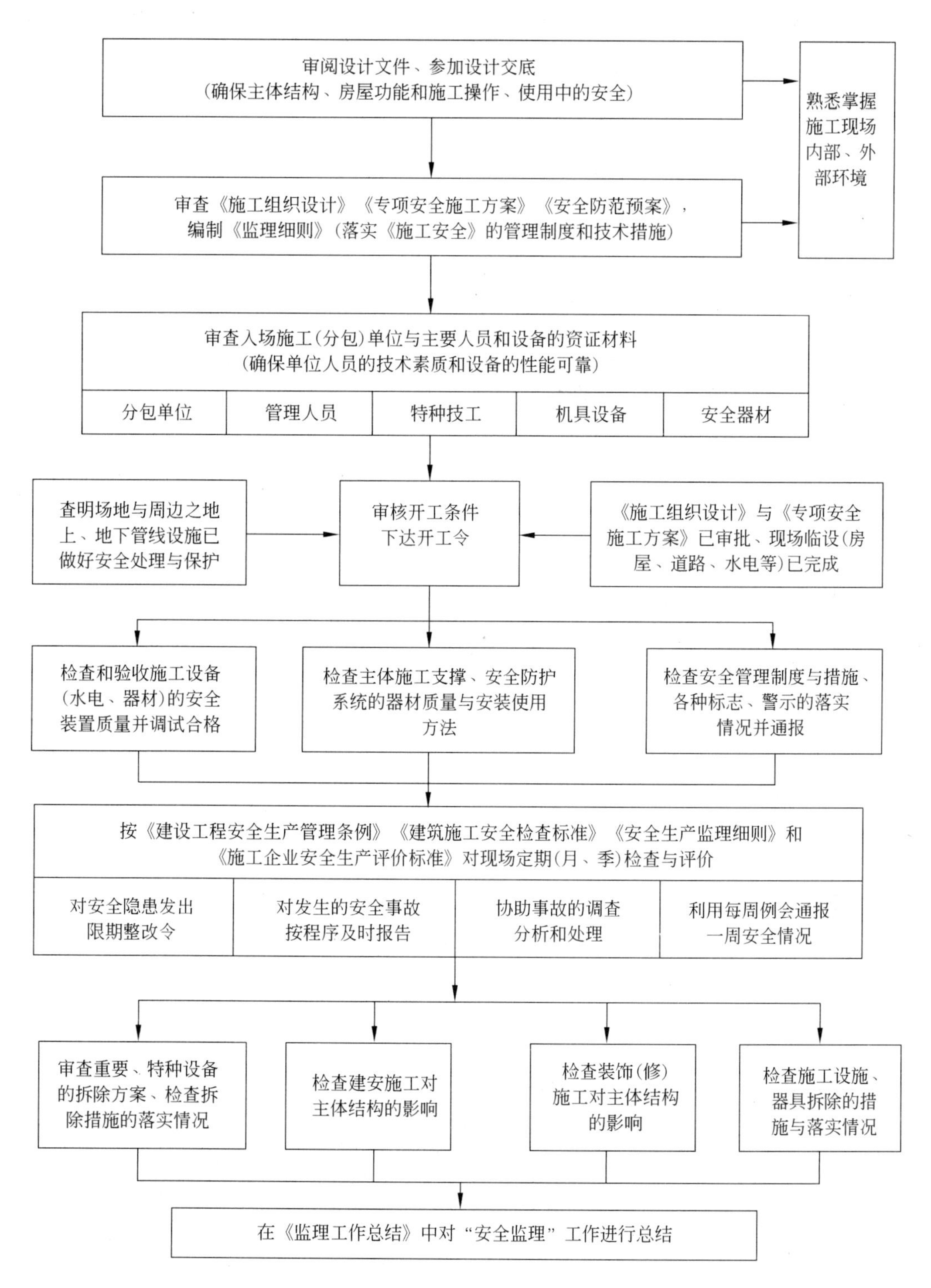

图 7-9　施工阶段安全监理控制流程

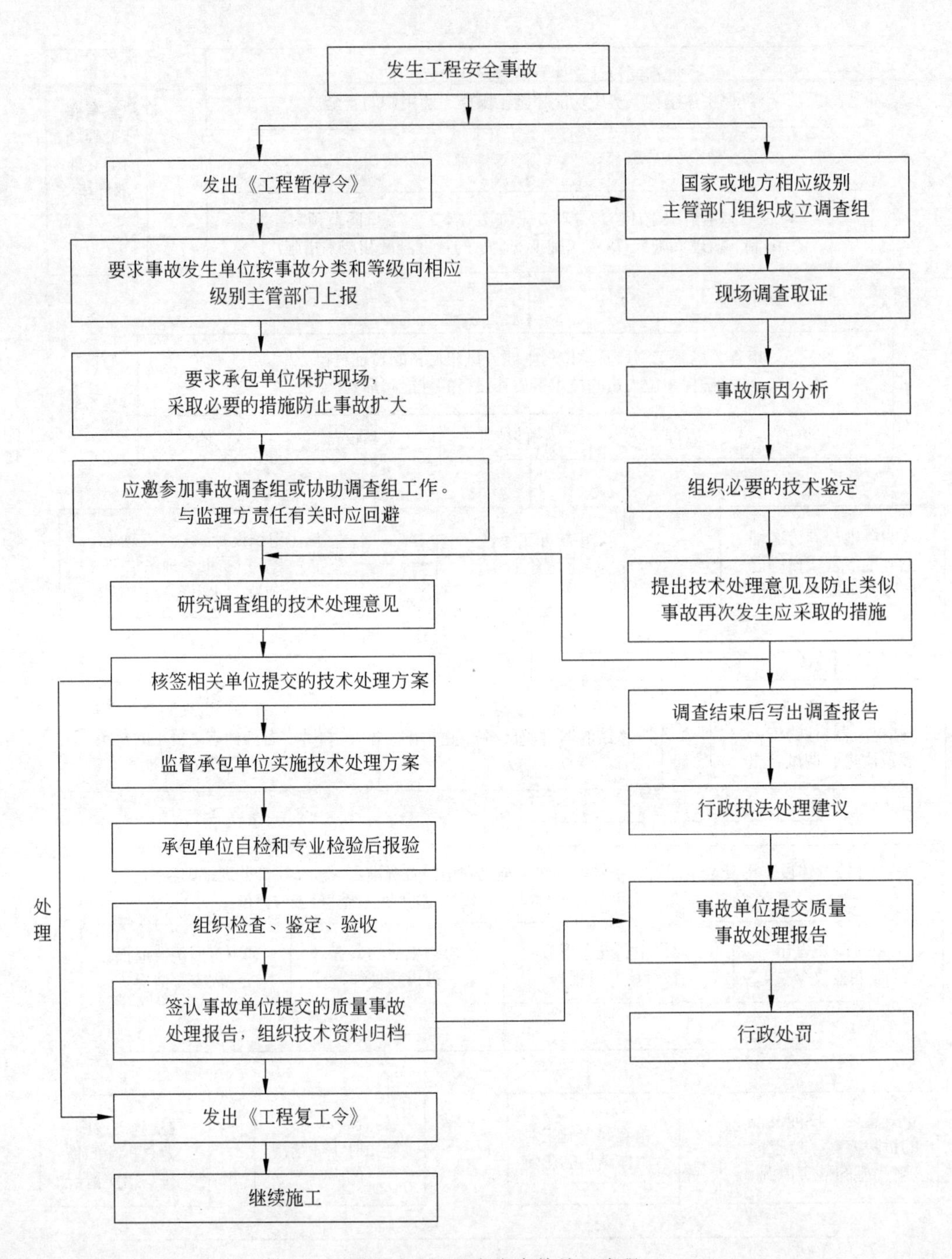

图 7-10　工程安全事故处理流程

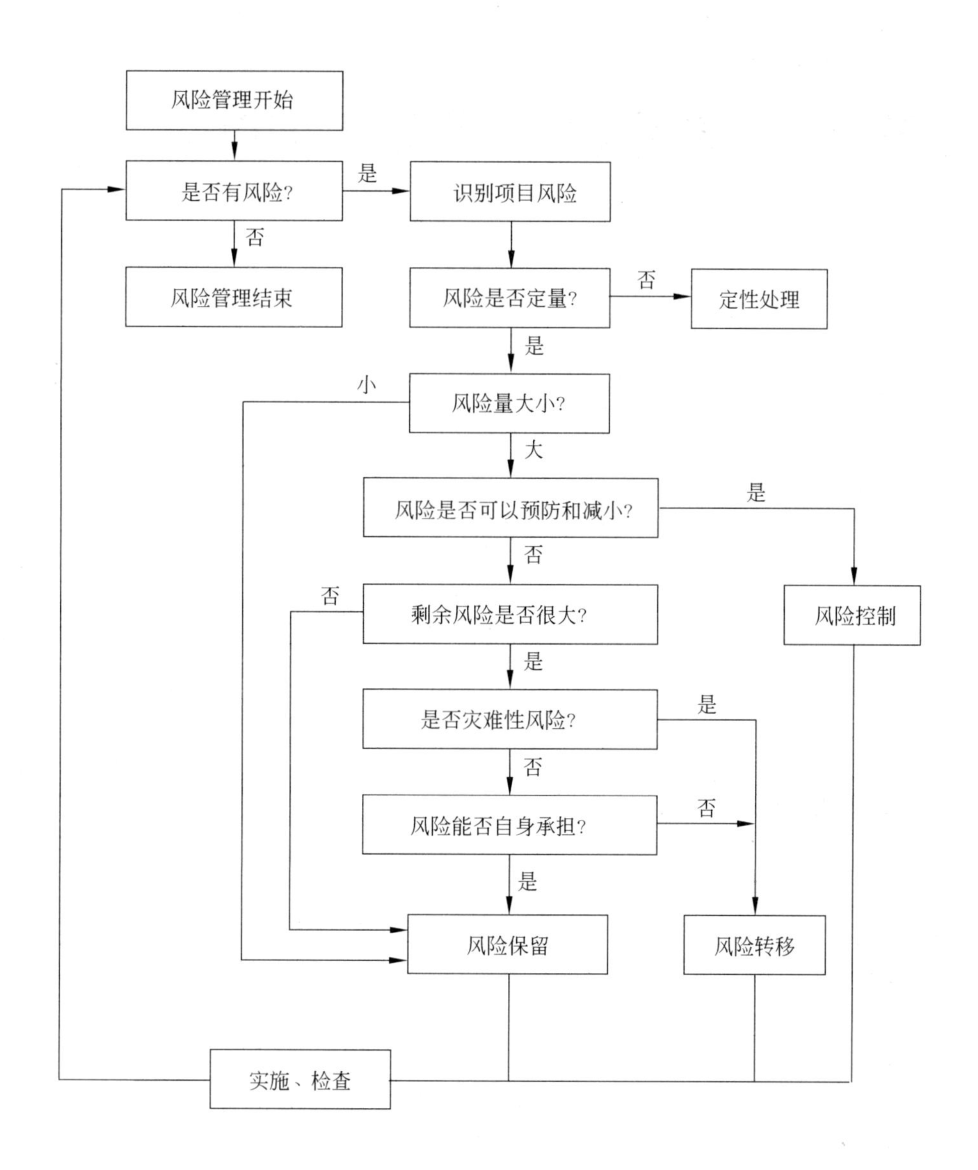

图 7-11 项目风险管理流程

单元8 建设工程监理的工作方法

项目监理机构应根据建设工程监理合同约定，采用巡视、平行检验、旁站、见证取样等方式对建设工程实施监理。

8.1 巡 视

巡视是指项目监理机构监理人员对施工现场进行定期或不定期的检查活动。巡视检查是项目监理机构对实施建设工程监理的重要方式之一，是监理人员针对施工现场进行的日常检查。

8.1.1 巡视的作用

巡视是监理人员针对现场施工质量和施工单位安全生产管理情况进行的检查工作，监理人员通过巡视检查，能够及时发现施工过程中出现的各类质量、安全问题，对不符合要求的情况及时要求施工单位进行纠正并督促整改，使问题消灭在萌芽状态。巡视对于实现建设工程目标，加强安全生产管理等起着重要作用。具体体现在以下几个方面。

(1) 观察、检查施工单位的施工准备情况。

(2) 观察、检查包括施工工序、施工工艺、施工人员、施工材料、施工机械、周边环境等在内的施工情况。

(3) 观察、检查施工过程中的质量问题、质量缺陷并及时采取相应措施。

(4) 观察、检查施工现场存在的各类生产安全事故隐患并及时采取相应措施。

(5) 观察、检查并解决其他相关问题。

8.1.2 巡视的工作内容和职责

项目监理机构应在监理规划的相关章节中编制体现巡视工作的方案、计划、制度等相关内容，以及在监理实施细则中明确巡视要点、巡视频率和措施，并明确巡视检查记录表。在监理过程中，监理人员应按照监理规划及监理实施细则中规定的频次进行现场巡视(如上午、下午各1次)，巡视检查内容以现场施工质量、生产安全事故隐患为主，且不限于工程质量、安全生产方面的内容。监理人员在巡视检查中发现的施工质量、生产安全事故隐患等问题以及采取的相应处理措施、所取得的效果等，应及时、准确地记录在巡视检查记录表中。

总监理工程师应根据经审核批准的监理规划和监理实施细则对现场监理人员进行交底，明确巡视检查要点、巡视频率和采取措施及采用的巡视检查记录表；合理安排监理人员进行巡视检查工作；督促监理人员按照监理规划及监理实施细则的要求开展现场巡视检查工作；总监理工程师应检查监理人员巡视的工作成果，与监理人员就当日巡视检查工作进行沟通，对发现的问题及时采取相应处理措施。

1. 巡视内容

监理人员在巡视检查时，应主要关注施工质量和安全生产两个方面的情况。

1）施工质量方面

（1）天气情况是否适合施工作业，如不适合，是否已采取相应措施。

（2）施工人员作业情况，是否按照工程设计文件、工程建设标准和批准的施工组织设计（专项）施工方案施工。

（3）使用的工程材料、设备和构配件是否已检测合格。

（4）施工单位主要管理人员到岗履职情况，特别是施工质量管理人员是否到位。

（5）施工机具、设备的工作状态，周边环境是否有异常情况等。

2）安全生产方面

（1）施工单位安全生产管理人员到岗履职情况、特种作业人员持证情况。

（2）施工组织设计中的安全技术措施和专项施工方案落实情况。

（3）安全生产、文明施工制度、措施落实情况。

（4）危险性较大分部分项工程施工情况，重点关注是否按方案施工。

（5）大型起重机械和自升式架设设施运行情况。

（6）施工临时用电情况。

（7）其他安全防护措施是否到位，工人违章情况。

（8）施工现场存在的事故隐患，以及按照项目监理机构的指令整改实施情况。

（9）项目监理机构签发的工程暂停令执行情况等。

2. 巡视发现问题的处理

监理人员应按照监理规划及监理实施细则的要求开展现场巡视检查工作。在巡视检查中发现问题，应及时采取相应处理措施（比如巡视监理人员发现个别施工人员在砌筑作业中砂浆饱满度不够，可口头要求施工人员加以整改）；巡视监理人员认为发现的问题自己无法解决或无法判断是否能够解决时，应立即向总监理工程师汇报；在监理巡视检查记录表中及时、准确、真实地记录巡视检查情况；对已采取相应处理措施的质量问题、生产安全事故隐患，检查施工单位的整改落实情况，并反映在巡视检查记录表中。

监理文件资料管理人员应及时将巡视检查记录表归档，同时，注意巡视检查记录与监理日志、监理通知单等其他监理资料的呼应关系。

8.2 平行检验

平行检验是项目监理机构在施工单位自检的同时，按照有关规定、建设工程监理合同约定对同一检验项目进行的检测试验活动。平行检验的内容包括工程实体量测（检查、试验、检测）和材料检验等内容，平行检验是项目监理机构控制建设工程质量的重要手段之一。

8.2.1 平行检验的作用

施工现场质量管理检查记录、检验批、分项工程、分部工程、单位工程等的验收记录（检查评定结果）由施工单位填写，验收结论由监理（建设）单位填写。监理人员不应只根据施工单位自己的检查、验收情况填写验收结论，而应该在施工单位检查、验收的基础之上进行“平行检验”，这样的质量验收结论才更具有说服力。同样，对于原材料、设备、构配件以及工程实体质量等，也应在见证取样或施工单位委托检验的基础上进行“平行检验”，以使检验、检测结论更加真实、可靠。平行检验是项目监理机构在施工阶段质量控制的重要工作之一，也是工程质量预验收和工程竣工验收的重要依据之一。

8.2.2 平行检验的工作内容和职责

项目监理机构首先应依据建设工程监理合同编制符合工程特点的平行检验方案，明确平行检验的方法、范围、内容、频率等，并设计各平行检验记录表式。建设工程监理实施过程中，应根据平行检验方案的规定和要求，开展平行检验工作。对平行检验不符合规范、标准的检验项目，应分析原因后按照相关规定进行处理。

负责平行检验的监理人员应根据经审批的平行检验方案，对工程实体、原材料等进行平行检验。平行检验的方法包括量测、检测、试验等，在平行检验的同时，记录相关数据，分析平行检验结果、检测报告结论等，提出相应的建议和措施。

监理文件资料管理人员应将平行检验方面的文件资料等单独整理、归档。平行检验的资料是竣工验收资料的重要组成部分。

8.3 旁　站

旁站是指项目监理机构对工程的关键部位或关键工序的施工质量进行的监督活动。关键部位、关键工序应根据工程类别、特点及有关规定确定。

旁站是监理员最重要的工作方式，也是监理员的主要职责之一。

8.3.1 旁站监理的依据

(1) 建设工程相关法律、法规。

(2) 相关技术标准、规范、规程、工法。

(3) 建设工程承包合同文件、委托监理合同文件。

(4) 经批准的设计文件、施工组织设计、监理规划和监理实施细则。

8.3.2 旁站监理工程部位或工序

(1) 基础工程类：土方回填，混凝土灌注桩浇筑，地下连续墙、土钉墙、后浇带及其他结构混凝土、防水混凝土浇筑，卷材防水层细部构造处理，钢结构安装。

(2) 主体结构工程类：梁柱节点钢筋隐蔽过程，混凝土浇筑，预应力张拉，装配式结构安装，钢结构安装，网架结构安装，索膜安装。

至于其他部位或工序是否需要旁站监理，可由建设单位与监理企业根据工程具体情况协商确定。

(3) 屋面、楼层及其他结构防水层施工。

(4) 设备进场验收、单机无负荷试车、无负荷联动试车、试运转、设备安装验收。

(5) 隐蔽工程的隐蔽过程。

(6) 路基、基层、路面铺筑及管网的敷设过程。

(7) 建筑材料的见证试验。

(8) 新技术、新工艺、新材料施工过程。

(9) 建设单位、设计文件、合同文件中规定的必须旁站监理的部位或工序。

在建筑与安装工程的施工过程中，对隐蔽工程的隐蔽过程，下一道工序施工完成后难以检查的重点部位，全部实行旁站监理。

对安装工程中，各专业系统的各类现场试验和调试，全部实行旁站监理。

8.3.3 旁站监理的内容

(1) 检查施工企业现场质检人员到岗、特殊工种人员持证上岗以及施工机械、建筑材料准备情况。

(2) 在现场跟班监督关键部位、关键工序的施工执行施工方案以及工程建设强制性标准情况。

(3) 核查进场建筑材料、建筑构配件、设备和商品混凝土的质量检验报告等，并可在现场监督施工企业进行检验或者委托具有资格的第三方进行复验。

(4) 做好旁站监理记录和监理日记，保存旁站监理原始资料。

旁站监理记录示范

旁站监理记录

工程名称：杭州智慧大楼　　　　编号：D2—001

气 候：上午晴，下午阴，晚上雨	
旁站监理的部位或工序：基础混凝土浇捣	
旁站监理开始时间：2018 年 10 月 7 日 8:00	旁站监理结束时间：2018 年 10 月 7 日 18:30

续表

<table>
<tr><td colspan="2">施工情况：
采用商品混凝土，4根振动棒振捣，现场有施工员1名，质检员1名，班长1名，施工作业人员15名，完成的混凝土数量共有395m³，施工情况正常。</td></tr>
<tr><td colspan="2">监理情况：
检查了施工单位现场质检人员到岗情况，施工单位能执行施工方案，核查了商品混凝土的标号和出厂合格证，结果情况正常。</td></tr>
<tr><td colspan="2">发现问题：因晚上下雨，混凝土表面的外观质量受影响。</td></tr>
<tr><td colspan="2">处理意见：督促施工单位做好防雨措施。</td></tr>
<tr><td colspan="2">备注：现场共做混凝土试块4组。</td></tr>
<tr><td>项目经理部(章)：浙江坚定集团有限公司智慧大楼项目部
质检员(签字)：任晓岚(手签)
日　期：2018年10月7日</td><td>项目监理机构(盖章)：杭州实诚项目管理有限公司智慧大楼项目部
旁站监理人员(签字)：江昊、吴小军(手签)
日　期：2018年10月7日</td></tr>
<tr><td colspan="2">本表一式一份，双方签字后由项目监理机构保存。</td></tr>
</table>

8.3.4 旁站监理程序

(1) 在编制监理规划后，应及时制定旁站监理方案，报送建设单位和施工单位各一份，同时抄送工程所在地的建设行政主管部门或其委托的工程质量监督机构。

(2) 要求施工单位在需要实施旁站监理的关键部位、关键工序进行施工前24小时，书面通知工程现场项目监理机构，工程项目监理机构安排监理人员实施旁站监理。

(3) 旁站监理人员应认真履行职责，对实施旁站监理的关键部位、关键工序在施工现场跟班监督，及时发现和处理旁站监理过程中出现的质量问题，如实准确地做好旁站监理记录。凡旁站监理人员和施工企业现场质检人员未在旁站监理记录上签字的，不得进行下一道工序施工。

(4) 旁站监理人员实施旁站监理时，发现施工单位有违反工程建设强制性标准行为的，有权责令其立即整改，发现其施工活动已经危及工程质量的，应及时向监理工程师或总监理工程师报告，由总监下达局部暂停施工指令或者采取其他应急措施。

(5) 对于需要旁站监理的关键部位、关键工序施工，凡没有实施旁站监理或者没有旁站监理记录的，监理工程师或者总监理工程师不得在相应文件上签字。

(6) 在工程竣工验收后，监理单位应将旁站监理记录存档备查。

8.4 见证取样

见证取样是指项目监理机构对施工单位进行的涉及结构安全的试块、试件及工程材料现场取样、封样、送检工作的监督活动。

8.4.1 见证取样程序

项目监理机构应根据工程的特点和具体情况，制定工程见证取样送检工作制度，将材料进场报验、见证取样送检的范围、工作程序、见证人员和取样人员的职责、取样方法等内容纳入监理实施细则，并可召开见证取样工作专题会议，要求工程参建各方在施工中必须严格按制定的工作程序执行。

为保证试件能代表母体的质量状况和取样的真实，制止出具只对试件(来样)负责的检测报告，保证建设工程质量检测工作的科学性、公正性和准确性，以确保建设工程质量，根据原建设部《关于印发〈房屋建筑工程和市政基础设施工程实行见证取样和送检的规定〉的通知》(建建字〔2000〕211 号)的要求，在建设工程质量检测中实行见证取样和送检制度，即在建设单位或监理单位人员见证下，由施工人员在现场取样，送至试验室进行试验。

见证取样的通常要求和程序如下。

1. 一般规定

(1) 见证取样涉及三方行为：施工方、见证方、试验方。

(2) 试验室的资质资格管理：①各级工程质量监督检测机构(有 CMA 章，即计量认证，1 年审查 1 次)。②建筑企业试验室应逐步转为企业内控机构，4 年审查 1 次。

第三方试验室检查：①计量认证书，CMA 章。②查附件、备案证书。

CMA(中国计量认证/认可)是依据《中华人民共和国计量法》为社会提供公正数据的产品质量检验机构。

计量认证分为两级实施：一级为国家级，由国家认证认可监督管理委员会组织实施；一级为省级，实施的效力均完全一致。

见证人员必须取得《见证员证书》，且通过建设单位授权。授权后只能承担所授权工程的见证工作。对进入施工现场的所有建筑材料，必须按规范要求实行见证取样和送检试验，试验报告纳入质保资料。

2. 授权

建设单位或工程监理单位应向施工单位、工程质监站和工程检测单位递交“见证单位和见证人员授权书”。授权书应写明本工程见证人单位及见证人姓名、证号，见证人不得少于 2 人。

3. 取样

施工单位取样人员在现场抽取和制作试样时，见证人必须在旁见证，且应对试样进行监护，并和委托送检的送检人员一起采取有效的封样措施或将试样送至检测单位。

4. 送检

检测单位在接受委托检验任务时，须有送检单位填写委托单，见证人应出示《见证员证书》，并在检验委托单上签名。检测单位均须实施密码管理制度。

5. 试验报告

检测单位应在试验报告上加盖有见证取样送检印章。发生试样不合格情况，应在 24 小时内上报质监站，并建立不合格项目台账。

应该注意的是，对试验报告有五点要求：①检验报告应计算机打印；②检验报告采用统一用表；③试验报告签名一定要手签；④试验报告应有“见证检验专用章”统一格式；⑤注明见证人的姓名。

8.4.2 见证监理人员的工作内容和职责

总监理工程师应督促专业(材料)监理工程师制定见证取样实施细则，细则中应包括材料进场报验、见证取样送检的范围、工作程序、见证人员和取样人员的职责、取样方法等内容。总监理工程师还应检查监理人员见证取样工作的实施情况，包括现场检查和资料检查，同时积极听取监理人员的汇报，发现问题应立即要求施工单位采取相应措施。

见证取样监理人员应根据见证取样实施细则要求、按程序实施见证取样工作，包括在现场进行见证，监督施工单位取样人员按随机取样方法和试件制作方法进行取样；对试样进行监护、封样加锁；在检验委托单签字，并出示《见证员证书》；协助建立包括见证取样送检计划、台账等在内的见证取样档案等。

监理文件资料管理人员应全面、妥善、真实记录试块、试件及工程材料的见证取样台账以及材料监督台账(无须见证取样的材料、设备等)。

2000年9月，原建设部颁布了《房屋建筑工程和市政基础设施工程实行见证取样和送检的规定》，对见证取样和送检作了以下规定。

(1) 涉及结构安全的试块、试件和材料见证取样和送检的比例不得低于有关技术标准中规定应取样数量的30%。

(2) 下列试块、试件和材料必须实施见证取样和送检：①用于承重结构的混凝土试块；②用于承重墙体的砌筑砂浆试块；③用于承重结构的钢筋及连接接头试件；④用于承重墙的砖和混凝土小型砌块；⑤用于拌制混凝土和砌筑砂浆的水泥；⑥用于承重结构的混凝土中使用的掺加剂；⑦地下、屋面、厕浴间使用的防水材料；⑧国家规定必须实行见证取样和送检的其他试块、试件和材料。

单元9 监理规划和监理细则

9.1 监理大纲

监理单位应当根据各个阶段分别制定监理大纲、监理规划和监理实施细则。监理单位应当编写监理大纲参加监理招投标。签订监理合同后，项目监理部应根据监理合同的内容，由项目总监理工程师主持编写监理规划，并经单位技术负责人批准。在召开第一次工地会议前，将监理规划和监理工程师名单书面提交建设单位认可，监理规划是监理活动的纲领性文件。项目监理部在实施监理前，在总监理工程师主持下，由各专业监理工程师负责编写监理实施细则，作为监理人员监理的主要依据和标准。

9.1.1 监理大纲、监理规划、监理实施细则之间的关系和区别

监理大纲又称监理方案，它是监理单位在业主委托监理的过程中为承揽监理业务而编写的监理方案性文件。它的主要作用有两个：一是使业主认可大纲中的监理方案，从而承揽到监理业务；二是为今后开展监理工作制订方案。监理大纲通常包括的内容有监理单位拟派往项目上的主要监理人员，并对他们的资质情况进行介绍；监理单位应根据业主所提供的和自己初步掌握的工程信息制定准备采用的监理方案（监理组织方案、各目标控制方案、合同管理方案、组织协调方案等）；明确说明将定期提供给业主的反映监理阶段性成果的文件等。项目监理大纲是项目监理规划编写的直接依据。

监理规划是监理单位接受业主委托并签订工程建设监理合同之后，由项目总监理工程师主持，根据监理合同，在监理大纲的基础上，结合项目的具体情况，在广泛收集工程信息的情况下制定的指导整个项目监理组织开展监理工作的技术组织文件。

显然，项目监理规划制定的时间是在监理大纲之后。而且，编写项目监理大纲的单位并不一定有再继续编写项目监理规划的机会。虽然，从内容范围上讲，监理大纲与监理规划都是围绕着整个项目监理组织所开展的监理工作来编写的，但监理规划的内容要比监理大纲详细、全面。监理规划的编写主持人是项目总监理工程师，而制定监理大纲的人员确切地说应当是监理单位指定人员或单位的技术管理部门，虽然未来的项目总监理工程师有可能参加，甚至主持这项工作。

监理实施细则又称监理工作实施细则。如果把工程建设监理看作一项系统工程，那么项目监理实施细则就好比这项工程的施工图设计。它与项目监理规划的关系可以比作施工图与初步设计的关系。也就是说，监理实施细则是在项目监理规划的基础上，由项目

监理组织的各有关专业部门，根据监理规划的要求，在部门负责人主持下，针对所分担的具体监理任务和工作，结合项目具体情况和掌握的工程信息制定的具体指导各专业部门开展监理实务作业的文件。

监理实施细则在编写时间上总是滞后于项目监理规划，编写主持人一般是项目监理组织的某个部门的负责人，其内容具有局部性，是围绕着自己部门的主要工作来编写的，它的作用是指导具体监理实务业务的开展。

监理大纲、监理规划、监理实施细则是相互关联的，它们都是构成监理规划系列性文件的组成部分，它们之间存在着明显的依据性关系，在编写监理规划时一定要严格根据监理大纲的有关内容；在制定监理实施细则时，一定要遵照监理规划的要求。

通常，监理单位开展监理活动应当编制以上系列性监理规划文件，但这也不是一成不变的，就像工程设计一样。对于简单的监理活动只需编写监理实施细则就可以了，而有些项目也可以制定较详细的监理规划，而不再编写监理实施细则。监理大纲、监理规划、监理实施细则三者之间的关系见表 9-1。

表 9-1　监理大纲、监理规划、监理实施细则三者之间的关系

内容	监理大纲	监理规划	监理实施细则
编制阶段	投标阶段	合同签订后	各专业监理工作实施前
编制人	单位总工程师或技术负责人	项目总监理工程师	各专业监理工程师
审核人	单位负责人	单位技术负责人	总监理工程师
作用	投标竞争	开展监理指导性文件	具体指导实施各项监理专业作业
内容	根据项目特点规模采用通用大纲	内容、深度比大纲更具体、详细。类似设计阶段的初步设计	细致编制各专业或某一方面可操作性实施性文件。相当于施工图设计

9.1.2　监理大纲的内容及作用

监理大纲又称监理方案，它是监理单位在建设单位委托监理的过程中，为承揽监理业务而编写的监理方案性文件。其内容应当根据监理招标文件的要求制定。通常包括的内容有监理单位初步掌握的工程信息制定准备采用的监理方案（监理组织方案、各目标控制方案、合同管理方案、组织协调方案）等；明确说明将提供给建设单位的反映监理阶段性成果的文件。

监理大纲应包括（但不限于）下列内容。

（1）监理工程概况。

（2）监理范围、监理内容。

（3）监理依据、监理工作目标。

（4）监理机构设置（框图）、岗位职责。

（5）监理工作程序、方法和制度。

（6）拟投入的监理人员、试验检测仪器设备。

（7）质量、进度、造价、安全、环保监理措施。

（8）合同、信息管理方案。

（9）组织协调内容及措施。

（10）监理工作重点、难点分析。

（11）对本工程监理的合理化建议。

监理大纲一般由监理单位经营部门和工程技术部门拟派的总监理工程师共同编写。

9.1.3　监理规划的内容及作用

监理单位承揽监理业务后，应根据监理合同的内容，由项目总监理工程师主持编写监理规划，并经单位技术负责人批准。一般在召开第一次工地会议前，将监理规划提交建设单位认可。监理规划是监理活动的纲领性文件。

项目总监理工程师在主持编写监理规划时，应广泛征求各专业和各子项目监理的意见，并吸收他们中的一部分共同参与编写。以建设工程的相关法律、法规及项目审批文件，与建设工程项目有关的标准、设计文件、技术资料、监理大纲、委托监理合同文件以及与建设工程项目相关的合同文件作为规划的依据。在编写过程中应当听取项目建设单位的意见，最大限度地满足他们的合理要求，为进一步搞好服务奠定基础。同时，还应当听取被监理方的意见。

作为监理单位的业务工作，在编写监理规划时，还应当按照本单位的要求进行编写。

监理规划的编制应针对项目的实际情况，明确项目监理机构的工作目标，确定具体的监理工作制度、程序、方法和措施，并应具有可操作性。

监理规划一般包括以下主要内容：工程项目概况，监理工作范围，监理工作内容，监理工作目标，监理工作依据，项目监理机构的组织形式，项目机构的人员配备计划，项目监理机构的人员岗位职责，监理工作程序，监理工作方法及措施，工作制度，监理设施。

项目监理规划在编写完成后需要进行审核并经批准。监理单位的技术主管部门是内部审核单位，其负责人应当签认。同时，还应当报送建设单位，由建设单位确认并监督实施。

1. 监理规划的作用

（1）指导项目监理机构全面开展监理工作。

（2）建设监理主管机构对监理单位监督管理的依据。

（3）业主确认监理单位履行合同的主要依据。

（4）监理单位内部考核的依据和重要存档资料。

2. 监理规划在实施过程中要定期进行检查的内容

1）监理工作进行情况

建设单位为监理工作创造的条件是否具备，监理工作是否按监理规划或实施细则展开；监理工作制度是否认真执行；监理工作还存在哪些问题或制约因素。

2）监理工作的效果

监理工作效果可以分段检查，如工程进度是否符合原计划要求，工程质量及投资是否处于受控状态。根据检查中发现的问题和对原因的分析，以及监理实施过程中出现的新情况、新问题，需要对原规划进行调整或修改。监理规划的调整或修改，主要是监理工作的内容和深度，以及相应的监理工作措施，应由总监理工程师组织专业监理工程师研究修改，按原报审程序经过批准后报建设单位。

9.1.4 监理实施细则的内容及作用

监理实施细则是在项目监理规划的基础上，由项目监理组织的各有关部门，根据规划的要求，由各专业监理工程师，针对所分担的具体监理任务和工作，结合项目具体情况和掌握的工程信息制定的指导具体监理业务实施的文件。它与项目监理规划的关系可以比作施工图与初步设计的关系。

项目监理实施细则在编写时间上总是滞后于项目监理规划。编写主持人一般是项目监理组织的某个部门的负责人、专业监理工程师。其内容具有局部性，是围绕部门的主要工作来编写的。对于全过程监理项目，还应分阶段制定实施细则，以把握重点，如决策、设计、招投标、施工阶段等均应有各自详细的实施细则。

对中型及以上或专业性较强的工程项目，项目监理机构应编制监理实施细则。监理实施细则应符合监理规划的要求，并应结合工程项目的专业特点，做到详细具体、具有可操作性。

1. 监理实施细则的编制程序与依据应符合规定

(1) 监理实施细则应在相应工程施工开始前编制完成，并必须经总监理工程师批准。

(2) 监理实施细则应由专业监理工程师编制。

(3) 编制监理实施细则的依据。①已批准的监理规划；②与专业工程相关的标准、设计文件和技术资料；③施工组织设计。

2. 施工阶段监理实施细则的主要内容

对于施工阶段的监理实施细则，一般是在经审定的施工组织设计的基础上，针对各重要分部分项工程编制针对性的监理实施细则。对于关系到结构安全、进度、投资控制的关键工序、特殊工序，应在审查施工单位的施工方案的基础上，编制针对重点部位、关键控制点、控制措施、控制指标及监理人员的作业计划，并在具体实施过程中落实到位。对采用新材料、新工艺、新设计的工程项目的监理实施细则，除应经公司技术主管部门批准外，必要时应聘请有关方面专家进行具体的咨询指导。监理实施细则应报建设单位。

监理实施细则应体现项目监理机构对该工程项目各专业技术、管理和目标控制方面的具体要求，一般应包括以下内容：专业工程的特点；监理工作的流程；监理工作的要点及目标值；监理工作的方法及措施。

监理实施细则的主要作用是指导本专业或本子项目具体监理业务的开展。

通常，监理单位开展监理活动应当编制系列监理规划文件（包括监理大纲、监理规划和项目监理实施细则），但这也不是每个监理项目都必须编制的文件。对于简单的监理活动，如单项的装饰工程、桩基础工程，只需编写监理实施细则即可。

监理实施细则可以在项目监理实施过程中不断充实、修改和完善，在项目结束后及时总结、积累，对新材料、新工艺、新设计的应用更应及时总结经验教训，必要时可以组织公司全体监理人员现场观摩、学习，以不断提高监理人员、监理单位的监理水平和素质。

9.2 监理规划

9.2.1 监理规划的编写依据

1. 工程建设法律法规和标准

(1) 国家层面工程建设有关法律法规及政策。无论在任何地区或任何部门进行工程建设,都必须遵守国家层面工程建设相关法律法规及政策。

(2) 工程所在地或所属部门颁布的工程建设相关法规、规章及政策。建设工程必然是在某一地区实施的,有时也由某一部门归口管理,这就要求工程建设必须遵守工程所在地或所属部门颁布的工程建设相关法规、规章及政策。

(3) 工程建设标准。工程建设必须遵守相关标准、规范及规程等工程建设技术标准和管理标准。

2. 建设工程外部环境调查研究资料

(1) 自然条件方面的资料。包括建设工程所在地点的地质、水文、气象、地形以及自然灾害发生情况等方面的资料。

(2) 社会和经济条件方面的资料。包括建设工程所在地人文环境、社会治安、建筑市场状况、相关单位(政府主管部门、勘察和设计单位、施工单位、材料设备供应单位、工程咨询和工程监理单位)、基础设施(交通设施、通信设施、公用设施、能源设施)、金融市场情况等方面的资料。

3. 政府批准的工程建设文件

(1) 政府发展改革部门批准的可行性研究报告、立项批文。

(2) 政府规划土地、环保等部门确定的规划条件、土地使用条件、环境保护要求、市政管理规定。

4. 建设工程监理合同文件

建设工程监理合同的相关条款和内容是编写监理规划的重要依据,主要包括监理工作范围和内容,监理与相关服务依据,工程监理单位的义务和责任,建设单位的义务和责任等。

建设工程监理投标书是建设工程监理合同文件的重要组成部分,工程监理单位在监理大纲中明确的内容,主要包括项目监理组织计划,拟投入主要监理人员,工程质量、造价、进度控制方案,安全生产管理的监理工作,信息管理和合同管理方案,与工程建设相关单位之间关系的协调方法等,均是监理规划的编制依据。

5. 建设工程合同

在编写监理规划时,也要考虑建设工程合同(特别是施工合同)中关于建设单位和施工单位义务和责任的内容,以及建设单位对于工程监理单位的授权。

6. 建设单位的合理要求

工程监理单位应竭诚为客户服务,在不超出合同职责范围的前提下,工程监理单位应最大限度地满足建设单位的合理要求。

7. 工程实施过程中输出的有关工程信息

主要包括方案设计、初步设计、施工图设计、工程实施状况、工程招标投标情况、重大工程变更、外部环境变化等。

9.2.2 监理规划的编写要求

1. 监理规划的基本构成内容应当力求统一

监理规划在总体内容组成上应力求做到统一，这是监理工作规范化、制度化、科学化的要求。

监理规划基本构成内容主要取决于工程监理制度对于工程监理单位的基本要求。根据建设工程监理的基本内涵，工程监理单位受建设单位委托，需要控制建设工程质量、造价、进度三大目标，需要进行合同管理和信息管理，协调有关单位间的关系，还需要履行安全生产管理的法定职责。工程监理单位的上述基本工作内容决定监理规划的基本构成内容，而且由于监理规划对于项目监理机构全面开展监理工作的指导性作用，对整个监理工作的组织、控制及相应的方法和措施的规划等也成为监理规划必不可少的内容。为此，监理规划的基本构成内容应包括项目监理组织及人员岗位职责，监理工作制度，工程质量、造价、进度控制，安全生产管理的监理工作，合同与信息管理，组织协调等。

就某一特定建设工程而言，监理规划应根据建设工程监理合同所确定的监理范围和深度编制，但其主要内容应力求体现上述内容。

2. 监理规划的内容应具有针对性、指导性和可操作性

监理规划作为指导项目监理机构全面开展监理工作的纲领性文件，其内容应具有很强的针对性、指导性和可操作性。每个项目的监理规划既要考虑项目自身特点，也要根据项目监理机构的实际状况，在监理规划中应明确规定项目监理机构在工程实施过程中各个阶段的工作内容、工作人员、工作时间和地点、工作的具体方式方法等。只有这样，监理规划才能起到有效的指导作用，真正成为项目监理机构进行各项工作的依据。监理规划只要能够对有效实施建设工程监理做好指导工作，使项目监理机构能圆满完成所承担的建设工程监理任务，就是一个合格的监理规划。

3. 监理规划应由总监理工程师组织编制

《建设工程监理规范》(GB/T 50319—2013)明确规定，总监理工程师应组织编制监理规划。当然，要编制一份合格的监理规划，还要充分调动整个项目监理机构中专业监理工程师的积极性，广泛征求各专业监理工程师和其他监理人员的意见，并吸收水平较高的专业监理工程师共同参与编写。

监理规划的编写还应听取建设单位的意见，以便能最大限度满足其合理要求，使监理工作得到有关各方的理解和支持，为进一步做好监理服务奠定基础。

4. 监理规划应把握工程项目运行脉搏

监理规划是针对具体工程项目编写的，而工程项目的动态性决定了监理规划的具体可变性。监理规划要把握工程项目运行脉搏，是指其可能随着工程进展进行不断的补充、修改和完善。在工程项目运行过程中，内外因素和条件不可避免地要发生变化，造成工程实际情况偏离计划，往往需要调整计划乃至目标，这就可能造成监理规划在内容上也要进行相应调整。

5. 监理规划应有利于建设工程监理合同的履行

监理规划是针对特定的一个工程的监理范围和内容来编写的，而建设工程监理范围和内容是由工程监理合同来明确的。项目监理机构应充分了解工程监理合同中建设单位、工程监理单位的义务和责任，对完成工程监理合同目标控制任务的主要影响因素进行分析，制定具体的措施和方法，确保工程监理合同的履行。

6. 监理规划的表达方式应当标准化、格式化

监理规划的内容需要选择最有效的方式和方法来表示，图、表和简单的文字说明应当是基本方法。规范化、标准化是科学管理的标志之一。所以，编写监理规划应当采用什么表格、图示以及哪些内容需要采用简单的文字说明应当作出统一规定。

7. 监理规划的编制应充分考虑时效性

监理规划应在签订建设工程监理合同及收到工程设计文件后由总监理工程师组织编制，并应在召开第一次工地会议7天前报建设单位。监理规划报送前还应由监理单位技术负责人审核签字。因此，监理规划的编写还要留出必要的审查和修改时间。为此，应当对监理规划的编写时间事先作出明确规定，以免编写时间过长，从而耽误监理规划对监理工作的指导，使监理工作陷于被动和无序。

8. 监理规划经审核批准后方可实施

监理规划在编写完成后需进行审核并经批准。监理单位的技术管理部门是内部审核单位，技术负责人应当签认，同时，还应当按工程监理合同约定提交给建设单位，由建设单位确认。

注意：《建设工程监理规范》(GB/T 50319—2013)明确规定，监理规划的内容包括工程概况；监理工作的范围、内容、目标；监理工作依据；监理组织形式、人员配备及进退场计划、监理人员岗位职责；监理工作制度；工程质量控制；工程造价控制；工程进度控制；安全生产管理的监理工作；合同与信息管理；组织协调；监理工作设施。

9.2.3 监理规划内容

1. 工程概况包含的内容

(1) 工程项目名称。

(2) 工程项目建设地点。

(3) 工程项目组成及建设规模(见表9-2)。

表9-2 工程项目组成及建设规模

序号	项目名称	承建单位	工程数量

(4) 主要建筑结构类型(见表 9-3)。

表 9-3　主要建筑结构类型

工程名称	基础	主体结构	设备	…	装修

(5) 工程概算投资额或建安工程造价。

(6) 工程项目计划工期,包括开竣工日期。

(7) 工程质量目标。

(8) 设计单位及施工单位名称、项目负责人情况(见表 9-4 和表 9-5)。

表 9-4　设计单位情况

设计单位	设计内容	负责人

表 9-5　施工单位情况

施工单位	承包工程内容	负责人

(9) 工程项目结构图、组织关系图和合同结构图。

(10) 工程项目特点。

(11) 其他说明。

2. 监理工作的范围、内容和目标

1) 监理工作范围

工程监理单位所承担的建设工程监理任务,可能是全部工程项目,也可能是某单位工程,也可能是某专业工程,监理工作范围虽然已在建设工程监理合同中明确,但需要在监理规划中列明并作进一步说明。

2) 监理工作内容

建设工程监理基本工作内容包括工程质量、造价、进度三大目标控制,合同管理和信息管理,组织协调,以及履行建设工程安全生产管理的法定职责。监理规划中需要根据建设工程监理合同约定进一步细化监理工作内容。

3) 监理工作目标

监理工作目标是指工程监理单位预期达到的工作目标。通常以建设工程质量、造价、进度三大目标的控制值来表示。

(1) 工程质量控制目标：工程质量合格及建设单位的其他要求。

(2) 工程造价控制目标：以____年预算为基价，静态投资为____万元(或合同价为____万元)。

(3) 工期控制目标：____个月或自____年____月____日至____年____月____日。

在建设工程监理实际工作中，应进行工程质量、造价、进度目标的分解，运用动态控制原理对分解的目标进行跟踪检查，对实际值与计划值进行比较、分析和预测，发现问题时，及时采取组织、技术、经济和合同等措施进行纠偏和调整，以确保工程质量、造价、进度目标的实现。

3. 监理工作依据

依据《建设工程监理规范》(GB/T 50319—2013)，实施建设工程监理的依据主要包括法律法规及工程建设标准、建设工程勘察设计文件、建设工程监理合同及其他合同文件等。编制特定工程的监理规划，不仅要以上述内容为依据，还要收集有关资料作为编制依据，见表 9-6。

表 9-6　监理规划的编制依据

编制依据	文件资料名称	
反映工程特征的资料	勘察设计阶段监理相关服务	(1) 可行性研究报告或设计任务书 (2) 项目立项批文 (3) 规划红线范围 (4) 用地许可证 (5) 设计条件通知书 (6) 地形图
	施工阶段监理	(1) 设计图纸和施工说明书 (2) 地形图 (3) 施工合同及其他建设工程合同
反映建设单位对项目监理要求的资料	监理合同：反映监理工作范围和内容、监理大纲、监理投标文件	
反映工程建设条件的资料	(1) 当地气象资料和工程地质及水文资料 (2) 当地建筑材料供应状况的资料 (3) 当地勘察设计和土建安装力量的资料 (4) 当地交通、能源和市政公用设施的资料 (5) 检测、监测、设备租赁等其他工程参建方的资料	
反映当地工程建设法规及政策方面的资料	(1) 工程建设程序 (2) 招投标和工程监理制度 (3) 工程造价管理制度等 (4) 有关法律法规及政策	
工程建设法律法规及标准	法律法规，部门规章，建设工程监理规范，勘察、设计、施工、质量评定、工程验收等方面的规范、规程、标准等	

4. 监理的组织形式、人员配备及进退场计划、监理人员岗位职责

1) 项目监理机构组织形式

工程监理单位派驻施工现场的项目监理机构的组织形式和规模，应根据建设工程监理合同约定的服务内容、服务期限，以及工程特点、规模、技术复杂程度、环境等因素确定。

项目监理机构组织形式可用项目组织机构图来表示(见图 9-1)。为某项目监理机构组织示例。在监理规划的组织机构图中可注明各相关部门所任职监理人员的姓名。

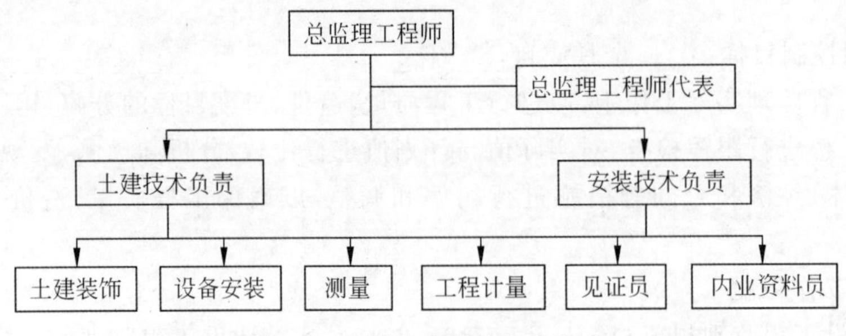

图 9-1 项目监理机构组织形式

2）项目监理机构人员配备计划

项目监理机构监理人员应由总监理工程师、专业监理工程师和监理员组成，且专业配套、数量应满足建设工程监理工作需要，必要时可设总监理工程师代表。

项目监理机构配备的监理人员应与监理投标文件或监理项目建议书的内容一致，并详细注明职称及专业等，可按表 9-7 的格式填报。要求填入真实到位人数。对于某些兼职监理人员，要说明参加本建设工程监理的确切时间，以便核查，以免名单开列数与实际数不相符而发生纠纷，这是监理工作中易出现的问题，必须避免。

表 9-7 项目监理机构人员配备计划(1)

序号	姓名	性别	年龄	职称或职务	本工程拟担任岗位	专业特长	以往担任过的主要工程及岗位	进场时间	退场时间
1									
…									

项目监理机构人员配备计划应根据建设工程监理进程合理安排，可用表 9-8 或表 9-9 形式表示。

表 9-8 项目监理机构人员配备计划(2)

月份	3	4	5	…	12
专业监理工程师	8	9	10		6
监理员	24	26	30		20
文秘人员	3	4	4		4

表 9-9 某工程项目监理机构人员配备计划

月份	3	4	5	6	7	8	9	10	11	12	…
总监理工程师	★	★	★	★	★	★	★	★	★	★	
总监理工程师代表	★				★	★	★		★		

续表

土建监理工程师	★	★	★	★	★	★	★				
机电监理工程师				★	★	★	★	★	★	★	
造价监理工程师	★	★	★	★	★	★	★	★	★	★	
造价监理员	★	★	★	★	★	★	★	★	★		
土建监理员	★	★	★	★	★	★	★			★	
机电监理员							★		★	★	
资料员	★	★	★	★	★	★	★	★	★	★	
…											
合计/人	7	6	6	7	8	8	9	5	7	6	

3）项目监理人员岗位职责

项目监理机构监理人员分工及岗位职责应根据监理合同约定的监理工作范围和内容以及《建设工程监理规范》(GB/T 50319—2013)规定，由总监理工程师安排和明确。总监理工程师应督促和考核监理人员职责的履行。必要时，可设总监理工程师代表，行使部分总监理工程师的岗位职责。

总监理工程师应根据项目监理机构监理人员的专业、技术水平、工作能力、实践经验等细化和落实相应的岗位职责。

5. 监理工作制度

为全面履行建设工程监理职责，确保建设工程监理服务质量，监理规划中应根据工程特点和工作重点明确相应的监理工作制度。主要包括项目监理机构现场监理工作制度、项目监理机构内部工作制度及相关服务工作制度(必要时)。

1）项目监理机构现场监理工作制度

(1）图纸会审及设计交底制度。

(2）施工组织设计审核制度。

(3）工程开工、复工审批制度。

(4）整改制度，包括签发监理通知单和工程暂停令等。

(5）平行检验、见证取样、巡视检查和旁站制度。

(6）工程材料、半成品质量检验制度。

(7）隐蔽工程验收、分项(部）工程质量验收制度。

(8）单位工程验收、单项工程验收制度。

(9）监理工作报告制度。

(10）安全生产监督检查制度。

(11）质量安全事故报告和处理制度。

(12）技术经济签证制度。

(13）工程变更处理制度。

(14）现场协调会及会议纪要签发制度。

(15）施工备忘录签发制度。

（16）工程款支付审核、签认制度。

（17）工程索赔审核、签认制度等。

2）项目监理机构内部工作制度

（1）项目监理机构工作会议制度，包括监理交底会议，监理例会、监理专题会，监理工作会议等。

（2）项目监理机构人员岗位职责制度。

（3）对外行文审批制度。

（4）监理工作日志制度。

（5）监理周报、月报制度。

（6）技术、经济资料及档案管理制度。

（7）监理人员教育培训制度。

（8）监理人员考勤、业绩考核及奖惩制度。

3）相关服务工作制度

如果提供相关服务时，还需要建立以下制度。

（1）项目立项阶段：包括可行性研究报告评审制度和工程估算审核制度等。

（2）设计阶段：包括设计大纲、设计要求编写及审核制度，设计合同管理制度，设计方案评审办法，工程概算审核制度，施工图纸审核制度，设计费用支付签认制度，设计协调会制度等。

（3）施工招标阶段：包括招标管理制度，标底或招标控制价编制及审核制度，合同条件拟订及审核制度，组织招标实务有关规定等。

6. 工程质量控制

工程质量控制重点在于预防，即在既定目标的前提下，遵循质量控制原则，制定总体质量控制措施、专项工程预控方案，以及质量事故处理方案，具体包括以下内容。

1）工程质量控制的目标描述

（1）施工质量控制目标。

（2）材料质量控制目标。

（3）设备质量控制目标。

（4）设备安装质量控制目标。

（5）质量目标实现的风险分析：项目监理机构宜根据工程特点、施工合同、工程设计文件及经过批准的施工组织设计对工程质量目标控制进行风险分析，并提出防范性对策。

2）工程质量控制的主要任务

（1）审查施工单位现场的质量保证体系，包括质量管理组织机构、管理制度及专职管理人员和特种作业人员的资格。

（2）审查施工组织设计、(专项)施工方案。

（3）审查工程使用的新材料、新工艺、新技术、新设备的质量认证材料和相关验收标准的适用性。

（4）检查、复核施工控制测量成果及保护措施。

（5）审核分包单位资格，检查施工单位为本工程提供服务的试验室。

（6）审查施工单位用于工程的材料、构配件、设备的质量证明文件，并按要求对用于工程的材料进行见证取样、平行检验,对施工质量进行平行检验。

(7) 审查影响工程质量的计量设备的检查和检定报告。

(8) 采用旁站、巡视检查、平行检验等方式对施工过程进行检查监督。

(9) 对隐蔽工程、检验批、分项工程和分部工程进行验收。

(10) 对质量缺陷、质量问题、质量事故及时进行处置和检查验收。

(11) 对单位工程进行竣工验收,并组织工程竣工预验收。

(12) 参加工程竣工验收,签署建设工程监理意见。

3) 工程质量控制的工作流程与措施

(1) 工程质量控制工作流程。依据分解的目标编制质量控制工作流程图(略)。

(2) 工程质量控制的具体措施。

① 组织措施:建立健全项目监理机构,完善职责分工,制定有关质量监督制度,落实质量控制责任。

② 技术措施:协助完善质量保证体系;严格事前、事中和事后的质量检查监督。

③ 经济措施及合同措施:严格质量检查和验收,不符合合同规定质量要求的,拒付工程款;达到建设单位特定质量目标要求的,按合同支付工程质量补偿金或奖金。

4) 旁站方案

(略)

5) 工程质量目标状况动态分析

(略)

6) 工程质量控制表格

(略)

7. 工程造价控制

项目监理机构应全面了解工程施工合同文件、工程设计文件、施工进度计划等内容,熟悉合同价款的计价方式、施工投标报价及组成、工程预算等情况,明确工程造价控制的目标和要求,制定工程造价控制工作流程、方法和措施,以及针对工程特点确定工程造价控制的重点和目标值,将工程实际造价控制在计划造价范围内。

1) 工程造价控制的目标分解

(1) 按建设工程费用组成分解。

(2) 按年度、季度分解。

(3) 按建设工程实施阶段分解。

2) 工程造价控制的工作内容

(1) 熟悉施工合同及约定的计价规则,复核、审查施工图预算。

(2) 定期进行工程计量,复核工程进度款申请,签署进度款付款凭证。

(3) 建立月完成工程量统计表,对实际完成量与计划完成量进行比较分析,发现偏差的,应提出调整建议,并报告建设单位。

(4) 按程序进行竣工结算款审核,签署竣工结算款支付证书。

3) 工程造价控制的主要方法

在工程造价目标分解的基础上,依据施工进度计划、施工合同等文件,编制资金使用计划,可列表编制(见表 9-10),并运用动态控制原理,对工程造价进行动态分析、比较和控制。

表 9-10 资金使用计划

工程名称	××年度				××年度				××年度				总额
	一	二	三	四	一	二	三	四	一	二	三	四	

工程造价动态比较的内容包括工程造价目标分解值与造价实际值的比较，以及工程造价目标值的预测分析。

4）工程造价目标实现的风险分析

项目监理机构宜根据工程特点、施工合同、工程设计文件及经过批准的施工组织设计对工程造价目标控制进行风险分析，并提出防范性对策。

5）工程造价控制的工作流程与措施

（1）工程造价控制的工作流程。依据工程造价目标分解编制工程造价控制工作流程图（略）。

（2）工程造价控制的具体措施。

① 组织措施：包括建立健全项目监理机构，完善职责分工及有关制度，落实工程造价控制责任。

② 技术措施：对材料、设备采购，通过质量价格比选，合理确定生产供应单位；通过审核施工组织设计和施工方案，使施工组织合理化。

③ 经济措施：包括及时进行计划费用与实际费用的分析比较；对原设计或施工方案提出合理化建议并被采用，由此产生的投资节约按合同规定予以奖励。

④ 合同措施：按合同条款支付工程款，防止过早、过量的支付。减少施工单位的索赔，正确处理索赔事宜等。

8. 工程进度控制

工程项目监理机构应全面了解工程施工合同文件、施工进度计划等内容，明确施工进度控制的目标和要求，制定施工进度控制工作流程、方法和措施，以及针对工程特点确定工程进度控制的重点和目标值，将工程实际进度控制在计划工期范围内。

1）工程总进度控制的目标分解

（1）年度、季度的进度目标。

（2）各阶段的进度目标。

（3）各子项目的进度目标。

2）工程进度控制的工作内容

（1）审查施工总进度计划和阶段性施工进度计划。

（2）检查、督促施工进度计划的实施。

（3）进行进度目标实现的风险分析，制定进度控制的方法和措施。

（4）预测实际进度对工程总工期的影响，分析工期延误原因，制定对策和措施，并报告工程实际进展情况。

3）工程进度控制的方法

（1）加强施工进度计划的审查，督促施工单位制订和履行切实可行的施工计划。

（2）运用动态控制原理进行进度控制。施工进度计划在实施过程中受各种因素的影响可能会出现偏差，项目监理机构应对施工进度计划的实施情况进行动态检查，对照施工实际进度和计划进度，判定实际进度是否出现偏差。发现实际进度严重滞后且影响合同工期时，应签发监理通知单，召开专题会议，要求施工单位采取调整措施加快施工进度，并督促施工单位按调整后批准的施工进度计划实施。

工程进度动态比较的内容包括工程进度目标分解值与进度实际值的比较；工程进度目标值的预测分析。

4）工程进度控制的工作流程与措施

（1）工程进度控制工作流程图（略）。

（2）工程进度控制的具体措施。

① 组织措施：落实进度控制的责任，建立进度控制协调制度。

② 技术措施：建立多级网络计划体系，监控施工单位的实施作业计划。

③ 经济措施：对工期提前者实行奖励；对应急工程实行较高的计件单价；确保资金的及时供应等。

④ 合同措施：按合同要求及时协调有关各方的进度，以确保建设工程的形象进度。

5）工程进度控制表格

（略）

9. 安全生产管理的监督工作

项目监理机构应根据法律法规、工程建设强制性标准，履行建设工程安全生产管理的监理职责。项目监理机构应根据工程项目的实际情况，加强对施工组织设计中涉及安全技术措施的审核，加强对专项施工方案的审查和监督，加强对现场安全事故隐患的检查，发现问题及时处理，防止和避免安全事故的发生。

1）安全生产管理的监理工作目标

履行法律法规赋予工程监理单位的法定职责，尽可能防止和避免施工安全事故的发生。

2）安全生产管理的监理工作内容

（1）编制建设工程监理实施细则，落实相关监理人员。

（2）审查施工单位现场安全生产规章制度的建立和实施情况。

（3）审查施工单位安全生产许可证及施工单位项目经理、专职安全生产管理人员和特种作业人员的资格，核查施工机械和设施的安全许可验收手续。

（4）审查施工承包人提交的施工组织设计，重点审查其中的质量安全技术措施、专项施工方案与工程建设强制性标准的符合性。

（5）审查包括施工起重机械和整体提升脚手架、模板等自升式架设设施等在内的施工机械和设施的安全许可验收手续情况。

（6）巡视检查危险性较大的分部分项工程专项施工方案实施情况。

（7）对施工单位拒不整改或不停止施工的，应及时向有关主管部门报送监理报告。

3）专项施工方案的编制、审查和实施的监理要求

（1）专项施工方案编制要求。实行施工总承包的，专项施工方案应当由总承包施工单

位组织编制，其中，起重机械安装拆卸工程、深基坑工程、附着式升降脚手架等专业工程实行分包的，其专项施工方案可由专业分包单位组织编制。实行施工总承包的，专项施工方案应当由总承包施工单位技术负责人及相关专业分包单位技术负责人签字。对于超过一定规模的危险性较大的分部分项工程专项方案应当由施工单位组织召开专家论证会。

(2) 专项施工方案监理审查要求。对编制的程序进行符合性审查；对实质性内容进行符合性审查。

(3) 专项施工方案实施要求。施工单位应当严格按照专项方案组织施工，安排专职安全管理人员实施管理，不得擅自修改、调整专项施工方案。如因设计、结构、外部环境等因素发生变化确需修改的，应及时报告项目监理机构，修改后的专项施工方案应当按相关规定重新审核。

4) 安全生产管理的监理方法和措施

(1) 通过审查施工单位现场安全生产规章制度的建立和实施情况，督促施工单位落实安全技术措施和应急救援预案，加强风险防范意识，预防和避免安全事故发生。

(2) 通过项目监理机构安全管理责任风险分析，制定监理实施细则，落实监理人员，加强日常巡视和安全检查，发现安全事故隐患时，项目监理机构应当履行监理职责，采取会议、告知、通知、停工、报告等措施向施工单位管理人员指出，预防和避免安全事故发生。

5) 安全生产管理监理工作表格

(略)

10. 合同管理与信息管理

1) 合同管理

合同管理主要是对建设单位与施工单位、材料设备供应单位等签订的合同进行管理，从合同执行等各个环节进行管理，督促合同双方履行合同，并维护合同订立双方的正当权益。

(1) 合同管理的主要工作内容如下。

① 处理工程暂停工及复工、工程变更、索赔及施工合同争议、解除等事宜。

② 处理施工合同终止的有关事宜。

(2) 合同结构。结合项目结构图和项目组织结构图，以合同结构图形式表示，并列出项目合同目录一览表(见表 9-11)。

表 9-11 项目合同目录一览表

序号	合同编号	合同名称	施工单位	合同价	合同工期	质量要求

(3) 合同管理工作流程与措施。

① 工作流程图(略)。

② 合同管理具体措施(略)。

(4) 合同执行状况的动态分析(略)。

(5) 合同争议调解与索赔处理程序(略)。

(6) 合同管理表格(略)。

2）信息管理

信息管理是建设工程监理的基础性工作，通过对建设工程形成的信息进行收集、整理、处理、存储、传递与运用，保证能够及时、准确地获取所需要的信息。具体工作包括监理文件资料的管理内容，监理文件资料的管理原则和要求，监理文件资料的管理制度和程序，监理文件资料的主要内容，监理文件资料的归档和移交等。

（1）信息分类见表9-12。

表9-12 信息分类

序号	信息类别	信息名称	信息管理要求	责任人

（2）项目监理机构内部信息流程图（略）。

（3）信息管理工作流程与措施。

① 工作流程图（略）。

② 信息管理具体措施（略）。

（4）信息管理表格（略）。

11. 监理设施

（1）制定监理设施管理制度。

（2）根据建设工程类别、规模、技术复杂程度、建设工程所在地的环境条件，按建设工程监理合同约定，配备满足监理工作需要的常规检测设备和工具。

（3）落实场地、办公、交通、通信、生活等设施，配备必要的影像设备。

（4）项目监理机构应将拥有的监理设备和工具（如计算机、设备、仪器、工具、照相机、摄像机等）列表（见表9-13），注明数量、型号和使用时间，并指定由专人负责管理。

表9-13 常规检测设备和工具

序号	仪器设备名称	型号	数量	使用时间	备注
1					
2					
3					
4					
5					
6					

9.2.4 监理规划报审

1. 监理规划报审程序

依据《建设工程监理规范》（GB/T 50319—2013），监理规划应在签订建设工程监理合同及收到工程设计文件后编制，在召开第一次工地会议前报送建设单位。监理规划报审程序的时间节点安排、各节点工作内容及负责人见表9-14。

表9-14 监理规划报审程序

序号	时间节点安排	工作内容	负责人
1	签订监理合同及收到工程设计文件后	编制监理规划	总监理工程师组织 专业监理工程师参与
2	编制完成、总监签字后	监理规划审批	监理单位技术负责人审批
3	第一次工地会议前	报送建设单位	总监理工程师报送
4	设计文件、施工组织计划和施工方案等发生重大变化时	调整监理规划	总监理工程师组织 专业监理工程师参与，监理单位技术负责人审批
		重新审批监理规划	监理单位技术负责人重新审批

2. 监理规划的审核内容

监理规划在编写完成后需要进行审核并经批准。监理单位技术管理部门是内部审核单位，其技术负责人应当签认。监理规划审核的内容主要包括以下几个方面。

1）监理范围、工作内容及监理目标的审核

依据监理招标文件和建设工程监理合同，审核是否理解建设单位的工程建设意图，监理范围、监理工作内容是否已包括全部委托的工作任务，监理目标是否与建设工程监理合同要求和建设意图相一致。

2）项目监理机构的审核

（1）组织机构方面。组织形式、管理模式等是否合理，是否已结合工程实施特点，是否能够与建设单位的组织关系和施工单位的组织关系相协调等。

（2）人员配备方面。人员配备方案应从以下几个方面审查。

① 派驻监理人员的专业满足程度。应根据工程特点和建设工程监理任务的工作范围，不仅要考虑专业监理工程师如土建监理工程师、安装监理工程师等能够满足开展监理工作的需要，还要看其专业监理人员是否覆盖了工程实施过程中的各种专业要求，以及高中级职称和年龄结构的组成。

② 人员数量的满足程度。主要审核从事监理工作人员在数量和结构上的合理性。按照我国已完成监理工作的工程资料统计测算，在施工阶段，大中型建设工程每年完成100万元的工程量所需监理人员为0.6～1人，专业监理工程师、一般监理人员和行政文秘人员的结构比例为0.2∶0.6∶0.2。专业类别较多的工程的监理人员数量应适当增加。

③ 专业人员不足时采取的措施是否恰当。大中型建设工程由于技术复杂、涉及的专业面宽，当工程监理单位的技术人员不足以满足全部监理工作要求时，对拟临时聘用的监理人员的综合素质应认真审核。

④ 派驻现场人员计划表。对于大中型建设工程，不同阶段对所需要的监理人员在人数和专业等方面的要求不同，应对各阶段所派驻现场监理人员的专业、数量计划是否与建设工程进度计划相适应进行审核。还应平衡正在其他工程上执行监理业务的人员，是否能按照预定计划进入本工程参加监理工作。

3）工作计划的审核

在工程进展中各个阶段的工作实施计划是否合理、可行，审查其在每个阶段中如何控制建设工程目标以及组织协调方法。

4）工程质量、造价、进度控制方法的审核

对三大目标控制方法和措施应重点审查，看其如何应用组织、技术、经济、合同措施保证目标的实现，方法是否科学、合理、有效。

5）对安全生产管理监理工作内容的审核

主要是审核安全生产管理的监理工作内容是否明确；是否制定了相应的安全生产管理实施细则；是否建立了对施工组织设计、专项施工方案的审查制度；是否建立了对现场安全隐患的巡视检查制度；是否建立了安全生产管理状况的监理报告制度；是否制定了安全生产事故的应急预案等。

6）监理工作制度的审核

主要审查项目监理机构内外工作制度是否健全、有效。

9.3 监理实施细则

监理实施细则是在监理规划的基础上，当落实了各专业监理责任和工作内容后，由专业监理工程师针对工程具体情况制定出更具实施性和操作性的业务文件，其作用是具体指导监理业务的实施。

9.3.1 监理实施细则的编写依据

《建设工程监理规范》(GB/T 50319—2013)规定了监理实施细则编写的依据。

(1) 已批准的建设工程监理规划。

(2) 与专业工程相关的标准、设计文件和技术资料。

(3) 施工组织设计、(专项)施工方案。

除了《建设工程监理规范》(GB/T 50319—2013)中规定的相关依据外，监理实施细则在编制过程中，还可以融入工程监理单位的规章制度和经认证发布的质量体系，以达到监理内容的全面、完整，有效提高建设工程监理自身的工作质量。

9.3.2 监理实施细则的编写要求

《建设工程监理规范》(GB/T 50319—2013)规定，采用新材料、新工艺、新技术、新设备的工程，以及专业性较强、危险性较大的分部分项工程，应编制监理实施细则。对于工程规模较小、技术较为简单且有成熟监理经验和施工技术措施落实的情况下，可以不必编制监理实施细则。

监理实施细则应符合监理规划的要求，并应结合工程专业特点，做到详细具体、具有可操作性。监理实施细则可随工程进展编制，但应在相应工程开始前由专业监理工程师编制完成，并经总监理工程师审批后实施。可根据建设工程实际情况及项目监理机构工作需要增加其他内容。当工程发生变化导致监理实施细则所确定的工作流程、方法和措施需要调整时，专业监理工程师应对监理实施细则进行补充、修改。

从监理实施细则目的角度，监理实施细则应满足以下3个方面要求。

1. 内容全面

监理工作包括"三控两管一协调"与安全生产管理的监理工作，监理实施细则作为指导监理工作的操作性文件应涵盖这些内容。在编制监理实施细则前，专业监理工程师应依据建设工程监理合同和监理规划确定的监理范围与内容，结合需要编制监理实施细则的专业工程特点，对工程质量、造价、进度主要影响因素以及安全生产管理的监理工作的要求，制定内容细致、翔实的监理实施细则，确保监理目标的实现。

2. 针对性强

独特性是工程项目的本质特征之一，没有两个完全一样的项目。因此，监理实施细则应在相关依据的基础上，结合工程项目实际建设条件、环境、技术、设计、功能等进行编制，确保监理实施细则的针对性。为此，在编制监理实施细则前，各专业监理工程师应组织本专业监理人员熟悉本专业的设计文件、施工图纸和施工方案，应结合工程特点，分析本专业监理工作的难点、重点及其主要影响因素，制定有针对性的组织、技术、经济和合同措施。同时，在监理工作实施过程中，监理实施细则要根据实际情况进行补充、修改和完善。

3. 可操作性强

监理实施细则应有可行的操作方法、措施，详细、明确的控制目标值和全面的监理工作计划。

9.3.3 监理实施细则主要内容

《建设工程监理规范》(GB/T 50319—2013)明确规定了监理实施细则应包含的内容，即专业工程特点、监理工作流程、监理工作要点，以及监理工作方法及措施。

1. 专业工程特点

专业工程特点是指需要编制监理实施细则的工程专业特点，而不是简单的工程概述。专业工程特点应从专业工程施工的重点和难点、施工范围和施工顺序、施工工艺、施工工序等内容进行有针对性地阐述，体现为工程施工的特殊性、技术的复杂性，与其他专业的交叉和衔接以及各种环境约束条件。

除了专业工程外，新材料、新工艺、新技术以及对工程质量、造价、进度应加以重点控制等特殊要求也需要在监理实施细则中体现。

2. 监理工作流程

监理工作流程是结合工程相应专业制定的具有可操作性和可实施性的流程图。不仅涉及最终产品的检查验收，更多地涉及施工中各个环节及中间产品的监督检查与验收。

监理工作涉及的流程包括开工审核工作流程、施工质量控制流程、进度控制流程、造价(工程量计量)控制流程、安全生产和文明施工监理流程、测量监理流程、施工组织设计审核工作流程、分包单位资格审核流程、建筑材料审核流程、技术审核流程、工程质量问题处理审核流程、旁站检查工作流程、隐蔽工程验收流程、工程变更处理流程、信息资料管理流程等。

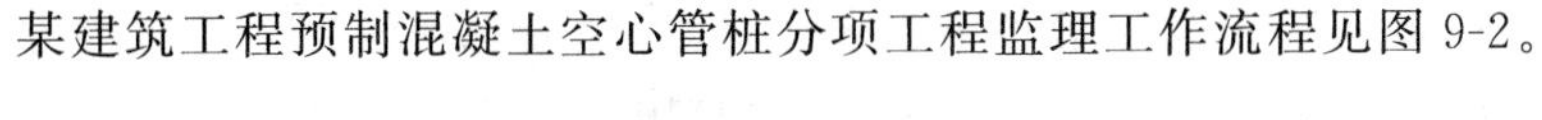

某建筑工程预制混凝土空心管桩分项工程监理工作流程见图 9-2。

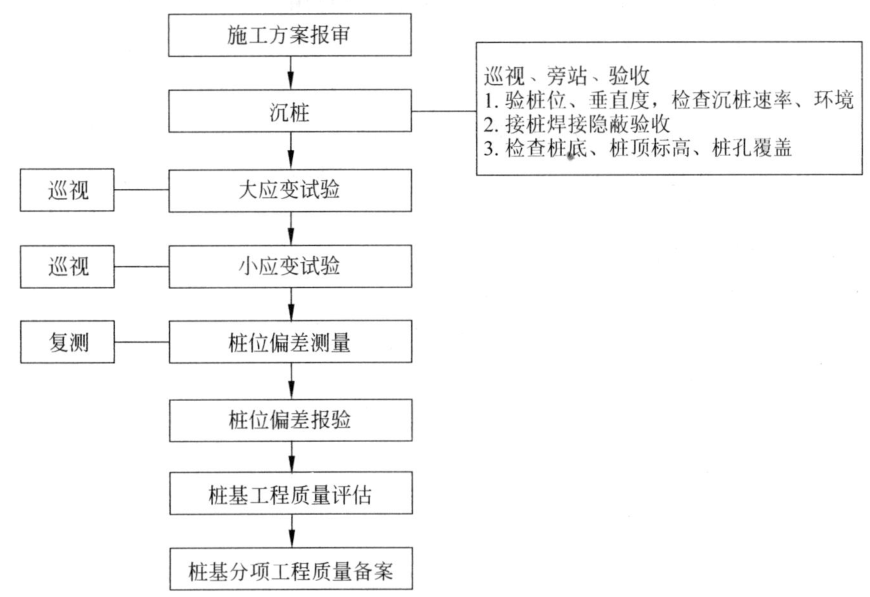

图 9-2 某建筑工程预制混凝土空心管桩分项工程监理工作流程

3. 监理工作要点

监理工作要点及目标值是对监理工作流程中工作内容的增加和补充，应将流程图设置的相关监理控制点和判断点进行详细而全面的描述。将监理工作目标和检查点的控制指标、数据和频率等阐明清楚。

例如，某建筑工程预制混凝土空心管桩分项工程监理工作要点如下。

(1) 预制桩进场检验：保证资料、外观检查(管桩壁厚，内外平整)。

(2) 压桩顺序：压桩宜按中间向四周，中间向两端，先长后短，先高后低的原则确定压桩顺序。

(3) 桩机就位：桩架龙口必须垂直。确保桩机桩架、桩身在同一轴线上，桩架要坚固、稳定，并有足够刚度。

(4) 桩位：放样后认真复核，控制吊桩就位准确。

(5) 桩垂直度：第一节管桩起吊就位插入地面时的垂直度用长条水准尺或两台经纬仪随时校正，垂直度偏差不得大于桩长的 0.5%，必要时拔出重插，每次接桩应用长条水准尺测垂直度，偏差控制在 0.5%内。在静压过程中，桩机桩架、桩身的中心线应重合，当桩身倾斜超过 0.8%时，应找出原因并设法校正，当桩尖进入硬土层后，严禁用移动桩架等强行回扳的方法纠偏。

(6) 沉桩前，施工单位应提交沉桩先后顺序和每日班沉桩数量。

(7) 管桩接头焊接：管桩入土部分桩头高出地面 0.5～1.0m 时接桩。接桩时，上节桩应对直，轴向错位不得大于 2mm。采用焊接接桩时，上下节桩之间的空隙用铁片填实焊牢，结合面的间隙不得大于 2mm。焊接坡口表面用铁刷子刷干净，露出金属光泽。焊接时宜先在坡口圆周上对称点焊 6 处，待上下桩节固定后拆除导向箍再分层施焊。施焊宜由两三名焊工对称进行，焊缝应连续饱满，焊接层数不少于3层，内层焊渣必须清理干净以后方能施焊外一层，焊好后的桩必须自然冷却8min方可施打，严禁用水冷却后立即施压。

(8) 送桩：当桩顶打至地面需要送桩时，应测出桩垂直度并检查桩顶质量，合格后立即送桩，用送桩器将桩送入设计桩顶位置。送桩时，送桩器应保证与压入的桩垂直一致，送桩器下端与桩顶断面应平整接触，以免桩顶面受力不均匀而发生偏位或桩顶破碎。

(9) 截桩头：桩头截除应采用锯桩器截割，严禁用大锤横向敲击或强行扳拉截桩，截桩后桩顶标高偏差不得大于10cm。

4. 监理工作方法及措施

监理规划中的方法是针对工程总体概括要求的方法和措施，监理实施细则中的监理工作方法和措施是针对专业工程而言，应更具体、更具有可操作性和可实施性。

1) 监理工作方法

监理工程师通过旁站、巡视、见证取样、平行检测等监理方法，对专业工程作全面监控，对每一个专业工程的监理实施细则而言，其工作方法必须加以详尽阐明。除上述4种常规方法外，监理工程师还可采用指令文件、监理通知、支付控制手段等方法实施监理。

2) 监理工作措施

各专业工程的控制目标要有相应的监理工作措施以保证控制目标的实现。制定监理工作措施通常有以下两种方式。

(1) 根据措施实施内容不同，可将监理工作措施分为技术措施、经济措施、组织措施和合同措施。例如，某建筑工程钻孔灌注桩分项工程监理工作组织措施和技术措施如下。

① 组织措施：根据钻孔桩工艺和施工特点，对项目监理机构人员进行合理分工，现场专业监理人员分2班(8:00—20:00和20:00—次日8:00，每班1人)，进行全程巡视、旁站、检查和验收。

② 技术措施：组织所有监理人员全面阅读图纸等技术文件，提出书面意见，参加设计交底，制定详细的监理实施细则。详细审核施工单位提交的施工组织设计；严格审查施工单位现场质量管理体系的建立和实施。研究分析钻孔桩施工质量风险点，合理确定质量控制关键点，包括桩位控制、桩长控制、桩径控制、桩身质量控制和桩端施工质量控制。

(2) 根据措施实施时间不同，可将监理工作措施分为事前控制措施、事中控制措施及事后控制措施。

事前控制措施是指为预防发生差错或问题而提前采取的措施；事中控制措施是指监理工作过程中，及时获取工程实际状况信息，以供及时发现问题、解决问题而采取的措施；事后控制措施是指发现工程相关指标与控制目标或标准之间出现差异后而采取的纠偏措施。

例如，某建筑工程预制混凝土空心管桩分项工程监理工作措施包括以下内容。

① 工程质量事前控制。

第一，认真学习和审查工程地质勘察报告，掌握工程地质情况。

第二，认真学习和审查桩基设计施工图纸，并进行图纸会审，协助建设单位组织技术交底(技术交底主要内容为地质情况，设计要求，操作规程，安全措施和监理工作程序及要求等)。

第三，审查施工单位的施工组织设计、技术保障措施、施工机械配置的合理性及完好率、施工人员到位情况、施工前期情况、材料供应情况并提出整改意见。

第四，审查预制桩生产厂家的资质情况、生产工艺、质量保证体系、生产能力及产品合格证、各种原材料的试验报告、企业信誉，并提出审查意见(若条件许可，监理人员应到生产厂家进行实地考察)。

第五，审查桩机备案情况，检查桩机的显著位置标注单位名称、机械备案编号。进入施工现场时机长及操作人员必须备齐基础施工机械备案卡及上岗证，供项目监理机构、安全监管机构、质量监督机构检查。未经备案的桩机不得进入施工现场施工。

第六，要求施工单位在桩基平面布置图上对每根桩进行编号。

第七，要求施工单位设专职测量人员，按桩基平面布置图测放轴线及桩位，其尺寸允许偏差应符合《建筑地基基础工程施工质量验收规范》(GB 50202—2013)要求。

第八，建筑物四大角轴线必须引测到建筑物外并设置龙门桩或采用其他固定措施，压桩前应复核测量轴线、桩位及水准点，确保无误，且须经签认验收后方可压桩。

第九，要求施工单位提出书面技术交底资料，出具预制桩的配合比、钢筋、水泥出厂合格证及试验报告，提供现场相关人员操作上岗证资料供监理审查，并留复印件备案，各种操作人员均须持证上岗。

第十，检查预制桩的标志、产品合格证书等。

施工现场准备情况的检查：施工场地的平整情况；场区测量检查；检查压桩设备及起重工具；铺设水电管网，进行设备架立组装、调试和试压；在桩架上设置标尺，以便观测桩身入土深度；检查桩质量。

② 工程质量事中控制。

第一，确定合理的压桩程序。按尽量避免各工程桩相互挤压而造成桩位偏差的原则，根据地基土质情况、桩基平面布置、桩的尺寸、密集程度、深度、桩机移动方向以及施工现场情况等因素确定合理的压桩程序。定期复查轴线控制桩、水准点是否有变化，应使其不受压桩及运输的影响。复查周期每10d不少于1次。

第二，管桩数量及位置应严格按照设计图纸要求确定，施工单位应详细记录试桩施工过程中沉降速度及最后压桩力等重要数据，作为工程桩施工过程中的重要数据，并借此校验压桩设备、施工工艺以及技术措施是否适宜。

第三，经常检查各工程桩定位是否准确。

第四，开始沉桩时应注意观察桩身、桩架等是否垂直一致，确认垂直后，方可转入正常压桩。桩插入时的垂直度偏差不得超过0.5%。在施工过程中，应密切注意桩身的垂直度，如发现桩身不垂直要督促施工方设法纠正，但不得采用移动桩架的方法纠正(因为这样做会造成桩身弯曲，继续施压会发生桩身断裂)。

第五，按设计图纸要求，进行工程桩标高和压力桩的控制。

第六，在沉桩过程中，若遇桩身突然下沉且速度较快及桩身回弹时，应立即通知设计人员及有关各方人员到场，确定处理方案。

第七，当桩顶标高较低，须送桩入土时应用钢制送桩器放于桩头上，将桩送入土中。

第八，若需接桩时，常用接头方式有焊接、法兰盘连接及硫黄胶泥锚接。前两种可用于各类土层，硫黄胶泥锚接适用于软土层。

第九，接桩用焊条或半成品硫黄胶泥应有产品质量合格证书，或送有关部门检验，半成品硫黄胶泥应每100kg做一组试件(3件)；重要工程应对焊接接头做10%的探伤检查。

第十，应经常检查压力、桩垂直度、接桩间歇时间、桩的连接质量及压入深度；检查已施压的工程桩有无异常情况，如桩顶水平位移或桩身上升等，如有异常情况应通知有关各方人员到现场确定处理意见。

第十一，工程桩应按设计要求和《建筑地基基础工程施工质量验收规范》(GB 50202—2013)进行承载力和桩身质量检验，检验标准应按《建筑工程基桩检测技术规范》(JGJ 106—2014)的规定执行。

第十二，预制桩的质量检验标准应符合《建筑地基基础工程施工质量验收规范》(GB 50202—2013)要求。

第十三，认真做好压桩记录。

③ 工程质量事后控制（验收）。工程质量验收，均应在施工单位自检合格的基础上进行。施工单位确认自检合格后提出工程验收申请，由项目监理机构进行验收。

9.3.4 监理实施细则报审程序

《建设工程监理规范》(GB/T 50319—2013)规定，监理实施细则可随工程进展编制，但必须在相应工程施工前完成，并经总监理工程师审批后实施。监理实施细则报审程序见表 9-15。

表 9-15 监理实施细则报审程序

序号	节点	工作内容	负责人
1	相应工程施工前	编制监理实施细则	专业监理工程师编制
2	相应工程施工前	监理实施细则审批、批准	专业监理工程师送审，总监理工程师批准
3	工程施工过程中	若发生变化，监理实施细则中工作流程与方法措施调整	专业监理工程师调整，总监理工程师批准

9.3.5 监理实施细则的审核内容

监理实施细则由专业监理工程师编制完成后，需要报总监理工程师批准后方能实施。监理实施细则的审核内容主要包括以下几个方面。

1. 编制依据、内容的审核

监理实施细则的编制是否符合监理规划的要求，是否符合专业工程相关的标准，是否符合设计文件的内容，与提供的技术资料是否相符合，是否与施工组织设计、(专项)施工方案使用的规范、标准、技术要求相一致。监理的目标、范围和内容是否与监理合同和监理规划相一致，编制的内容是否涵盖专业工程的特点、重点和难点，内容是否全面、翔实、可行，是否能确保监理工作质量等。

2. 项目监理人员的审核

(1) 组织方面。组织方式、管理模式是否合理，是否结合了专业工程的具体特点，是否便于监理工作的实施，制度、流程上是否能保证监理工作，是否与建设单位和施工单位相协调等。

(2) 人员配备方面。人员配备的专业满足程度、数量等是否满足监理工作的需要、专业人员不足时采取的措施是否恰当、是否有操作性较强的现场人员计划安排表等。

3. 监理工作流程、监理工作要点的审核

监理工作流程是否完整、翔实，节点检查验收的内容和要求是否明确，监理工作流程是否与施工流程相衔接，监理工作要点是否明确、清晰，目标值控制点设置是否合理、可控等。

4. 监理工作方法和措施的审核

监理工作方法是否科学、合理、有效，监理工作措施是否具有针对性、可操作性、安全可靠，是否能确保监理目标的实现等。

5. 监理工作制度的审核

针对专业建设工程监理，其内外监理工作制度是否能有效保证监理工作的实施，监理记录、检查表格是否完备等。

单元10 其他监理文件

10.1 监 理 日 志

监理日志是监理工程师实施监理活动的原始记录，是执行监理委托合同、编制监理竣工文件和处理索赔、延期、变更的重要资料；也是分析工程质量问题最重要的、最原始、最可靠的材料；也是工程监理档案的最基本的组成部分。

10.1.1 监理日志的作用

(1) 动态地反映和记录施工过程监督管理的真实过程与监理程序、监理工作成效。

(2) 采集和记录了施工过程及监理过程的相关信息，具有可追溯性。

(3)《监理日志》的记录是最有效地协助监理人员对施工质量控制、进度控制、投资控制的规律及活动进行及时分析的有效依据。

(4) 工程竣工结算时，甲、乙双方对工期延期执罚引起争论时，监理工程师出示工期判定资料时，《监理日志》作为最有效的依据。

(5) 应当针对所记录的承包单位当日进行或完成的工作内容，在“质量检查”或“巡视/旁站/平行检验”或“记事”栏内填写相应完成的监理对质量或安全检查结果，以记录当天监理人员所做的工作业绩和应完成的监理程序及职责。

10.1.2 记录《监理日志》应遵守的要求

(1) 记录内容要求真实可靠，注意时效性。

(2) 书写规范、字迹清晰、文字简练，词意表达准确。

(3) 日志内容要与监理通知单，旁站记录，平行检验记录，质量检测、试验记录，见证取样记录等各相关资料相互验证闭合，记录时间、内容一致。

(4) 对记录内容应当跟踪检查的必须做到有始有终，完整闭合。

(5)《监理日志》应以单位工程为体系，分别记录并保持其完整性。

(6) 填写《监理日志》各栏目不得缺项空白（如此栏目当日无信息内容应以“0”或“无”表示），每天记录必须有记录人签字、总监（或总监代表）审阅意见及签字，以保证每日记录的完整、真实有效。

(7)《监理日志》可由一人负责在当日下班前半小时汇集各专业（土建、水、电、暖各工种)监理人员沟通交流信息后,共同记录于同一页日志表中。

(8) 遇节假日工地停工放假或因故工地全部暂停施工数日,可在一页《监理日志》中记录××月××日—××月××日工地停工及停工原因。

10.1.3 监理日志常见的问题

(1) 记录人员不确定。

(2) 内容不完善,重点不突出。

(3) 记录质量不高。

10.1.4 监理日志的内容

监理日志应该真实、准确、全面地记录与工程进度、质量、安全相关的问题,用词要准确、严谨、规范。把所发生的问题以及解决途径、方法记录下来,这样不仅便于查找,也有利于业主和主管部门更全面地了解监理工作内容与监理工作业绩。

主要事件、重大的施工活动均应记录在监理日志上,尤其是施工中存在的安全、质量隐患和对承包商的重要建议、要求等。通过多年的探索、改革、引进先进制度,我国监理市场正逐步走向成熟,监理人员也应不断提高素质,使自己适应不断变化的环境,监理日志的填写就是这种素质的一个侧面反映。全面、详细的监理日志不仅能为监理工作提供方便,同时还是工程延期、索赔的依据。

监理日志的记录内容应包括以下几点。

(1) 日期、天气。

(2) 单位工程、分部工程开工、完工时间及施工情况。

(3) 承包商的组织机构、人员动态。

(4) 承包商主要材料、设备进场及使用情况。

(5) 监理单位对不同问题的处理。

(6) 分项、分部、单位工程的验收情况。

(7) 记录工程中存在的影响工程质量、进度、造价、安全的各类问题及解决情况,合同管理情况,监理会议、考察、抽检等活动情况。

(8) 审阅记录。

(9) 关键时间和位置的记录。

10.1.5 《监理日志》各栏目填写说明

《监理日志》各栏目填写说明见图 10-1。

1. 监理人员动态

记录当日在现场工作的,与本"单位工程"有关的监理人员姓名(因《监理日志》是以每个"单位工程"单独记一本的体系记录,故只记录当日负责本"单位工程"的监理员、资料员、专业监理工程师及总监、总监代表)。应由上岗的监理人员本人签名,以表明本人今日在岗。

工程名称： 编号：

日期		天气		气温	
监理人员动态：					
承包单位人员动态：			承包单位机械使用情况：		
材料进场情况：			材料使用情况：		
质量检查、试验概要：					
承包单位提出的问题：					
对承包单位问题的答复或指令：					
来往函件记录：					
主要会议、会谈、洽谈：					
承包单位进行/完成的主要工作					
见证取样记录：					

图 10-1 《监理日志》各栏目填写说明

2. 承包单位人员动态

记录本“单位工程”当日的施工人员数量(如本工地有 5 栋楼，则应分别记录每栋楼单位工程的施工人员)。

例 1：钢筋工××人、支模工××人、其他工种××人(含管理人员)。

例 2：管道工××人、电工××人、抹灰工××人、其他工种××人(含管理人员)。

本栏目记录的当日施工场地劳动力状况是考察主要工种劳动力状况是否满足施工进度的要求的真实记录。注意主要工种的名称应与“承包单位进行/完成的主要工作”栏目内记录作业工序内容相吻合。

3. 承包单位机械使用情况

记录本“单位工程”中现场使用的大型机械运行状况。

例 1：塔吊、施工电梯运行正常。

例 2：今日无大型施工机械使用。

例 3：塔吊运行不正常(此时应在“对承包单位问题的答复或指令”栏目内相应记录已发暂停使用塔吊进行维修检查的监理通知)。

4. 材料进场情况

记录本“单位工程”当日进入现场的主要原材料、构件或设备的名称、规格及数量。

例 1：C40 商品混凝土××m^3。

例 2：秦岭牌 425＃普通硅酸盐水泥××t，中砂××m^3。

例3：首钢产HRB335级20螺纹钢××t或Ⅲ级、20螺纹钢筋××t(3栋楼共用)。

例4：××厂生产承重空心砖×××块。

例5：DN20、DN25、DN50宝钢生产热镀锌钢管××t、PE-RT管×××m。

例6：×××型号空调机组1套、××型号水泵3台。

5. 材料使用情况

记录当日施工作业使用的材料及构件质量是否符合设计要求的情况。

例1：现场材料使用及质量符合设计要求。

例2：××材料进场后未经质量验收，暂停用于施工工程。

例3：××材料经检验质量不合格，不符合设计要求，不允许用于本工程。

(如经监理人员认定未经质量验收或质量验收不合格的材料不得用于工程施工，应立即向施工单位发出监理通知，禁止或暂停使用或做材料退出现场外的处理要求，并对退场时间予以记录)。

6. 质量检查、试验概要

记录对当日材料、构件、设备或某工程部位的质量经专业监理人员现场检查或检测的质量结论(含具有检测单位报告的检测结果)。

例1：××月××日对××部位取样C40混凝土试块28d强度经测试抗压强度×××MPa质量合格(详见××号检测报告)。

例2：××月××日进场钢筋Ⅲ级钢$\surd$10、$\surd$20经取样检测抗拉强度××N/mm^2，符合设计质量要求(详见××号检测报告)。

例3：××月××日××工程部分经××检测单位进行××项检测合格(详见××号检测报告)。

例4：当日对××系统进行管道水压试验，符合设计(或规范)要求(详见××编号试验报告)。

例5：××月××日进场DN25钢管(或电线)材料，经进场对外径、壁厚尺量检测及目测外观，符合质量标准及设计要求(详见××号检测报告或××编号平行检验报告)。

例6：××部位混凝土浇筑对坍落度检测符合要求(详见旁站监理检测记录)。

例7：××排水立管进行灌水(或通球)试验合格(详见××试验记录)。

例8：用混凝土回弹仪平行检验测定××部位混凝土强度合格(详见××编号平行检验报告)。

例9：今日对进场电线进行外观及尺检符合质量标准及设计要求(详见××号检测报告或××编号平行检测记录)。

例10：今日××层框架混凝土柱浇注后拆模，检查个别柱基部有烂根现象、个别柱表面有×××××尺寸范围的蜂窝麻面，或个别柱有跑模现象，要求施工方提出处理方案进行处理(同时在“对承包单位问题的答复或指令”栏目内记录发出监理工程师通知单的编号)。

例11：××日进场的多孔砖已按5万块一个批次送检，试验报告抗压强度××MPa符合强度等级标准(烧结砖15万块、粉煤灰砖10万块、混凝土小型砌块每1万块为一个检验批次)。

例12：××日现场搅拌××号砌筑砂浆送检试块，28d强度报告砂浆试块强度××MPa符合质量要求(详见×××号检测报告)。

例13：××层××部位梁、柱(或板)支模完成后，经现场检测尺寸、部位均符合设计图纸要求，模板支护系统稳固安全。

例 14：××层××部位梁、柱或板今日拆模后，现场检查外观无跑模、烂根、蜂窝麻面等不合格质量问题。

7. 承包单位提出的问题

记录各承包单位当日口头或书面提出有关的问题概要(或详见××月××日书面报告)。

8. 对承包单位问题的答复或指令

记录当日向施工单位发出的监理通知或停工通知的主要内容(或注明详见××编号文件)，以及对承包单位提出问题的答复内容(或详见××编号答复文件)。

9. 来往函件记录

记录施工方、业主方或其他相关单位发来或监理方发出的函件内容概要或标明详见相应函件编号(含施工方对监理通知的回复单)。

例 1：10:00 时收到业主方发来××设计院××专业××编号设计变更。

例 2：15:00 时收到施工单位对××编号《监理通知单》的回复单。

例 3：11:00 时收到施工单位××月工程计量报审文件。

例 4：14:00 时收到施工单位关于费用索赔的申报文件。

例 5：15:00 时发至业主方××编号《工作联系单》。

例 6：15:00 时发至施工单位××月工程进度款支付文件。

例 7：15:00 时发至业主方(××单位)申请追加额外工程监理费的报告书。

10. 主要会议、会谈、洽谈

记录当日召开与工程有关的会议名称(含监理例会)或与施工方、业主方对工程相关事项会谈、洽谈的内容概要(内容较多时可补记在"记事"栏内)。

11. 承包单位进行/完成的主要工作

记录当日施工单位在施工现场作业工序名称及作业部位，并说明完成情况。

例 1：××部位 C40 商品混凝土施工，于××时浇筑完成。

例 2：××部位砌砖施工，当日未完成。

例 3：给排水(或电气)施工××系统，当日未完成。

12. 见证取样记录

记录监理人员当日对现场材料取样过程的见证。

例 1：××月××日进场Φ10、Φ20 钢筋材料取××组送检。

例 2：C40 商品混凝土取试块××组送标养室(或现场同条件)养护。

例 3：××月××日进场秦岭牌××标号水泥取样送检测试安定性试验及强度检测。

例 4：××月××日进场××防水材料取样送检进行防水性能检测。

例 5：××月××日进场的××标号多孔砖取样送检试验。

例 6：××月××日进场××保温材料取样送检试验。

13. 巡视/旁站/平行检验记录

记录监理人员对施工作业区进行巡视、旁站监理或对工程质量进行平行检验的过程简述(见图 10-2)。

例 1：① 工程部位：××层顶板混凝土浇筑施工旁站监理。

② 时间：8:00—21:30。

③ 存在问题：混凝土浇筑顺序不合理，易造成对已浇筑混凝土层面已进入初凝状态接槎部分的扰动，形成质量隐患。

④ 处理措施：要求施工方重新布置浇筑顺序，保证浇筑的接槎部位在已浇筑混凝土层面的初凝时间之前进行。

例 2：① 工程部位：××层填充墙砌筑平行检验。

② 时间：14:00—17:00。

③ 存在问题：检测墙体垂直度、平整度及水平灰缝厚度符合要求，检测详见××编号平行检验报告。

④ 处理措施：无。

例 3：① 工程部位：J1 给水系统管道安装巡视检查(或平行检验)。

② 时间：9:00—17:00。

③ 存在问题：施工工序正确，未发现质量问题(或抽检××检验批的管道坡度值符合设计要求，详见××编号平行检验报告)。

④ 处理措施：无。

例 4：① 工程部位：××层地面及墙体电线导管的预埋隐蔽前平行检验。

② 时间：18:00—19:00。

③ 存在问题：地面及墙体电线导管埋设位置及导管走向符合设计要求，但个别导管弯角弧度过小，详见××编号平行检验报告。

④ 处理措施：要求施工单位在混凝土浇注施工前重新调整导管弯曲弧度以免造成以后穿线困难。于当日 20:00 时监理人员复验全部合格后，允许混凝土浇注施工。

例 5：① 工程部位：××层施工现场，监理巡视检查。

② 时间：9:00—12:00。

③ 存在问题：土建专业绑扎钢筋及电气专业敷设电线导管施工，工序合理、作业规范、施工质量合格，作业面未发现安全隐患。

④ 处理措施：无。

巡视/旁站/平行检验记录
1. 工程部位 2. 时间 3. 存在问题 4. 处理措施
总监理工程师巡视纪要
记事：
记录人： 总监/总监代表签字： 日期：

图 10-2 巡视/旁站/平行检验记录示例

14. 总监理工程师巡视纪要

记录总监对施工现场巡视情况，由总监或总监代表自己填写。主要记录两方面的问题：①施工质量、进度检查的结果记录及意见。②对本项目监理人员的监理作业情况的检查意见，评价监理人员的工作状况，施工质量、进度、投资是否得到控制，控制方法有无问题，对本项目监理部工作改进的要求。发现监理作业有无不合格行为。

暂规定本栏目可隔几日记录一次，(当日无事可以不记录)，但每周不得少于一次记录。

例1：巡视施工现场，近期工程质量及进度得到有效控制、现场安全生产秩序正常，未发现失控状态。

例2：巡视××部位，施工质量存在××问题，要求××专业监理工程师召开专题会议(或编写质量控制措施)，严格施工质量的控制并作出控制过程记录。

例3：近期工期进度拖延明显，请专业工程师调查分析进度拖延原因，要求施工单位提出赶工措施，专业监理工程师应提出进度控制措施，严格控制进度在关键线路按计划执行的范围内。

例4：上次监理例会纪要(或监理月报)未能在××日前完成，要求×××监理员注意按时完成工作任务，及时向施工方、业主方提交上述文件。

例5：近日监理人员对现场的安全隐患(或环境污染控制)检查不及时，应引起全体监理人员注意，加强对现场安全检查活动的台账记录。

15. 记事

记录在以上各栏目未包含的内容及事件，内容主要包括下列几个方面。

(1) 工地超过4h的停水、停电及其他意外造成工地无法正常施工，影响重要工序进度计划执行情况及当日工地发生的重大事件作简要记录。

(2) 工地存在的安全隐患及处理情况记录，当日工地发生的安全事件。

(3) 与施工方、业主方或上级相关部门对施工情况洽谈、会谈的概要(在“主要会议、会谈、洽谈”栏目内填写不完时可在此栏目内记录)及上述各栏目内未记录完全的各项资料信息，可继续补充记录在本栏目内。

(4) 记录各专业当日对工程质量的验收情况(分部、分项及检验批的验收参加人员及验收结论是否合格及存在问题概要)。

(5) 记录在《职业健康安全体系》及《环境管理体系》中的运行实施活动的记录。

16. 总监或总监代表审阅签字栏

此栏目内除记录人签名外，总监或总监代表应定期(一般不超过一周时间)对每日的监理日志记录情况进行审阅(各栏目内容记录是否完整、真实，应跟踪检查的内容记录是否闭合，对记录中存在的问题可记录于当日总监巡视纪要中要求监理人员改进)，应写审阅意见并进行签名，以示负责。

10.2 监理月报

监理月报的编制是监理工程师的一项重要工作，监理月报的编制是体现监理单位工程监理项目目标有效控制水平、管理水平、人员专业水平的一个重要组成部分，是实现监理工作标准化、规范化、专业化、科学化的重要工作内容。

10.2.1 监理月报编制的作用

监理月报实际上是项目监理部每月监理工作的总结，也是每位监理人员每月监理工作的小结，是每位监理人员都应参与的一项工作，是项目监理部外在形象和内在管理的一种反映。通过月度小结，监理部乃至每个监理人员都清楚了自己本月所做的工作，以及所取得的成绩和不足。

针对不同对象，相应有以下作用。

1. 对项目监理部的作用

通过编写监理月报，即月度工作小结，可以提高项目监理部乃至每个监理人员对整个工程的认知程度，能系统地清楚、明白本月所做的工作，以及所取得的成绩和不足，同时也为下月如何干好监理工作积累了经验，更为整个工程完工监理工作总结积累了系统、完善、真实的监理素材。

2. 对施工单位的作用

目前各个工程项目工期都比较紧张，对于工程中出现的各类问题施工单位都不能主动、积极整改，同时对于一些典型的质量隐患问题监理提请业主必须停工处理时，业主都因工期紧张为由，不主张对工程进行停工处理，但同时又要求监理人员必须想办法控制好工程质量，一定要把监理工作做好。众所周知，对于有些问题，只有通过停工整顿才能对施工单位起到震撼作用，才能有效地控制工程不良势态的继续蔓延，但是业主又不让停工，怎么办？这时上报到业主、下发到各个施工单位手中的监理月报的提醒和警示作用就发挥作用了。施工单位怕伤面子，怕漏底，怕自己的问题暴露给业主和其他施工单位，不得不认真对待工程质量问题。

3. 对项目业主的作用

由于体制、经济利益等方面的驱使，项目业主大部分对监理不够信任，现场派驻部分人员经常会对监理工作进行不合理的干涉，使项目监理部难以正常开展监理工作，处于尴尬境地。而监理部门每月将翔实完整的监理月报及时报送业主，业主从中可知工程质量等方面的信息，知道监理部门每月对工程所做的大量的工作，从监理人员在月报中反映的各类问题、采取的相应措施以及所达到的效果中获悉监理人员确实是业务素质高、技术水平过硬的专业人员，就可以消除项目组对现场监理人员的疑虑，转而信任、支持监理工作，使监理工作得以顺利地开展，达到预期的控制目标。

10.2.2 编制安全监理月报的内容

安全监理月报是将项目监理机构在施工现场实施的安全监理活动应载入监理月报，设立安全监理专篇或单独编写安全监理月报。

安全监理月报由专职（或兼职）安全监理人员编写，经总监理工程师审定。

安全监理月报应有以下内容。

（1）当月施工现场安全生产状况简介。

(2) 施工单位安全生产保证体系运行情况及文明施工状况评价。

(3) 危险比较大的分部分项工程施工安全状况分析(必要时附照片)。

(4) 安全生产问题及安全生产事故的调查分析、处理情况。

(5) 当月安全监理的主要工作和效果。

(6) 当月安全监理签发的监理文件和资料。

(7) 存在问题及下月安全监理工作的计划和措施。

(8) 其他。

10.2.3 监理月报的编制要求

《建设工程监理规范》(GB/T 50319—2013)3.2.2有关总监岗位职责第十一条明确"组织编写并签发监理月报",3.2.5有关专业监理工程师岗位职责第八条明确"负责本专业监理资料的收集、汇总及整理,参与编写监理月报",并且7.2.1明确编制内容要求。现根据工作实际,以及月报中存在的现实问题,基本要求如下。

(1) 本月工程概况。

(2) 工程进度:形象进度,实际完成情况与进度计划比较,对进度完成情况的分析,采取的措施及效果。

(3) 工程质量:检验批、分项、分部工程质量验收情况,工程质量问题,工程质量情况分析,采取的措施及效果。

(4) 工程资料控制情况以及监理资料编制情况:工程资料与工程同步情况、存在问题、采取的措施,监理资料,重点监理日志记录的检查情况。

(5) 安全、文明施工:现场文明施工、安全措施检查情况,存在的安全隐患问题,采取的措施及效果。

(6) 材料、设备及构配件进场数量及抽查质量情况:防腐管品种、数量及防腐质量、出厂情况。

(7) 其他事项情况:如对上月存在典型安全、质量问题的处理落实情况等,重要监理活动、重要会议、重要人物来访及指示以及上级部门检查情况等。

(8) 本月监理工作小结:对进度、质量、安全等方面综合评价,本月监理工作的主要内容、突出做法、亮点及存在的不足、意见和建议。

(9) 下月监理工作的重点:针对季节特点,工程进展情况,本月存在的典型、重点问题,监理工作薄弱环节以及重要活动等理出下月工作重点。

上述9项内容是监理月报编制的基本要求,更具针对性,缺一不可。编制月报时一定要真实反映工程现状和监理工作情况,在监理部自下而上总结的基础上进行,绝不能由个别人闭门造车,力求做到数据准确、重点突出、语言简练,并附必要的图表和照片。

10.2.4 监理月报编制存在的普遍问题

监理月报普遍反映出相当部分监理部门对月报的重要性认知不够、没有足够重视,大部分是为完成任务,流于形式。同时也暴露出内容抓不住重点,提出的各类问题不分层次、轻重，不能体现当月所做工作，对下月工作重点不清，不下发给各施工单位，也不给监理人员传阅，起不到提醒和警示作用。

按月报内容要求，存在以下问题。

1. 工程叙述凌乱，不系统

(1) 陈述各工程概况、工程内容，没能按单位工程划分的工程名称进行，没按每个单位工程下各分部去叙述，而是以××施工单位所做工程，或是把一个单位工程分成几块，如土建或安装各自另立标题去叙述，月报内容凌乱、没有头绪。

(2) 各单体或各分部叙述漏缺较多，比如，概况中有某单体而进度中又没有该单体，或是各单体内有土建没安装，工程全貌不能全面了解。

(3) 本月工程项目与上月工程项目不能相互对应、脱节、连续性、闭合性差，如上月反映某工程正在进行安装或收尾，或准备验收，而本月这项工程就不见了，到底是已验收完毕还是正在施工，不得而知。

2. 工程进度、形象进度不能一一对应

监理月报没能有效反映工程进度实际情况，如××改造工程是这样叙述的，“6 月 20 日已开工，计划工期两个月，因外协或其他原因，工期滞后，计划 9 月 10 日完工”。反映不出工程内容进度状态。另外，对于工程形象进度不知道怎样表述，有的纯粹没有工程形象进度叙述，有的仅列了些工程量，没有进度百分比反映等。

3. 工程质量方面的问题

(1) 缺少平行检查情况描述，如抽查多少项，合格多少项，普遍存在。

(2) 质量问题描述不清，仅简单罗列了问题，但没有具体部位、范围，比如，质量问题按土建部分、安装部分等进行叙述，如“安装：焊接施工中母材有电弧划伤，个别焊缝有超高，焊渣清理不及时不彻底，错边过大。防腐有些部位不到位、不规范。管道施工中部分管沟深度不符合要求，管材防腐层保护措施不力，有管材防腐层损坏现象；供暖管线不规范，部分套管没有堵实，管线活接有滴漏现象”。这些都没说具体工程、具体范围，以及问题性质。再比如土建部分，“××场站工程土方回填碾压密实度不够”让人不清楚到底是房子还是围墙，是设备基础还是站内道路，也不清楚具体什么部位，多大范围。或者只说了“××部位不符合规范要求”，没有说标准要求，也没说什么规范，所说问题很笼统。

(3) 工程质量这块全罗列了些问题，但均无控制方法、措施以及整改情况和所达到的效果，给人感觉监理只有发现问题的能力，而没有解决问题的能力。

(4) 问题太少，甚至没有问题，监理工程受外界环境因素较多、部分施工队伍素质不高，而且工程量也不小，但整个月报里就一两条或三四条问题。不禁让业主及建设方怀疑监理部门是不是没把每个监理人员本月检查发现的问题收集上来，为应付差事而由资料员闭门造车？还是由于现场监理人员根本没去发现问题，检查问题？

(5) 缺乏质量问题产生原因的分析。这些问题到底是因队伍素质、管理漏洞、技术水平，还是思想问题所造成的，没有去分析、总结，没有举一反三，对症下药。

(6) 月报间衔接性差，上月反映问题，本月没反馈，问题不闭合，给人感觉工程没有系统性，每月就是每月的事情，每月所存在的问题下月也就不了了之，所建工程中有质量隐患存在，暴露出监理工作不到位，甚至有失职嫌疑。

4. 工程安全、工程资料

安全套话较多，如“本月学习公司有关安全方面的文件，召开有关安全方面的会议。对各施工单位现场加强监管，对安全隐患和施工人员要求班前、班中、班后自检，特别是临时用电、脚手架、护栏、防护网等安全隐患，监理人员不定时抽查，发现问题及时指出，施工单位能按要求整改，未发生安全事故”。这样的套话没有具体内容、具体问题、具体控制措施。工程资料也是如此，如“目前监理部也在积极收集各施工单位及各相关单位资料，建立监理部内部资料系统，按上级要求，分类明确、系统完整。必监点设置已完善，建立健全了监理部内部各种资料台账”。没有真实反映出工程资料同步情况，编制质量情况，以及对问题采取的措施和所达到的效果。也没有监理资料控制情况，如监理日志填写检查情况等。

5. 其他事项情况

对上月存在典型安全、质量问题的处理落实情况等，重要监理活动、重要会议、重要人物来访、指示以及上级部门检查情况等没有认真记录；如 6 月公司相关部门进行了检查，公司也进行了巡检，部分监理月报就没记载，7 月公司安全检查，也无记载。

6. 监理工作小结

缺少对进度、质量、安全等方面综合评价，没有对本月监理工作中好的做法、亮点进行小结，也没有认真分析、总结所存在的问题。

10.2.5 监理月报的应用及对策

1. 应用

监理月报实际上就是各项目监理部的月度小结。能够让项目业主了解当月工程整体状况及存在问题，为下月工作安排提供依据，对施工单位起到警示作用，监理人员结合月报可以在现场更好地控制质量、安全，起到纠偏作用。监理月报编制完成后除按规定时间上报项目业主和公司外，应组织全体监理人员学习，使大家明了工作中存在的问题和下月工作重点，在每月组织各参建单位参加的监理工地会议上宣读，把月度工程安全、质量、进度控制信息传达至参与工程建设各方，有必要时抄送总承包商和重点工程施工承包商，形成“三控三管”齐抓共管的局面，提高整体管理水平。

2. 对策

(1) 提高监理月报重要性的认知问题，要清楚总监是第一责任人。

(2) 认真学习月报编制内容要求，同时主动学习，掌握规范、标准。

(3) 编制监理月报要全体监理人员都动起来，形成制度、规定，总监必须亲自组织，认真把关并签发。

监理月报范本

浙建监 D3　　　　　　　　　　　　　　　　编号：D3—001

杭州智慧大楼　工程建设监理月报

01 期

2018 年 8 月 26 日—2018 年 9 月 25 日

内容提要：

一、工程形象进度完成情况

二、工程签证情况

三、本月工程情况评述

四、本月监理工作小结

五、下月监理工作打算

项目监理机构(盖章)：杭州××项目管理有限公司智慧大楼项目部

总监理工程师(签字、加盖执业印章)： 许××(手签)

监理月报范本

2017年12月18日—2018年1月17日

水厂扩建及取水口改造工程自12月18日至本月17日，在业主、设计、监理、施工方等各方的配合下，工程完成情况如下，现向业主汇报。

一、本月工程形象进度完成情况

Ⅰ标埋钢管24.4m，累计565.4m。

Ⅱ、Ⅲ标未产生工程量。

Ⅳ标综合池A1、A2块墙板、6.70结构混凝土完，B1墙板钢筋、模板完，B2块底板混凝土完，C1、C2块墙板、6.70结构混凝土完，D1块6.70结构钢筋、模板完，D2底板混凝土完，E1、E2墙板、6.70结构混凝土完，F1、F2墙板钢筋、模板及6.70结构模板完。滤池打桩338根，累计1514根，A区底板钢筋、模板完。配水井墙板、顶板混凝土完。取水口设备基础、驳岸施工及场外钢管安装。

二、本月工程资料

本月上报业主12月监理月报1份，监理工作周报4份，例会会议纪要1份，便于与业主沟通，有利于我们监理开展工作。下发通知单1份，以便更好地进行工程施工工作，使各项工作规范化、标准化，在施工过程中使工程资料按要求进行整理。

三、本月情况

1. 本月进度情况

本月实际施工完成情况与进度计划表相比，Ⅱ、Ⅳ标落后于进度表。

2. 工程质量情况

在工程施工过程中，各标段均能按规范要求，对原材料进行见证取样，经检验合格后才使用。混凝土采用商品混凝土，级配符合要求，能严格控制轴线、标高等，但同时施工中存在以下不足：Ⅳ标部分钢筋制作安装欠规范，混凝土振捣不密实，浇筑时钢筋有移位现象，混凝土拆模后有蜂窝状、露筋等现象，对此问题我们现场监理人员及时发现，并要求施工单位及时整改。

3. 工程计量与工程款支付

我们现场监理人员对工程计量及时做好原始记录，并计算已完成工程量，按月进行进度款支付。

4. 影响工程进度的因素

目前影响Ⅱ标段工程进度主要是征地较慢，Ⅳ标段主要是现场施工材料不足。

四、本月监理工作小结

1. 我们及时做好原材料见证取样验收工作，做好工程资料审查，保证工程施工能规范、顺利进行。

2. 对施工现场进行跟踪检查，采用旁站、巡视等进行检查监督，发现问题，及时解决，对工程做好隐蔽工程验收工作。

3. 严格检查各道工序的施工质量，对关键部位进行旁站监理。

4. 建立各种技术资料、建立规范的内部管理制度。

5. 开展监理例会，落实施工措施，遇到问题及时与各方联系，协调，找出解决问题的办法。

6. 督促施工单位做好现场安全问题整改。

7. 督促施工单位合理安排人力、物力确保施工进度符合要求。

五、下月工作计划

1. 做好原材料进场验收，及见证取样工作。

2. 控制好管道开挖、安装质量。

3. 控制好钢筋、模板、混凝土施工，基础土方回填及驳岸施工质量。

4. 做好现场安全文明施工工作、督促施工单位做好安全隐患整改。

5. 督促工程资料报审。

6. 做好施工、业主协调工作。

7. 督促施工单位合理安排人力、物力，将落后工期赶上。

×××工程建设监理有限公司

水厂扩建及取水口改造项目监理组

2018 年 1 月 17 日

10.3 监理周报

在监理规范和监理规程中，没有《监理周报》的编制要求和格式，但是实际工作中，有些情况下需要编制。以下就《监理周报》的编制要求和注意事项进行总结。

10.3.1 需要编制监理周报的情况

(1) 施工工期较短，以周或月计算的工程，如装饰装修工程，通信设备安装和系统升级工程，IT 项目等。

(2) 建设单位要求。

(3) 特殊情况时，如无法组织每周一次的监理例会。

此时，有必要通过《监理周报》的形式，让业主了解工程的进度、质量、工程款支付、施工安全以及监理工作等方面的情况。

10.3.2 监理周报的内容和编制要点

监理周报可以参照监理规范中《监理月报》的格式和要求进行编制。但是周报更强调依据工程性质和业主要求，重点突出，内容简约。

通常业主比较关心一周来有关工程的进度形象、施工质量、施工安全、存在的问题和建议、监理工作等方面内容，因此《监理周报》应该予以满足。

1. “工程概况”部分不用写

需要在第一期周报中向业主方报告：各施工单位的组织机构和现场负责人；进场时间；监理工程师的姓名和分工。以后各期这部分内容可以省略。

2. 本周工程的进度形象

首先写明本周的时间跨度。进度形象分为“已完分项工程”和“正在进行的分项工程”两部分。如果描述到工序或者检验批，尽管比较准确，但是往往太过繁杂，容易使人看了不得要领，因此一般按照分项工程描述即可。

3. 施工质量

(1) 编制要点：主要写施工单位质量保障体系做的工作，因此宜粗不宜细，宜全不宜专。

(2) 编制内容和要求如下。

① 材料、设备的进场检验情况。需要给出“进场材料、设备合格”的结论。

② 重点介绍施工单位为了加强质量控制做了哪些工作。以前写过的，不必重复。

③ 对于质量通病、瑕疵或者问题，应该按照每个专业有重点地写出一项，但是不宜将质量问题扩大化，应该就事论事。

此举目的：使周报有血有肉，详略结合，避免了呆板和言之无物的弊病。

④ 出现《监理通知》时，应在周报中简述通知内容和回复。

给出“本期未发生质量事故”的结论。

4. 施工安全

不宜告施工单位的状；或者浪费笔墨纠缠施工现场安全方面存在的问题。应该重点写监理工程师做了哪些工作。编制深度：统计出本周监理工程师现场纠违的次数和纠违种类即可。

给出“本期未发生安全事故”的结论。

5. 存在的问题和建议

存在的问题和建议是指超出监理工程师责任或者权利范围，需要业主方或其他方面出面协调的事项。如非施工方原因造成了工期延误，应该在此向业主方报告，并简述原因和监理工程师拟采取或者已经采取的应对措施。

6. 监理工作

监理工作是对一周监理工作的回顾，写得好，有助于树立监理企业形象，加深业主的认同和好感。注意对本周业主方的指示、批评、意见等一定要有回应，讲清落实情况。

(1) 材料、设备进场的核验(查)工作。因为这是预控的重要环节，故必须写。要告诉业主，本周监理工程师核查材料、设备的批(次、种)数；发现和处理了哪些问题(如果有，仅举一例即可)。

（2）隐蔽工程验收情况。由于隐蔽工程数量多，在空间和工序上较为分散，所以不宜详写。一般写到分项工程深度即可。最后，要告诉业主“整体施工质量尚可”。

（3）模仿《监理月报》的形式，详细开列本周监理工作明细。如出了几份《监理工作联系单》，发出几次质量整改口头指令，旁站次数和大致内容，协调工作次数和大致内容，主持或者参加会议情况等。为了避免呆板，建议不要采用列表形式，而是采用文字描述形式。

总之，监理工作的叙述要具体、简明，用数据说话。

10.3.3 几点注意事项

（1）“工程名称”应该与《施工合同》或者《监理委托合同》中的工程名称一致。

（2）《监理周报》要编号。

（3）具有签字权的监理工程师即可签发。注意写上执业号，方便各方核查。

（4）内容方面，应该详略结合。坚持以叙述客观发生的事情为主，提倡就事论事。那种凭主观想象，任意发挥，或拔高或贬低的做法，应尽量避免。

（5）节约用纸，提倡正反面打印。

（6）是否附材料、设备验收和中间过程验收情况照片？酌情处理。除非业主方有明确要求，否则一般在第一期周报后面附开工时现场照片，以便与竣工时进行比较，以后各期则可以省略照片。竣工验收阶段，统一向业主方提交一份进场材料、设备和中间过程验收的照片（光盘）。

（7）注意《监理周报》应该及时签发，尤其宜安排在业主方每周工作例会之前发出，方便业主方代表在工作会上向领导汇报工程进展情况。如果业主方每周一上午举行工作例会，则一般在周五下班前将周报发出。条件许可时，可以利用电子邮件将周报的电子版发给业主方。双方见面时再签收书面文件。

监理周报范本

××银行（Y大厦）机改、5层办公室装修工程

监理周报

一、在施工程进度形象

1. 本期时间跨度：2018年3月22日—2018年3月28日。

2. 机房改建工程已经完成的工作有消防控制箱移位、消防系统与大厦物业的控制中心连接、空调设备安调。将在周六或者下周完成的工作有防静电地板铺设；照明系统穿线；西墙上部封闭；气体灭火系统安装；消防系统和空调系统的统调工作。

3. 5层装修工程已经完成的工作有破拆；No. 6、7、8、9、10房间地面打灰；强弱电地面敷管（盒）。

正在施工项目有拆原有空调系统；地面打灰。

另外，5层的供电系统改造工作已经完成。

二、施工质量

（1）机房电池柜安装时，出现质量隐患：①设备架没有焊专用接地螺丝；②设备没有完全安置在梁上。监理工程师指出后，施工单位整改完毕。

(2) 施工过程中发生的少数质量问题，如空调冷凝水管保温有瑕疵，消防管道防火涂料涂刷不匀等。监理工程师已经发出整改指令。

本期未发生质量事故。

(3) 监理工程师在现场对诸如强弱电用电线、盒、电管，防静电地板，防火涂料，轻钢龙骨，桥架等进场材料和设备进行了实物验收，并拍照存档。各种材料和设备的质量证明文件齐全有效。未发现不符合环保要求的材料进场。

三、施工安全

监理工程师在巡视现场期间，未发现吸烟者。灭火器数量、位置按照物业方要求摆放。

本期未发生安全事故。

四、存在的问题

(1) 五层，空调施工人员进场时，遇到困难。经过业主方与大厦物业协调，问题得到解决。27 日空调人员办理了进场施工手续。

(2) 六层机房改造施工中，受建材供应紧张等因素影响(具体原因详见 3.25 协调会议纪要)，装修工程拖延了一周。

五、监理工作

3 月 25 日在现场召开协调会议，形成会议纪要 1 份。确立装修工程以 SZ 城市建筑装饰公司为主的指导思想，高××为总负责人。要求其他施工单位服从管理，加强相互间的合作。

发出《工作联系单》1 份，对防静电地板接地提出了具体要求。

对 18 种(批)进场施工材料和设备进行了验收。实测了消防用 1.5mm^2 阻燃电线、轻钢龙骨、桥架、电管等 5 种(批)材料质量，未发现不合格产品。

对诸如防静电地板施工进度滞后、桥架与风机管道等安装冲突，进行协调工作 4 次。

提出施工质量整改要求 5 条。已经落实。

审签一笔机房工程款：16.65 万元。

编制人(签章)：

(执业号：11005013)

杭州××工程建设监理公司

项目监理部

2018 年 3 月 28 日

10.4 监理会议纪要

会议纪要不但是反映会议内容的，而且是反映记录人的文字组织水平。抓住重点、纲领明确、表达清楚、文笔流畅、用词准确的会议纪要，是一个人，尤其是从事管理工作的监理人的综合水平的一个具体表现。

会议纪要是指施工监理过程中，根据项目监理机构主持的会议记录整理，并经有关各方签字认可的文件。

10.4.1 特点

(1) 纪实性。会议纪要必须是会议宗旨、基本精神和所议定事项的概要纪实,不能随意增减和更改内容,任何不真实的材料都不得写进会议纪要。

(2) 概括性。会议纪要必须精其髓,概其要,以极为简洁精练的文字高度概括会议的内容和结论。既要反映与会者的一致意见,又要兼顾个别同志有价值的看法。有的会议纪要,还要有一定的分析说理。

(3) 条理性。会议纪要要对会议精神和议定事项分类别、分层次予以归纳、概括,使之眉目清晰、条理清楚。

10.4.2 会议纪要的格式

1. 会议纪要的编写要注意的几点

(1) 会议纪要的名称和按公司文件标识规定的编号。

(2) 会议概况一般要在最前面,篇幅要尽量压缩。

(3) 会议纪要的内容是纪要的主体,应该分条、分层次叙述,避免杂乱无序、前后矛盾。

(4) 会议纪要必须经过与会人员或与会单位代表签字(特别重要的会议纪要还要加盖与会单位公章)。

(5) 会议纪要的末尾要有编写人、签发人签名、签发时间等。

2. 会议纪要主要的内容组成

1) 标题

有两种格式:一是会议名称加纪要,也就是在"纪要"两个字前写上会议名称。如《全国建材工会工作会议纪要》《浙江省住房和城乡建设厅长会议纪要》。会议名称可以写简称,也可以用开会地点作为会议名称。如《京、津、沪、穗、汉五大城市建筑施工现场扬尘控制座谈会纪要》《萧山高教园区会议纪要》。二是把会议的主要内容在标题里揭示出来,类似文件标题式的。如《关于加强安检工作座谈会纪要》《关于落实省委领导同志批示保护钱塘江流域水体质量问题的会议纪要》。

2) 开头

简要介绍会议概况,其中包括以下内容。

(1) 会议召开的形势和背景。

(2) 会议的指导思想和目的要求。

(3) 会议的名称、时间、地点、与会人员、主持者。

(4) 会议的主要议题或解决什么问题。

(5) 对会议的评价。

3) 文号格式

文号写在标题的正下方,由年份、序号组成,用阿拉伯数字全称标出,并用"〔〕"括入,如〔2018〕67 号。办公会议纪要对文号一般不做必须的要求,但是在办公例会中一般要有文号，如“第××期”“第××次”，写在标题的正下方。

4）制文时间

会议纪要的时间可以写在标题的下方，也可以写在正文的右下方、主办单位的下面，要用汉字写明“年、月、日”，如“二〇一八年八月十六日”。

5）正文

它是纪要的主体部分，是对会议的主要内容、主要精神、主要原则以及基本结论和今后任务等进行具体的综合和阐述。编写会议纪要正文需要注意以下几点。

（1）要从会议的客观实际出发，从会议的具体内容出发，抓中心，抓要点。抓中心就是抓住会议中心思想、中心问题、中心工作；所谓要点，就是会议主要内容。要对此进行条理化的纪要。

（2）会议纪要是以整个会议的名义表述的，因此，必须概括会议的共同决定，反映会议的全貌。凡没有形成一致意见的问题，则需要分别论述并写明分歧之所在。

（3）要掌握并运用马列主义的基本理论与党的方针、政策对会议进行概括与总结。它是贯穿在纪要始终的一条红线。

（4）为了叙述方便，眉目清楚，常用“会议认为”“会议指出”“会议强调”“与会人员一致表示”等词语，作为段落的开头语。也有用在段中的，仍起强调的作用。

（5）属于介绍性文字，笔者可以灵活自由叙述，但属于引用性文字，必须忠实于发言原意，不能篡改，也不可强加于人。

（6）小型会议，侧重于综合会议发言和讨论情况，并要列出决议的事项。大型会议内容较多，正文可以分几部分来写。常见的有3种：一是概括叙述式；二是分列标题式；三是发言记录式。

6）结尾

一般写法是提出号召和希望。但要根据会议的内容和纪要的要求，有的是以会议名义向本地区或本系统发出号召，要求广大干部认真贯彻执行会议精神，夺取新的胜利；有的是突出强调贯彻落实会议精神的关键问题，指出核心问题；有的是对会议作出简要评价，结合提出希望要求。

10.4.3 编写各种会议纪要

1. 编写第一次工地会议的会议纪要

1）会议目的

第一次工地会议的目的，在于监理工程师对工程开工前的各项准备工作进行全面的检查，确保工程实施有一个良好的开端。

2）会议组织

第一次工地会议由业主主持，并应在项目开工前尽快举行，承包商和监理机构相关人员参加。总监办公室应事先将会议议程及有关事项通知建设单位、施工单位及其他有关单位并做好会议准备。第一次工地会议应由（但不限于）下列人员参加：业主授权的驻现场代表及有关职能人员；承包商项目部经理及有关职能人员，分包商重要负责人；项目总监理工程师及监理机构有关人员。

会议纪要由监理机构负责起草并经与会各方代表会签。

3）会议内容

(1) 各方应介绍各自的人员、组织机构、职责范围及联系方式。建设单位应宣布对监理工程师的授权；总监理工程师应宣布对驻地监理工程师授权；施工单位应书面提交对工地代表(项目经理)的授权书。

(2) 施工单位应陈述开工的各项准备情况；监理工程师应就施工准备以及安全、环保等予以评述。

(3) 建设单位应就工程占地、临时用地、临时道路、拆迁、工程支付担保情况以及其他与开工条件有关的内容及事项进行说明。

(4) 监理单位应就监理工作准备情况以及有关事项作出说明。监理工程师应就主要监理程序、质量和安全事故报告程序、报表格式、函件往来程序、工地例会等进行说明。总监理工程师介绍监理规划的主要内容，总监理工程师负责进行监理交底，内容主要包括明确国家及地方发布的有关工程建设监理的政策、法律、法规；阐明有关合同中规定的委托人、监理人和承包人的权利与义务；介绍监理工作内容；介绍监理控制工作的基本程序和方法；有关报表的报审要求；确定工地例会的主要参加人员、召开周期、地点及主要议题。

(5) 总监理工程师或建设单位应进行会议小结，明确施工准备工作还存在的主要问题及解决措施。

第一次工地会议会议纪要范本

第一次工地会议会议纪要

时　　间：2018 年 8 月 21 日 9:00 分

地　　点：现场办公室

参加单位：××建设单位

××监理有限公司

××建筑工程有限公司

参加人员：详见会议签到表

本次会议为第一次工地会议，由建设单位代表××主持，会议主要内容如下。

一、建设、施工、监理单位分别介绍各自驻现场组织机构人员及其分工

1. 建设单位：××

现场工程师：××

2. 监理单位：××

总监：××

水电安装监理：××

土建监理：××

安全监理：××

3. 施工单位：××

项目经理：××

现场技术负责：××

质量员：××

安全员：××

施工员：××

资料员：××

材料员：××

二、建设单位根据委托监理合同宣布对总监理工程师的授权，建设单位宣布本工程全权委托××监理有限公司监理，总监理工程师××全面负责本工程施工阶段的进度、质量、造价、安全监理工作。

三、建设单位和总监理工程师对施工准备情况提出意见和要求

(1) 项目经理、现场技术负责、五大员开工前必须到位。

(2) 项目部管理人员、特殊工种作业人员岗位证书尽快报监理审核。

(3) 施工单位进场机械设备尽快报验。

(4) 施工单位企业资质、中标通知书、施工合同尽快报监理。

(5) 施工组织设计及临时用电、桩基施工、土方开挖、井点降水、活动房搭折、塔吊安折、应急预案等专项施工方案尽快报验。

(6) 进场施工材料、构配件尽快报验。

(7) 桩基分包单位资质尽快报监理审核。

(8) 施工总进度计划及现场布置总平面图尽快报监理审核。

(9) 开工前其他相关资料尽快报验。

(10) 建设方提出本工程工期较紧，要求施工方合理安排工期，计划2018年××月××日开工，争取春节前地下室施工完成。

(11) 建设方提出基坑围护采用四周井点降水及中间一排井点降水的措施。

四、研究确定各方在施工过程中参加监理例会的主要人员

(1) 建设方：现场代表。

(2) 现场全体监理人员。

(3) 施工单位项目部主要管理人员及分包单位主要管理人员。

五、总监理工程师进行监理交底

详见监理交底记录。

六、研究确定召开例会周期、地点

(1) 例会召开周期：两周一次。

(2) 时间：星期一。

(3) 地点：现场会议室。

七、研究确定召开例会的主要议题

(1) 检查上次例会议定事项的落实情况，分析未完事项原因。

(2) 检查分析工程项目进度计划完成情况，提出下一阶段进度目标及其落实措施。

(3) 检查分析工程项目质量状况，针对存在的质量问题提出改进措施。

(4) 检查工程量核定及工程款支付情况。

(5) 解决需要协调的有关事项。

(6) 安全生产、文明施工及其他有关事宜。

参加单位会签：

××(建设单位)(签字和盖章)　　××(施工单位签字盖章)

××(监理单位签字盖章)

××××年××月××日

2. 编写监理例会的会议纪要

1) 会议目的

监理例会的目的在于监理工程师对工程实施过程中的进度、质量、费用、安全、环保等方面的情况进行全面检查，为正确决策提供依据，确保工程顺利进行。

2) 会议组织

监理例会应由总监理工程师或驻地监理工程师主持，宜每周召开一次，建设单位代表和施工单位现场主要负责人及三方有关人员参加。

3) 会议内容

会议应检查上次会议议定事项的落实情况，并就工程质量、安全、环保、费用、进度及合同其他事项等进行讨论，提出解决问题的措施并确定下一步工作的具体安排和要求。

监理例会会议纪要范本

监理例会会议纪要

时间：2018年8月24日上午10：00

地点：建设单位会议室

会议主题：检查上周例会问题落实情况及下周工作安排

会议主持：王××

会议内容：

施工单位：

一标段：2#、9#、10#楼的外架搭设未达到工作面以上一定高度，计划下周增加架子工的人数，把外架搭设完毕。

二标段：外架搭设已按要求超过工作面，在进度方面，计划18#楼月底封顶两个单元，粉刷至3层；16#楼月底6层封顶，准备内墙粉刷；17#楼也争取达到6层封顶，粉刷工作与16#楼同步进行。

三标段：按赶工计划，工程进度已经推迟了一周，现计划23#楼确保月底封顶一个单元；25#楼6层封顶；24#楼也争取达到6层封顶。计划25#楼完成2层内粉；24#楼与25#楼同步；23#楼完成3层内粉，周日开始外粉。在安全方面，外架搭设未和施工面同步进行，下周争取赶上。

监理单位：

(1) 安全方面，外架搭设不及时，赶不上工作面，2#、9#、10#楼问题相当严重，要求对除外架搭设以外的其他施工工序实施暂停施工，外架验收合格后方可复工，其他楼号引以为鉴。

(2) 质量方面，构造柱80%的都有胀膜现象，内粉门窗角不到边，门窗护角水泥标号强度低。水电施工时不允许在预制板上凿洞，施工中水电应与土建密切配合，板带应预留在线盒安装的地方。

(3) 实验室指定的回弹轴线及位置要预先留出。拉拔实验和沉降观测下周内必须落实。

(4) 现场有向地下室倒污水的现象，望项目部采取措施杜绝此类事件发生，施工现场的路面要及时洒水，清理干净。

(5) 粉刷所用砂的质量要严格控制，施工现场所用的细砂含泥量过大，根据要求均用中砂，不允许用细砂。

(6) 项目部应加强及提高安全及进度意识，建设方按合同约定控制。

(7) 下周一之前项目部要上报切实可行的周进度与月进度计划。

建设单位：

(1) 安全方面，建设单位同意监理单位对安全出现的问题采取的停工措施，对2#、9#、10#楼实施暂停施工。

(2) 进度方面，施工单位要尽快上报进度计划。7#、16#、24#楼内外粉刷没有人施工，现要求项目部要提前做好楼层清理，外粉前架板要满铺，安全平网，密目网都要满足规范要求。对于外粉工作也要做好计划，人员和材料都要备足。

(3) 粉刷时雨季施工措施要充分具备，粉刷时不允许大面积用细砂，否则将对其进行罚款。1月15日污水管要做好，幼儿园和社区中心完成±0.000。

(4) 斜屋面要上报瓦的颜色、规格，楼周边要做好清理、归整，北区要加快施工进度。

(5) 18#、23#楼主体要在8月31日完成，施工单位已经承诺保证完成任务。粉刷队伍要有管理意识，粉刷要与地坪同步进行，18#楼外架搭设至今仍不满足要求，要尽快完善。

(6) 水电方面，人员要保证充足，穿线也要尽快落实，外架外2.5m以内的杂物要清理干净。

3. 编写专题会议的会议纪要

1) 会议目的

专题会议的目的在于监理工程师对日常或经常性的施工活动中的专门问题进行研究、协商和落实，使监理工作和施工活动密切配合。

2) 会议组织

专题会议由监理工程师主持，根据工程需要及时召开，建设单位代表和施工单位代表及其他有关人员参加，必要时应邀请有关专家参加。

3) 会议内容

会议对施工期内出现的工程质量、安全、环保、费用、进度及合同管理等方面的重点、难点和需要协调的问题进行研讨，并提出明确的解决方案和落实措施。

专题会议会议纪要范本

会议记录

会议名称：×××项目监理部监理工作专题会议

主持人：王××

记录人：赵××

日期：2018年7月31日

地点：建设单位会议室

出席人员：见签到表

一、会议议程

(1) 针对近期监理工作进展出现的诸多情况、要求调整工作思路，转变工作方式。

(2) 监理一分部整体工作状态不佳，要作合理的调整以增强监理工作的成效。

(3) 监理一分部全体监理人员谈心得，梳理工作中出现的问题，说明工作开展中存在的不利因素。

(4) 总监指导工作方式及思路，对监理一分部的工作作了科学合理的分析，明确指正工作中出现的诸多问题。

(5) 总监给全体监理人员做思想工作，有力地鼓励工作积极性，振奋精神，增强团队作业意识。

二、监理一分部全体员工针对前阶段工作存在的问题及整改情况进行回顾

1. 李××/工程师(分管区间1#竖井)逐点说明工作成效

(1) 竖井工程质量/进度/施工规范各方面都有诸多问题；自己和施工方管理者发生过矛盾，主要是自己工作方式不得当，没有合理地处理问题，做好协调工作。

(2) 施工队伍只抓进度不重视工程质量的工作态势导致监理工作的难度增大。

(3) 前阶段更换施工队伍后整体施工质量和进度都有较大的改变，但施工过程中偷工减料的事件常有发生，施工道路，防排水工作有改善。

(4) 自己工作中表现不够完美，工作力度不够，在以后工作中加强改进，积极协调工作关系，管理引导，科学合理地管理，更好地完成管段内的监理工作。

2. 李××/监理员(协助李工程师管理区间1#竖井)

(1) 积极配合李工程师工作，对不合格部位都有详尽的记录和影像资料。

(2) 施工方对自己工作配合不积极，发现指出要求整改的问题不能及时安排落实。

(3) 和施工方的工作沟通协调很难推进，需要领导的更大帮助，以后加强学习，强化自己的业务技能，以便更好地完成工作任务。

3. 王××/工程师(分管区间风井)逐点说明工作成效

(1) 因前期风井隧道和主体交叉作业出现的质量安全问题偏多，随着风井主体结构的完工，质量安全有了较大的改善。

(2) 1#洞的裂隙水未能完全处理，仍有大量水涌出影响掌子面的掘进和仰拱混凝土的浇筑，需要及早地探明裂隙水的来源，有效地做好截堵疏导，保障开挖的顺利进行。

(3) 井下因电力不足，通风设备不能全功率运行导致洞内温度过高，施工环境很恶劣，工人工作情绪不高。

(4) 监理工作开展较好，能和施工方管理者很好地配合。

4. 文××/监理员(协助沈工管理区间风井工作)

(1) 近期对做资料和资料管理比较顺手。

(2) 所有资料同施工单位资料基本对应以整理齐全。

(3) 近期交接资料工作去风井工作。

5. 阎×/工程师(分管高庄软件园车站)逐点说明工作成效

(1) 巡检发现质量安全问题及时督促处理。

(2) 施工方追求工程进度导致了诸多质量隐患的屡见发生,如防水卷材铺设不到位;开挖支撑不及时,喷射混凝土厚度不达标,各板块钢筋绑扎超出技术要求。

(3) 由于现场施工为多点施工法,导致不能文明施工,安全隐患问题较为突出。

(4) 能和现场施工管理者有较好的沟通并合理有效地协调工作,但施工方处理问题的效率较差,希望得到领导的帮助,在下阶段工作中能提高和加强自己的工作能力,更有效地完成领导交代的工作。

6. 王××/监理员(协助祝工管理高庄软件园车站)

(1) 因近期中铁××局有新员工的加入造成工作过程中配合不到位,处理施工过程中出现问题的效率有所弱化。

(2) 现场施工安全措施不完善,存在安全隐患。

7. 赵××/工程师(试验主管)逐点说明工作成效

(1) 自来××地铁4#线监理站工作近1月以来,合理有效地处理了以前试验工作遗留的部分问题,逐步完善了缺失资料和现场原材料的管控。

(2) 积极地开展了对施工单位试验工作的监管,合理有效地处理了工程施工过程中出现的部分质量问题,杜绝了质量隐患的存在。

(3) 督促整改了现场混凝土结构体的养护工作,有所改变但成效不大,在下阶段工作继续加强管控高温天气混凝土养护。

(4) 同8标/9标各试验主管;物资部;安质部;检测中心的工作沟通协调很通畅,各部门都能积极地配合开展工作。

(5) 因各项目部对试验工作的不太重视导致部分工作执行不通畅;要在下阶段工作中加强工作的渗透度,提高工作技巧强化专业技能。合理有效地完成总监及总监代表交代的全部工作。

8. 董××/监理员(协助顾工管理8标测量工作)

(1) 同8标测量部门的配合较好,测好资料报验及时。

(2) 风井的测绘数据无法和设计重合,需要尽快重新测绘。

(3) 现场监测点破坏很严重要求测量部门尽快修复。

9. 赵××/资料员(负责一分部资料管理和编写工作)

(1) 刚接触工作对现场和资料陌生,自己会加强学习尽快熟悉工作,努力做好自己的工作。

(2) 希望能得到领导和同事的支持与帮助,有更多的学习机会。

三、汪××/总监代表分析总结监理一分部的阶段工作

(1) 8标前阶段监理工作出现诸多问题,要加强下阶段工作力度,有侧重全面分析

产生问题的根源，利用科学合理的管理措施解决工作中存在的问题，避免问题的多点发生，力争把隐患问题扼杀在萌芽状态。

(2) 分包队伍人员混杂管理有难度，隧道初期支护格栅连接和拱架间距有较好控制，但与图纸设计间距有出入，开挖界限受侵的问题比较严重，车站接地网施工问题较为突出。

(3) 竖井开挖进尺控制较好，喷射混凝土质量时好时坏，标高监控不到位，分包队伍私自提高高程，导致开挖轮廓变大，开挖台阶能及时跟进，减少了二次放炮的扰动，加快了循环进尺，加紧支护使支撑结构能及时成环，整体竖井质量可控，施工进度的加快导致安全隐患较大。

(4) 区间风井的施工管理较好，有部分洞内超前支护不到位，开挖后掉渣，脱落现象时有发生，断面开挖上下台阶间距尺度较大要及时跟进，严格控制锁脚锚杆植入深度和连接强度。

(5) 车站队伍不好管理，开挖支撑的架设有诸多安全隐患，大型起吊设备随意支设，项目部组织施工管理不够合理，塔吊无安检手续运行，脚手架搭设不符合施工专项方案要求，需要加强施工过程控制。

(6) 一分部监理人员配备齐全，在以后的工作中应加强凝聚力，增强工作素质，更好地完成我们管区内的监理工作。

四、文××/总监指导一分部监理工作，优化员工工作思路

(1) 对一分部全期工作不满意，工作没成绩，出现的问题较多，需要加强工作，干出成绩。

(2) 监理分部对安全意识有些麻痹，令人担忧，专监和监理员的工作协调不到位。

(3) 大家应该有技巧地工作，发现的问题应该及时反映给总监。

(4) 专业监理工程师在监理工作中有效地发挥骨干作用，帮带监理员提高业务技能，有针对性地指导现场关键部位施工作业，编写和优化相关专业技术方案。

(5) 合理地运用监理手段：如现场施工出现的安全质量问题，及时签发监理通知单；对存在重大安全隐患的施工行为或影响工程质量的施工措施，应及时签发停工令；利用验工计价精确核对工程量。

(6) 在下阶段的工作中要求全体员工做到以下几点。

① 敏感性：发现问题及时汇报及时处理。

② 处理问题的及时性：强化管理迫使施工单位积极配合工作。

③ 监理工作的全面性：各专监应相互协作多点管控。

④ 现场工作出现问题处理度的把握：加强过程控制，做到事前控制，事中控制。

⑤ 目前工作的重心是与各方及时沟通，协调，增强各方对监理的信任度，取得各方对我们监理工作的支持。

⑥ 保持警醒的头脑认真做好自己的工作，提高公司的整体形象，为以后在南京地铁市场的发展做好铺垫。

××地铁××号线一期工程

中铁××监理公司 D9-TJ122 标监理部监理一分部　　2018 年 7 月 31 日

10.4.4 会议记录、纪要经常出现的问题

1. 内容不全

由于管理不善、制度不严、责任不清及人员素质差，记录时该记的内容未记，该形成纪要的没有形成，与会人员该签字的没有签字，应妥善保管的资料出现损坏或丢失，这些都直接影响了资料的完整性。

2. 真实性不够

记录时没有把会议进行的真实情况如实地记下来，任意增减或改变会议发言或者决议的原意，以主观代替客观，以偏概全，随意加修饰词等。这种做法有悖于诚信原则。记录必须做到真实、准确、无误。

3. 格式不规范

有些监理人员不熟悉，甚至不懂记录、纪要的书写格式，盲目地、随意地去写，写出来的东西条理不清、逻辑不强、语言不准确，没有重点，杂乱无章，字迹潦草，完全脱离文体的要求，让人难以明白其中的意思，无法据此行事。

4. 编写不及时

有的监理机构，由于对会议纪要不够重视，或是人员安排不当，检查指导不力，使会议纪要不是不写，就是严重滞后于记录的形成时间，在需要时拿不出东西，需用时突发整理，往往是粗制滥造，漏洞百出，施工阶段的工程监理记录、纪要必须准确及时地反映工程建设施工过程的管理。施工期间的不可逆性，具有时过境迁不可追忆的过程。

10.4.5 会议纪要的注意事项

会议纪要有两大特点：一是纪实性；二是提要性。为使这两大特点得到充分体现，撰写会议纪要，必须依循以下要求。

（1）会议纪要格式。会议纪要通常由标题、正文、主送、抄送单位构成。

（2）会议纪要正文一般由两部分组成。

① 会议纪要概况。主要包括会议时间、地点、名称、主持人、与会人员、基本议程。

② 会议精神和议定事项。一般包括会议内容、议定事项，有的还可概述议定事项的意义。工作会议、专题会议和座谈会的纪要，往往还要写出经验、做法，今后工作的意见、措施和要求。

（3）要做好会议记录。会议纪要是实录性公文，纪实性是会议纪要的生命，会议纪要必须真实、全面地反映会议情况，而不能凭空杜撰或随意取舍材料。做好会议记录是写好会议纪要的基础，是使会议纪要真正具有纪实性的保证。此外，还应当认真阅读会议材料及收集其他有关信息，以便全面掌握会议情况。

（4）要突出会议要点。顾名思义，“纪要”也就是记录要点，提要性是会议纪要的一个重要特征。写会议纪要不能有言必录，面面俱到，而要在正确领会会议精神，全面掌握会议情况的前提下，抓住要点，有所侧重地把会议的主要精神、重要问题反映出来。有言必录，面面

俱到，会淹没主题，使人不得要领。失去其内容的客观真实性，违反纪实的要求。

(5) 会议纪要与会议记录的差异。会议纪要有别于会议记录。二者的主要区别：第一，性质不同。会议记录是讨论发言的实录，属于事务文书；会议纪要只记要点，是法定行政公文。第二，功能不同。会议记录一般不公开，无须传达或传阅，只作资料存档；会议纪要通常要在一定范围内传达或传阅，要求贯彻执行。

(6) 要善于整理会议意见。有时，在一次会议上，人们的意见相同或相近，也有时与会人员的意见不尽一致，甚至完全相反。因此，对会议所产生的各种意见，要认真分析，一般应按会议确定的宗旨和领导的意见加以归档整理。分歧太大的意见，除纯粹报道性会议纪要外，一般不要写入。写会议纪要，要应围绕会议主旨及主要成果来整理、提炼和概括。特别是指示性会议纪要，必须注重其内容的条理性和指导性，切忌记流水账，这也是会议纪要同会议记录的一个重要区别。由于会议纪要反映的是与会人员的集体意志和意向，常以"会议"作为表述主体，"会议认为""会议指出""会议决定""会议要求""会议号召"等就是称谓特别性表现。

特别提示：写好会议记录和纪要并不容易，除了耳灵手快，具有综合分析能力外，还要按照有关规定和要求，随工程进度同步进行，做到准确、及时、认真、真实、可信。由于监理人员参差不齐，水平不一，有的记录和纪要还存在一定问题。

10.5 监理通知单和监理工作联系单使用区别

10.5.1 监理通知单和监理工作联系单

监理通知单和监理工作联系单都是监理机构在建筑工程施工过程中，对工程项目进行监管过程中常用的表格，其性质和适用范围不同，但具体上都是用来对建筑施工企业进行沟通联系。

通知单和联系单均是项目监理机构在工程建设过程控制中常用的表格，由于监理人员在业务工作水平、思想认知和经验上的不同，不少监理人员混同了通知单和联系单的使用范围，具体编写上也存在很多不规范的地方。

通知单是项目监理机构在工程建设过程中向承包单位签发的指令性文件，目的是督促承包单位按照国家有关法律法规、合同约定、施工规范和设计文件进行工程施工，保证工程建设中出现的问题(不符合设计要求、施工技术标准、合同约定等)能得到及时纠正。通知单具有强制性、针对性、严肃性的特点，一旦签发，承包单位必须认真对待，在规定期限内按要求进行落实整改，整改完毕后填写监理工程师通知回复单，并经监理工程师复查合格后，进行闭合处理。

联系单是工程参建各方通用表，是建筑工程参建各方就工程有关事项进行联络或回复的用表，非指令性用表，一般不需要回复。但不少监理人员混淆了通知单与联系单的用法，用签发联系单的形式要求施工单位进行整改，这种做法既不规范也起不到通知单的强制性和指令性的作用。例如，某项目监理部用联系单签发了事由为“安保围栏进场材料不符合要求的相关事宜”的文件就属于用表错误，因为这是指令承包单位必须落实整改并回复的事项，应使用通知单签发。相反，某项目监理部用通知单签发了事由为“现施工许可证已经下发，请业主配合完善、施工单位及时落实以下有关事项”的文件也属于用表错误，因为通知单是下行文，签发对象是承包单位，向业主发函应单独使用联系单。还有一个区别，就是签字的问题，联系单只能由负责人签署，通知单专业监理工程师也可以签署。

10.5.2 监理通知单的编写、签发

《监理工程师通知单》(以下简称《监理通知单》)是指监理工程师在检查承包单位在施工过程中发现的问题后，用通知单这一书面形式通知承包单位并要求其进行整改，整改后再报监理工程师复查。

《建设工程监理规范》(GB/T 50319—2013)中规定：“对施工过程中出现的质量缺陷，专业监理工程师应及时下达监理通知单，要求承包单位整改，并检查整改结果。”

在条文说明中规定：“在监理工作中，项目监理机构按委托监理合同授予的权限，对承包单位所发出的指令、提出的要求，除另有规定外，均应采用《监理通知单》。监理工程师现场发出的口头指令及要求，也应采用《监理通知单》予以确认。”

由于监理人员的业务工作水平、思想认知和经验上的不同，目前在签发监理通知单方面往往出现不统一和很多不规范的地方。

监理通知单是监理工程师在工程建设过程中向承包单位签发的指令性文件。目的是督促承包单位按照国家有关法律法规、合同约定、施工规范和设计文件进行工程施工，保证工程建设中出现的问题(不符合设计要求、施工技术标准、合同约定等)能得到及时纠正。

监理通知单具有强制性、针对性、严肃性的特点。监理通知单一旦签发，承包单位必须认真对待，在规定期限内按要求进行落实整改，并按时回复。

善于运用和签发监理通知单是监理有所作为的体现。它能督促承包单位及时进行整改，促进工程建设的有效进行，有效地维护建设单位的利益。

同时，签发监理通知单也是考核监理如何行使手中权力的一个指标，是对监理业务能力和管理水平的一种检验。

编发监理通知单存在的问题如下。

(1) 提出的存在问题不详细，缺乏具体表述；或实际内容有偏差，证据不足。有的监理通知单中所述的问题空洞、抽象，如“现场钢筋保护层厚度不符合要求”，就缺少存在问题的具体钢筋部位、保护层厚度的实测数据、违反的规范名称和具体条款的描述，让人摸不着头脑，给人感觉是监理未到现场实测实量，而是凭拍脑袋想出来的问题。

另外，由于监理人员业务能力和技术水平等综合素质的差别，将缺乏证据或有偏差的内容也写进监理通知单，从而影响到承包单位和建设单位对监理的评价，进而削弱或降低对监理的可信度和权威。

(2) 缺乏时间观念，对监理通知单的时效性缺乏认知和重视。具体表现在监理签发监

理通知单的时间和承包单位签收通知单的时间均不具体，多数只签署年月日，没有详细到时点分，时效观念弱。

监理通知单的生效是以承包单位在回执上签署姓名和收到的时间为准，如签发和签收时间不具体，直接造成通知单的生效时间含糊。

如承包单位在上一道工序施工中发生质量问题时监理签发了通知单，但当天承包单位在问题未整改的前提下擅自进入下一道工序施工，此时对方即可辩称收到监理通知单时已完成了上一道工序，开始转入下一道工序施工，如要求他现在整改，则需要返工，既影响进度，又造成成本增加。

此刻监理可谓骑虎难下，左右为难。原因就在于监理通知单签发时间不具体。

尤为严重的是，如因对方未及时整改，造成重大质量或安全事故，追究责任时可能因为监理签发通知单的时间不具体而影响责任界定的划分。

另外，缺乏时效性还表现在通知单中要求承包单位整改的时限不具体，这样承包单位对质量或安全问题不能及时进行整改，而是无限期拖延，给监理工作带来被动。

(3) 仅仅要求承包单位采取整改纠正措施，未要求其采取预防措施。签发监理通知单不仅仅是针对本次发生的问题，更重要的是要求承包单位分析问题产生的原因，并采取相应的预防措施防止类似问题的再次发生，但此点在实际操作中往往被忽视。

试想一下，如果不分析本次发生问题的原因，不采取相应的预防措施，不对人、机、料、法、环、测、程等导致问题产生的关键因素予以消除，承包单位的整改只能是治标不治本，类似问题还会在以后一而再，再而三地反复发生。

(4) 用口头通知代替签发监理通知单。有的监理人员习惯于发现问题后均用口头通知承包商进行整改，不留下书面痕迹。这样，一方面不能完整地体现监理自身的工作情况，是一种监理有所不为的表现；另一方面如发生质量安全问题，就为责任界定留下后患。

有的承包单位不恰当地把监理通知单与上级管理部门对其质量安全处罚或考核指标挂钩，使之对接收监理通知特别敏感，这无形中也为监理正常签发监理通知造成压力。而监理为顾全与承包单位的关系，采取少发甚至尽量不发监理通知单，进而凡是发现问题均采用口头通知的办法。

(5) 不允许承包单位申诉，强令执行。监理通知单虽有一定的强制性，但根据 FIDIC 合同条款规定，应允许承包单位申诉。

承包单位如认为监理通知单内容不合理，应在收到监理通知单后 24h 内以书面形式向监理提出报告，监理在收到承包单位书面报告后 24h 内作出修改、撤销或继续执行原监理通知单的决定，并书面通知对方。

紧急情况下，监理可要求承包单位立即执行监理通知单，或承包单位虽有异议，但监理决定仍继续执行监理通知单，此时承包单位应予以执行。

如因监理通知单指令错误发生追加合同价款和给承包单位造成的损失由建设单位承担，延误的工期相应顺延。

(6) 未及时抄送建设单位，监理通知单回复后更是不转发建设单位。监理往往将监理通知单在第一时间内下发给承包单位，却迟迟不抄送建设单位，影响了建设单位在第一时间对施工中出现问题的全面掌控，导致监理自身也失去了一次争取建设单位对监理处理相关问题支持的机会。

另外,监理通知单回复如不及时转发建设单位,建设单位对监理提出问题的整改落实情况也就不得而知。

(7) 签发时监理人员冒名顶替或未做到亲笔签名。主要表现在监理员以专业监理工程师的名义、专业监理工程师以总监理工程师的名义签发监理通知单,在“总/专业监理工程师”签名栏上出现冒名签字或者直接打字上去的做法,削弱了监理通知单的严肃性,也不利于培养和树立监理人员的责任心。

(8) 缺乏能真实反映问题的工程照。有的项目监理机构未配备数码相机,监理人员在日常巡视检查过程中发现问题就不能做到就地拍照取证,并反映到监理通知单中,直接降低了反映问题的直观性和客观真实性。

10.5.3 监理通知单注意事项

在撰写监理通知单时,一方面要坚持原则,分清责任,既要提出问题所在,也要提出解决问题的要求和应当达到的目标;另一方面,内容应准确、完整、条理性强、表达清晰且要符合一定的格式要求。

1. 监理通知单的撰写和签发要注意的要点与事项

(1) 监理通知单在用词上,要区别对待。对要求严格程度不同的用词,应分别采用“必须”“严禁”“应”“不应”“不得”或“宜”“可”“不宜”等。

(2) 存在问题部位的表述应具体。如问题出现在主楼3层楼板某梁的具体部位时应注明:“主楼3层楼板⑥轴、(A)~(B)列L5梁。”

(3) 用数据说话,详细叙述问题存在的违规内容。一般应包括监理实测值、设计值、允许偏差值、违反规范种类及条款等,如“梁钢筋保护层厚度局部实测值为18mm,设计值为25mm,已超出允许偏差±5mm,违反《混凝土结构工程施工质量验收规范》(GB 50204—2015)规定”。对不确定的问题,监理应在内部切磋商量,查找相关标准规范后予以判断。

(4) 要求承包单位整改时限应叙述具体,如“在48h内”。

(5) 要求承包单位在监理通知单回复时,针对提出问题深刻分析问题产生的原因,并阐述整改采取的措施、整改经过和整改结果等。

(6) 要求承包单位采取预防措施,防止类似问题的再次发生。

(7) 注明承包单位申诉的形式和时限,如“对本监理通知单内容有异议,请在24h内向监理提出书面报告”。

(8) “总/专业监理工程师”签名栏应亲笔手签,坚持“谁签发、谁签字、谁负责”的原则。

(9) 签发和签收时间应具体,宜详细到分钟,如“2018年3月10日上午9:30监理签发,上午9:35承包单位负责人签收”。

(10) 反映的问题如果能用照片予以记录,应附上照片。

(11) 监理通知单应及时抄送建设单位。

2. 例外建议

(1) 在事前控制阶段,为预防施工中可能遇到的问题,监理为事先提醒承包单位,此时建议使用《监理工作联系单》。

这样既可以提醒对方在施工中引起足够的注意和重视，并采取相应的预防措施，避免问题的发生，也可以减少监理通知单数量，且监理工作联系单一般不需要回复，而监理通知单必须一一回复。

但是，如果施工过程中承包单位违反了监理工作联系单中的内容，则应立即签发监理通知单予以指出。

(2) 对监理在日常巡视检查过程中发现的一些未违反规范强制性条文的偶然性问题，并且承包单位可以配合立即进行整改的，此时监理也可不发监理通知单，而采取使用《施工整改记录单》的形式。

此记录单与施工通知单形式类似，不同之处是记录单一般由现场监理人员使用，使用时监理将提出的问题列成表格，要求承包单位对列出的问题一一予以认可，监理对整改情况进行记录，最后的复查情况需承包单位在记录单上确认。即一张记录单，完整记录了问题的提出、整改、复查的全过程，既解决了问题，又省去了承包单位书面回复等众多环节，提高了解决问题的效率。

如果记录单上的问题反复发生，为引起承包单位足够重视，监理应立即签发监理通知单。

10.6 监理签字用语规范

10.6.1 施工质量验收技术资料通用表

(1)“开工报告”审查意见填写：施工准备工作完成，同意开工。

(2)“工程项目施工企业主要管理人员名单”审查意见填写：同意资格审查。

(3)“施工组织设计(施工方案)报批表”监理单位审查意见填写：经审查该施工组织设计符合有关规范标准和图纸及合同要求，同意按此施工组织设计实施。

(4)“施工技术交底记录”监理单位检查结论填写：符合要求。

(5)“新材料、新工艺、新技术、新设备应用申报审批表”审查意见填写：同意。

(6)“隐蔽工程验收记录”监理单位验收结论填写：同意隐蔽，进入下一道工序。

(7)“工程报验单”监理单位意见填写：符合设计要求和规范规定，验收合格。

(8)“工程竣工验收报验单”监理单位意见填写：经预验收，本工程符合我国现行法律法规、设计文件和有关质量验收规范、标准及施工合同要求。本工程预验收合格。

(9)“主要设备开箱检验记录”核查结论填写：同意施工单位检验结果。

(10)“分项、分部(子分部)工程通过验收各方会签表”结论填写：各子分部工程均符合施工质量验收规范要求；质量控制资料及安全和功能检验(检测)报告齐全，合格；观感质量好。

(11)“单位(子单位)工程竣工验收参加各方对工程质量的评价书”结论填写：单位工程竣工验收合格。

(12)“××工程观感质量检查记录”核查结论填写：同意施工单位检查结果，验收合格。

(13)“施工现场质量管理检查记录”核查结论填写：经核查，上述项目符合要求。

(14)“××分项工程质量验收记录”监理单位验收结论栏填写：合格；验收结论栏填写：同意施工单位检查结论，验收合格。

(15)“子分部工程质量验收记录”分项工程名称栏验收意见填写：各子分部工程验收合格；质量控制资料栏验收意见填写：各子分部工程质量控制资料齐全；安全和功能检验报告栏填写：同意施工单位评定；观感质量验收栏填写：同意施工单位评定；监理单位栏填写：各子分部工程均符合规范要求，质量控制资料及安全和功能检验(检测)报告齐全，合格，观感质量良好，同意施工单位评定结果，验收合格。

(16)“单位(子单位)工程质量竣工验收记录”验收结论在分部工程栏填写：经各专业分部工程验收，工程质量符合验收标准；质量控制资料栏填写：质量控制资料经检查共××项符合有关规范要求；安全和主要使用功能及抽查结果栏填写：安全和主要使用功能共检查××项符合要求，抽查其中××项使用工程均满足；观感质量验收栏填写：观感质量验收为好；综合验收栏填写：经对本工程综合验收，各分项分部工程符合设计要求，施工质量均满足有关质量验收规范和标准要求，单位工程竣工验收合格。

(17)“单位(子单位)工程质量控制资料核查记录”结论栏填写：通过工程质量控制资料核查，该工程资料齐全、有效，各种施工试验、系统调试记录等符合有关规范规定，同意竣工验收。

(18)“单位(子单位)工程安全和功能检验资料检查及方案抽查记录”抽查结果填写：合格；结论栏填写：对本工程安全、功能资料进行核查，基本符合要求，对单位工程的主要功能进行抽样检查，其检查结果合格，满足使用功能，同意竣工验收。

(19)“单位(子单位)工程观感质量检查记录”质量评估栏在“好”或“一般”格内打对钩；观感质量综合评价为好；结论填写：工程观感质量综合评价为好，验收合格。

10.6.2 工程质量控制资料表

(1)“钢结构××工程质量控制资料核查表”监理单位检查结论填写：该工程资料齐全、有效，各种施工试验、施工记录等符合规范要求。

(2)“原材料、钢构件、配件进场检查验收记录汇总表”监理核验结论填写：合格；监理单位检查结论填写：记录汇总齐全，符合要求。

(3)“原此材料、钢构件、配件进场检查验收记录”验收结果填写：合格；监理单位核验结论填写：符合设计要求及《钢结构工程施工质量验收规范》(GB 50205—2001)的规定。

(4)“原材料、钢构件、配件合格证明文件汇总表”监理单位检查结论填写：××合格证明文件齐全，检查合格。

(5)“检验报告、复验、复验报告汇总表”监理单位检查结论填写：检查所汇总××质量检验报告文件齐全，复试结果合格。

(6)“钢结构分部(子分部)工程有关安全及功能的检验和见证的检测项目检查记录”监理单位核查结论填写：有关安全及功能检验和见证测试项目检查齐全。

(7)“焊接材料(焊条、焊丝、焊剂)烘焙记录”监理单位检查结论填写：符合要求。

(8)“另、配件预(后)热处理记录”监理单位检查结论填写：符合要求。

10.6.3 建筑与结构工程安全和功能检验或抽查记录

(1)"屋面淋水蓄水试验记录"监理结论填写：符合设计及规范要求。

(2)"地下室防水效果检查记录"监理结论填写：符合设计及规范要求。

(3)"卫生间、厨房、阳台及其他有防水要求的地面泼水、蓄水试验记录"监理结论填写：符合设计及规范要求。

(4)"抽气(风)道检查记录"结论填写：符合设计及规范要求。

(5)"幕墙及外窗气密性、水密性、耐风压检测报告结论汇总表"对检测报告的结论填写：检测结果合格。

(6)"开工至竣工沉降观察记录"结论填写：符合要求。

(7)"民用建筑工程室内环境检测报告结论汇总表"对检测报告的结论填写：该工程室内环境质量合格。

10.6.4 分项工程检验批质量验收记录

(1) 凡分项工程检验批质量验收记录表遇到监理单位验收意见栏填写：合格；监理单位验收结论填写：经检查符合设计及规范要求，验收合格。

(2) 凡分项工程检验批质量验收记录表遇到监理单位验收记录栏填写：经检查，符合设计及规范要求；监理单位验收结论填写：同意施工单位评定结果，验收合格。

10.6.5 符合性审查基本要求

(1) 凡工程项目用表应统一使用省表或市表，不得混用；省、市表不够用时自制表要报省、市站备案。

(2) 表头工程名称栏应填写工程名称的全称，与合同或招投标文件中工程名称一致。

(3) 工程名称各责任主体名称应写全称，与合同签章上的单位名称相同，项目负责人栏应填写：合同书上签字人或签字人以文字形式委托的代表人一致。

(4) 核对各种材料的内容、数据及验收的签字是否真实、完整、规范。

(5) 表格中无项目内容时要打斜线；对定性项目当符合规范要求时应打对钩标注，当不符合规定时应采用打叉的方法标注。

(6) 工程资料采用 A4 幅面纸打印，签字栏不得打印，由各签字人分别签字，不得由资料员代替。签字必须清晰可以辨认。

(7) 工程资料书写签字应使用耐久性强的碳素墨水、蓝黑墨水书写，不得使用易褪色的红色、纯蓝墨水、圆珠笔、铅笔等书写。

(8) 凡审核不合格资料，监理人员应及时退回，要求报验单位限期整改。

(9) 坚持工程资料填制与工程进展同步原则。

(10) 未尽事宜以建设行政主管部门或授权单位发布的相关现行规定为准执行。主控项目、一般项目验收合格，混凝土、砂浆试件强度待试验报告出来后判定，其余项目已全部验收合格。注明“同意验收，进行下一道工序施工”或“验收合格”。专业监理工程师(建设单位的专业技术负责人)签字。分项工程验收要注意3点：一是检查检验批是否将整个工程覆盖了，有没有漏掉的部位；二是检查有混凝土、砂浆强度要求的检验批，到龄期后能否达到规范规定；三是将检验批的资料统一，依次进行登记整理，方便管理。监理单位专业监理工程师(建设单位专业负责人)应逐项审查，同意项填写“合格或符合要求”，不同意项暂不填写，待处理后再验收，但应做标记。注明验收和不验收的意见，如同意验收并签字确认，不同意验收请指出存在问题，明确处理意见和完成时间。

10.7 监理单位工程质量评估报告

监理单位工程质量评估报告填写要求见表10-1。

表10-1 监理单位工程质量评估报告

<table>
<tr><td>单位工程名称</td><td colspan="3"></td></tr>
<tr><td>监理单位名称</td><td colspan="3"></td></tr>
<tr><td>监理单位地址</td><td colspan="3"></td></tr>
<tr><td>监理单位邮编</td><td></td><td>联系电话</td><td></td></tr>
<tr><td>电子邮箱</td><td colspan="3"></td></tr>
<tr><td colspan="4">质量验收意见：
(填写要求)
1. 工程概况；
2. 工程各参建单位情况；
3. 监理单位的质量责任行为的履行情况，如依法承揽工程情况，建立以总监为中心的质量保证体系，专业人员岗位责任制落实情况，对隐蔽工程、分项、分部工程或工序及时进行验收签证等情况；
4. 监理单位执行工程监理规范的情况；
5. 在施工过程中，执行国家有关法律、法规、强制性标准、强制性条文和设计文件、承包合同的情况，如是否严格执行工程报验制度，建筑材料进场检验制度，见证取样制度等；
6. 是否监督施工单位对施工过程中签发的“监理工程师通知单”“监理工程师通知回复单”以及监督机构签发的“质量问题整改通知单”，按要求、按时限落实整改，并组织复查、销号；
7. 竣工资料审查情况；
8. 对工程遗留质量缺陷的处理意见；
9. 执行旁站、巡视、平行检验等监理工作的情况；
10. 对工程质量的评估结论；
11. 其他需要说明的情况。
注：填写内容定稿后再重新按照逻辑条理排序。</td></tr>
<tr><td colspan="3">总监理工程师：(签名)
年 月 日</td><td rowspan="2">监理企业盖章</td></tr>
<tr><td colspan="3">企业技术负责人：(签名)
年 月 日</td></tr>
</table>

10.8 建设工程文件档案资料管理

10.8.1 建设工程文件概念

根据《建设工程文件归档整理规范》(GB/T 50328—2014)规定。建设工程文件(Construction Project Document)是在工程建设过程中形成的各种形式的信息记录,包括工程准备阶段文件、监理文件、施工文件、竣工图和竣工验收文件,简称为工程文件。

工程准备阶段文件(Pre-construction Document)是指工程开工以前,在立项、审批、用地、勘察、设计、招投标等工程准备阶段形成的文件。

监理文件(Project Supervision Document)是指监理单位在工程设计、施工等监理过程中形成的文件。

施工文件(Constructing Document)是指施工单位在施工过程中形成的文件。

竣工验收文件(Handing Over Document)是指建设工程项目竣工验收活动中形成的文件。

建设工程档案(Project Archives)是指在工程建设活动中直接形成的具有归档保存价值的文字、图纸、图表、声像、电子文件等各种形式的历史记录,简称工程档案。

建设工程电子文件(Ect Electronic Records)是指在工程建设过程中通过数字设备及环境生成,以数码形式存储于磁带、磁盘或光盘等载体,依赖计算机等数字设备阅读、处理,并可在通信网络上传送的文件。

建设工程电子档案(Ect Electronic Archives)是指工程建设过程中形成的,具有参考价值和利用价值并作为档案保存的电子文件及其元数据。

建设工程声像档案(Project Audio-visual Archives)是指记录工程建设活动,具有保存价值的,用照片、影片、录音带、录像带、光盘、硬盘等记载的声音、图片和影像等历史记录。

整理(Arrangement)是指按照一定的原则,对工程文件进行挑选、分类、组合、排列、编目,使之有序化的过程。

案卷(File)是指由互有联系的若干文件组成的档案保管单位。

立卷(Filing)是指按照一定的原则和方法,将有保存价值的文件分门别类地整理成案卷,也称组卷。

归档(Putting Into Record)是指文件形成部门或形成单位完成其工作任务后,将形成的文件整理立卷后,按规定向本单位档案室或向城建档案管理机构移交的过程。

勘察、设计、施工、监理等单位应将本单位形成的工程文件立卷后向建设单位移交。

归档的纸质工程文件应为原件。工程文件的内容及其深度应符合国家现行有关工程勘察、设计、施工、监理等标准的规定。工程文件的内容必须真实、准确,应与工程实际相符合。工程文件应采用碳素墨水、蓝黑墨水等耐久性强的书写材料,不得使用红色墨水、纯蓝墨水、圆珠笔、复写纸、铅笔等易褪色的书写材料。计算机输出文字和图件应使用激光打印机,不应使用色带式打印机、水性墨打印机和热敏打印机。工程文件应字迹清楚,图样清晰,图表整洁,签字盖章手续应完备。

10.8.2　监理单位职责

（1）应设专人负责监理资料的收集、整理和归档工作，在项目监理部，监理资料的管理应由总监理工程师负责，并指定专人具体实施，监理资料应在各阶段监理工作结束后及时整理归档。

（2）监理资料必须及时整理、真实完整、分类有序。在设计阶段，对勘察、测绘、设计单位的工程文件的形成、积累和立卷归档进行监督、检查；在施工阶段，对施工单位的工程文件的形成、积累、立卷归档进行监督、检查。

（3）可以按照委托监理合同的约定，接受建设单位的委托，监督、检查工程文件的形成积累和立卷归档工作。

（4）编制的监理文件的套数、提交内容、提交时间，应按照现行《建设工程文件归档整理规范》(GB/T 50328—2014)和各地城建档案管理部门的要求，编制移交清单，双方签字、盖章后，及时移交建设单位，由建设单位收集和汇总。监理公司档案部门需要的监理档案，按照《建设工程监理规范》(GB/T 50319—2013)的要求，及时由项目监理部提供。

10.9　施工单位要向监理单位报送的资料

10.9.1　技术方案类

1. 方案、合同等

施工组织设计、专项安全施工方案、安全文明施工方案、施工现场应急救援预案、中标通知书、合同、图纸会审、地质勘察报告、设计变更。

2. 测量核验资料

工程定位测量放线记录、验线记录。

3. 材料、设备、构配件质量证明文件

合格证、出厂检验报告及复试报告、商混凝土资质、商混凝土资料、其他材料的合格证、备案证及报审表。

4. 检查试验资料

钢筋试焊、成品焊复试报告、试块试验报告及其他试验资料、材料试验室资质报审表。

5. 开工报告

开工报审表、开工报告、工程概况表、施工管理人员名单（管理人员职业资格证书：项目经理、质检员、安全员、施工员、技术负责人、材料员、试验员及项目经理安全资格证书）、施工现场质量管理检查记录。项目部的质量、技术管理体系和质量保证体系、制度及框图、安全生产管理体系及框图、制度。特种作业人员（电工、架子工、电焊工、机械操作工、塔吊司机）的资格证、施工企业营业执照、资质证书、安全生产许可证。安全报监书、质量监督书。

6. 基础、主体资料

模板安装、模板拆除、钢筋原材料、钢筋加工、钢筋安装、混凝土施工、现浇结构外观尺寸偏差的检验批、隐蔽、分部分项资料及报审表、混凝土开盘鉴定、混凝土浇灌申请书、混凝土拆模申请单。

7. 安全资料

模板验收记录、脚手架验收记录、临时用电验收记录、施工机具验收记录、塔吊验收记录、模板拆除申请报告书。

10.9.2 工程开工前施工单位需要向监理报审的资料

(1) 开工前，施工图纸交底和会审应有文字记录，交底后要整理填写会议纪要，经设计、监理、建设单位各方会签后，方可施工。

(2) 施工组织设计、施工方案审批。施工组织设计、施工方案必须在施工单位自审手续齐全的基础上(有编制人，施工单位技术负责人的签名和施工单位公章)由施工单位填写 A2《施工组织设计(方案)报审表》报监理单位。

(3) 经审批的施工组织设计、施工方案、施工单位应在施工过程中认真执行，不得随意改动，需要改动时，须重新报审。

(4) 总包单位选择的分包单位，应报送 A3《分包单位资格报审表》和分包单位有关资料。其中包括：

① 分包单位的营业执照、企业资质等级证书、特殊行业施工许可证。

② 分包单位的业绩。

③ 分包单位的内容和范围。

④ 专职管理人员和特殊作业人员的资格证、上岗证。

(5) 测量放线成果要报审，承包单位专职测量人员的岗位证书及测量设备检定证书要报审。

(6) 工程开工条件具备后，总包填写 A1《工程开工/复工报审表》，报监理审签。

(7) 工程需要的主要原材料、构配件及设备应由监理单位进行质量认定，并报审。

① 原材料、构配件的生产许可、准用、备案证明。

② 出厂证明、技术合格证或质量保证书。

③ 在使用前需要进行抽检式试验。

④ 对主要的原材料、构配件及设备，必要时应到生产厂家实地考察。

(8) 对隐蔽工程，施工单位应填写 A4《报验申请表》，提前一天报监理，未经验收，并在隐蔽工程检查记录上签字认可后不可进行隐蔽施工。

(9) 施工过程中不论谁提出工程变更必须按要求填写 C2《工程变更单》，并经会签后方予施工。

(10) 施工单位应报送季进度计划、月进度计划、周进度计划，以及相关的物资、装备需求计划并填写 A1《施工进度计划报审表》。

(11) 监理资料均采用统一表式。

10.9.3　开工准备阶段安全工作

(1) 审查总承包单位资质及项目管理机构人员组成,并确认承包单位专职安全员的配备并对其资格进行审查。

(2) 审查施工组织设计中安全措施是否符合法律法规、强制性标准。

(3) 审查专业分包和劳务分包单位资质。

(4) 电工、焊工、架子工、起重机械工、塔吊司机及指挥人员等特殊工种作业人员资格,两年复审一次,不得超期使用。

(5) 施工承包单位应建立、健全施工现场安全生产保证体系,包括安全生产管理机构、安全生产规章制度、安全生产教育培训制度、安全生产操作规程等。

(6) 施工单位应使用合格的机械设备、施工机具配件、安全设施所需的材料及个人安全防护用品。

(7) 施工承包单位应编制危险性较大的分项工程专项安全施工方案。

(8) 施工承包单位应做逐级安全交底工作,包括总包对分包的进场安全总交底,对作业人员按工种进行安全操作规程交底,施工作业过程中的分部、分项安全技术交底。

(9) 开始前安全验收。

① 验收条件:施工组织设计已编审完毕。工程施工安全保证体系已建立完善并运行。生活区,现场安全设计等已建立完善并进行。

② 验收内容:按照施工单位专职安全员实际到位及运行记录。安全生产协议书,班组成员安全教育,交底记录。组织设计审批手续齐全,有关开工前的安全措施是否到位。生活临时设施、用电安全等检查,现场基本布置,进场施工机械合格证明或相关资料检查。

③ 验收结果:符合要求,准许工程开工。

10.10　工程报验的一般程序

10.10.1　工程进度控制的基本程序

工程进度控制的基本程序见图10-3。

10.10.2　工程质量控制的基本程序

工程材料、构配件和设备质量控制的基本程序见图10-4。

分包单位资格审查的基本程序见图10-5。

分项、分部工程签认的基本程序见图10-6。

单位工程验收的基本程序见图10-7。

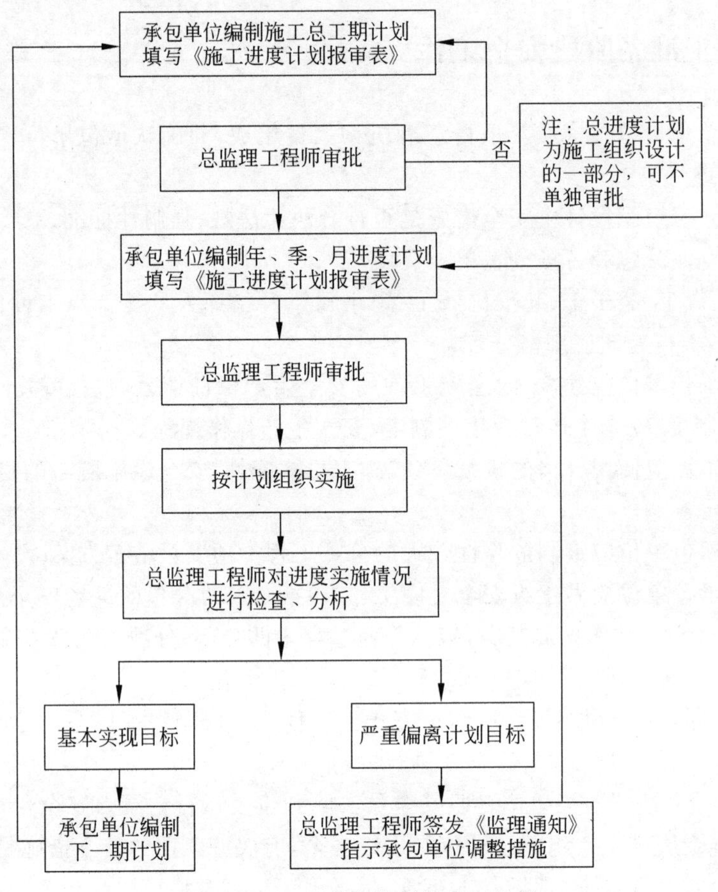

图 10-3　工程进度控制的基本程序

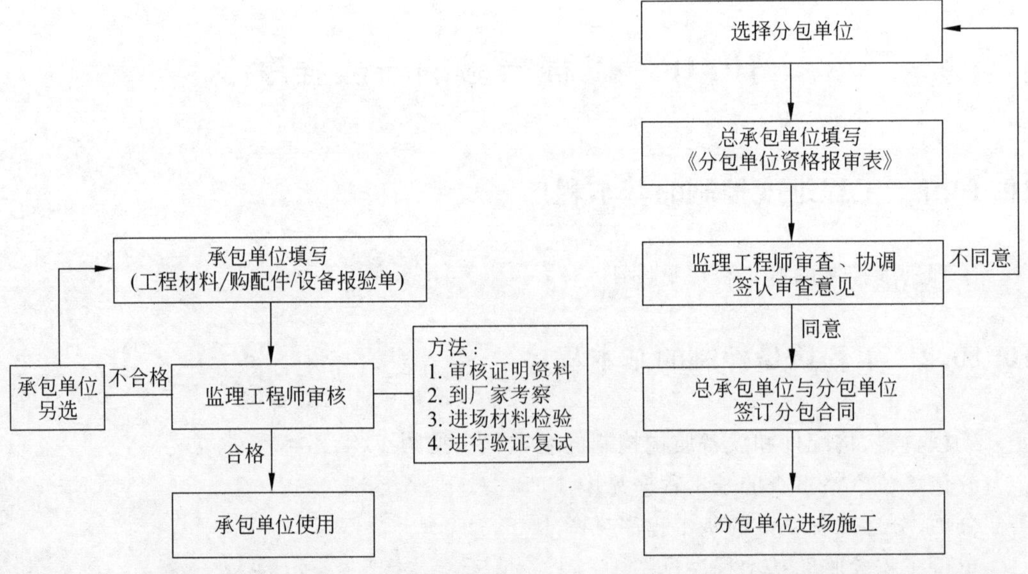

图 10-4　工程材料、构配件和设备质量控制的基本程序

图 10-5　分包单位资格审查的基本程序

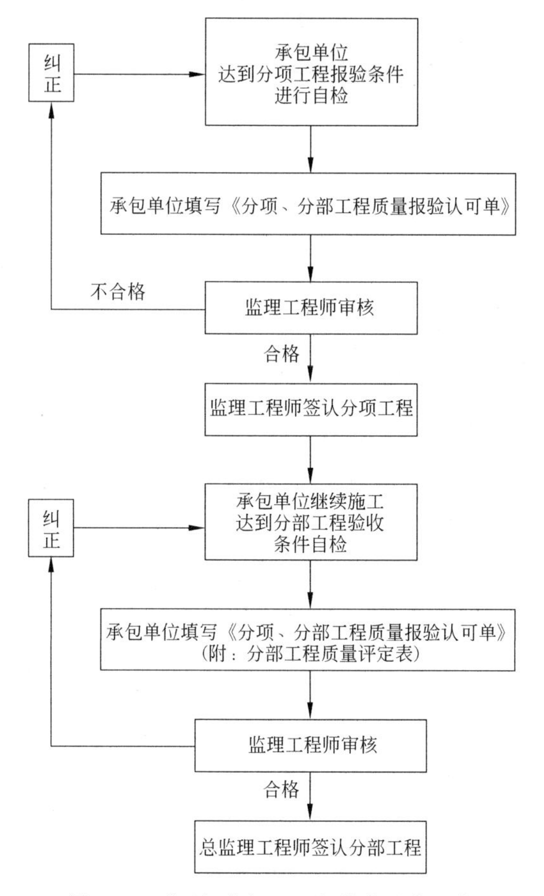

图 10-6　分项、分部工程签认的基本程序

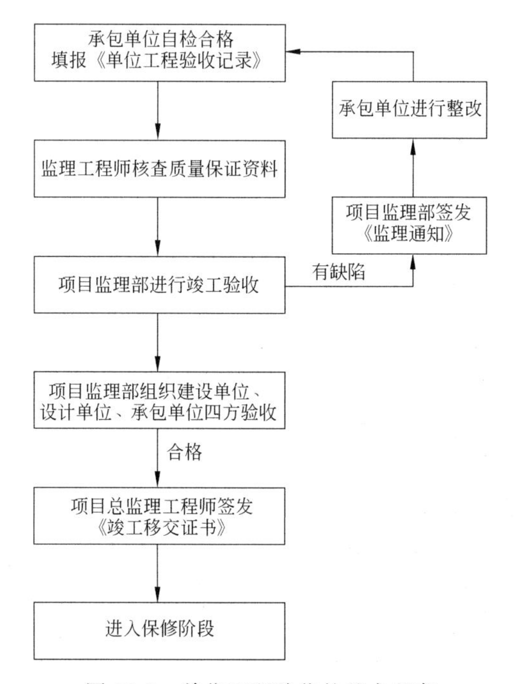

图 10-7　单位工程验收的基本程序

10.10.3 工程投资控制的基本程序

月工程计量和支付的基本程序见图 10-8。

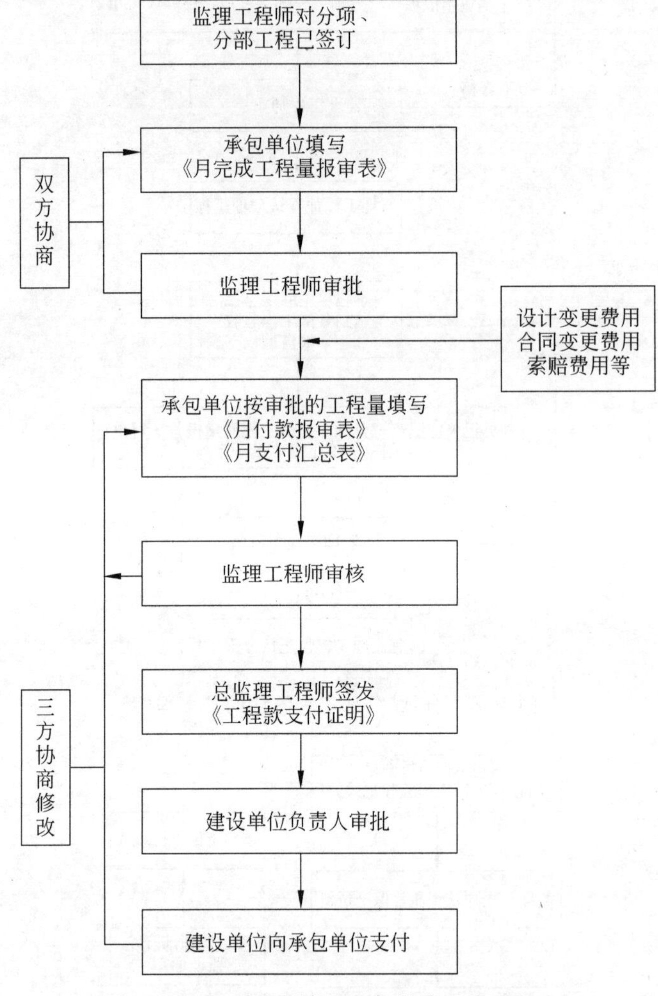

图 10-8 月工程计量和支付的基本程序

工程款竣工结算的基本程序见图 10-9。

10.10.4 合同管理的基本程序

设计变更、洽商管理的基本程序见图 10-10。

工程延期管理的基本程序见图 10-11。

费用索赔管理的基本程序见图 10-12。

合同争议调解的基本程序见图 10-13。

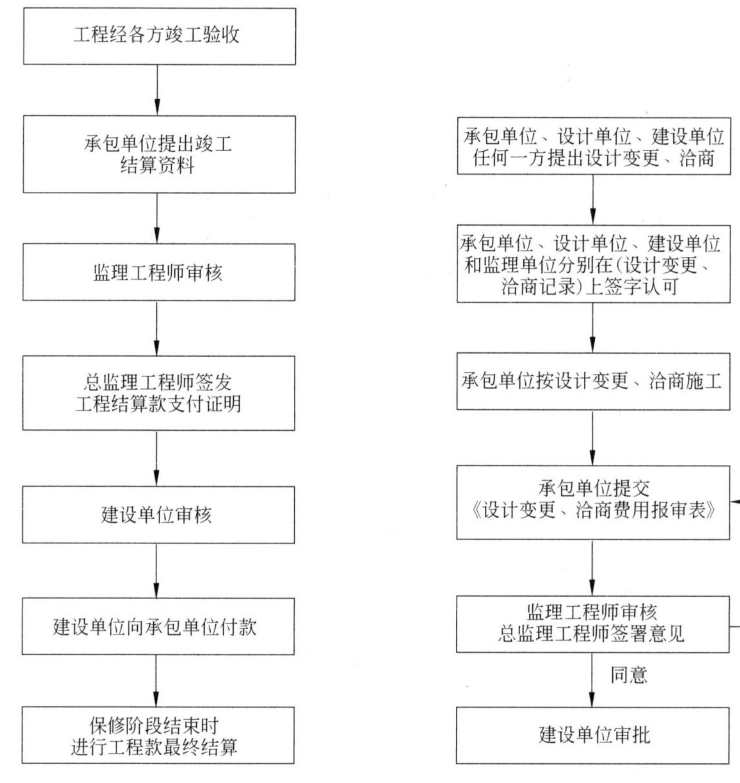

图 10-9　工程款竣工结算的基本程序　　　图 10-10　设计变更、洽商管理的基本程序

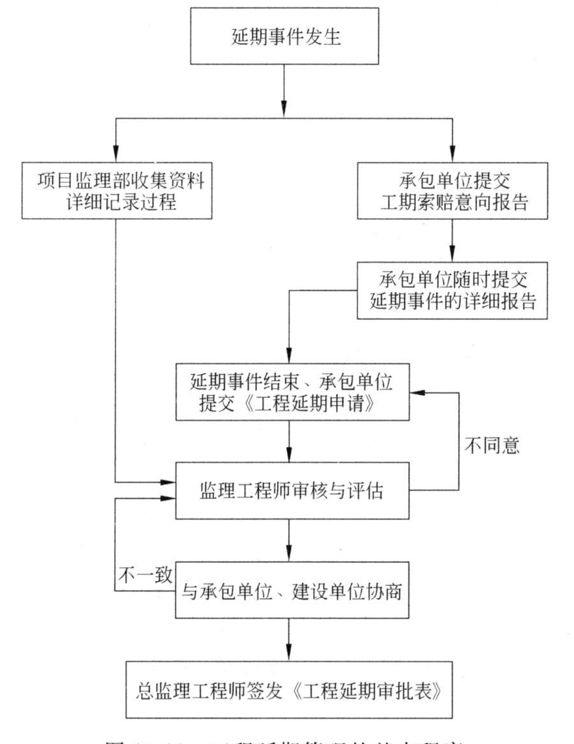

图 10-11　工程延期管理的基本程序

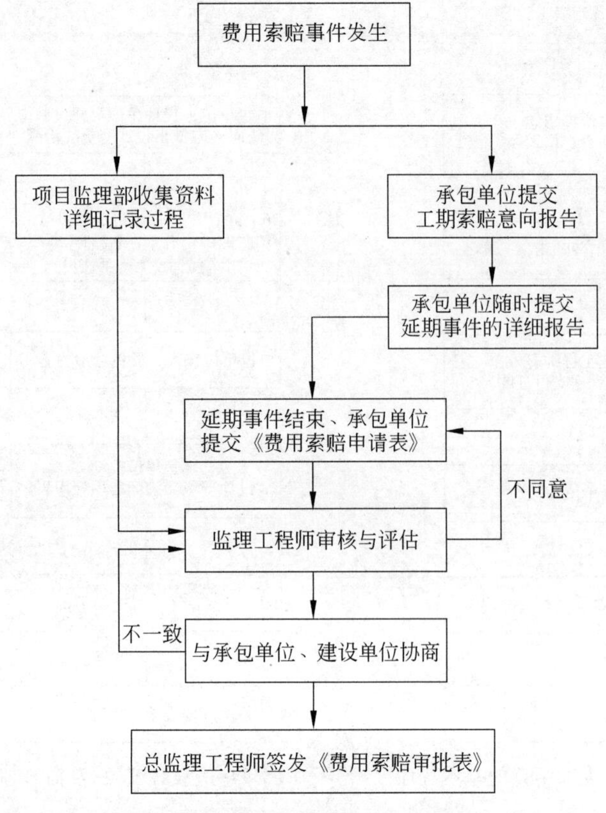

图 10-12　费用索赔管理的基本程序

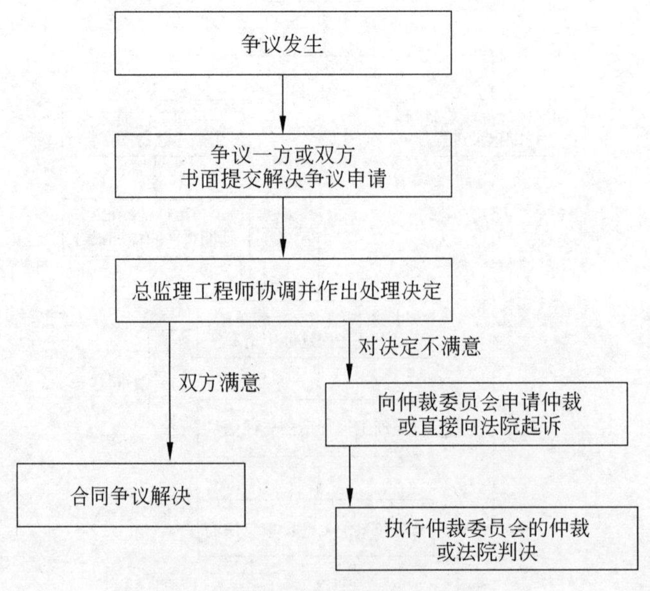

图 10-13　合同争议调解的基本程序

违约处理的基本程序见图 10-14。

10.10.5 信息管理的基本程序

项目外部信息的管理见图 10-15。
项目内部信息的管理程序见图 10-16。

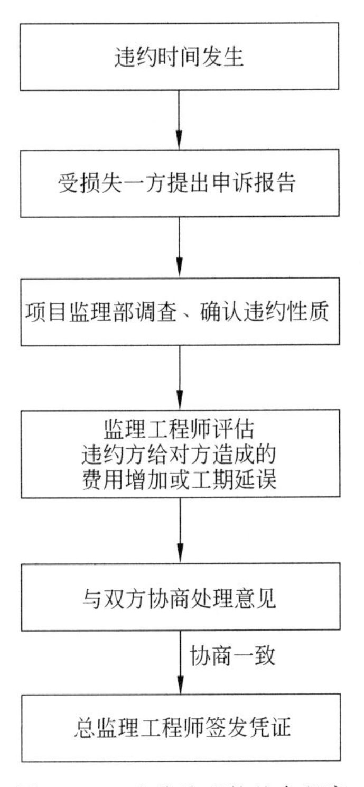

图 10-14 违约处理的基本程序

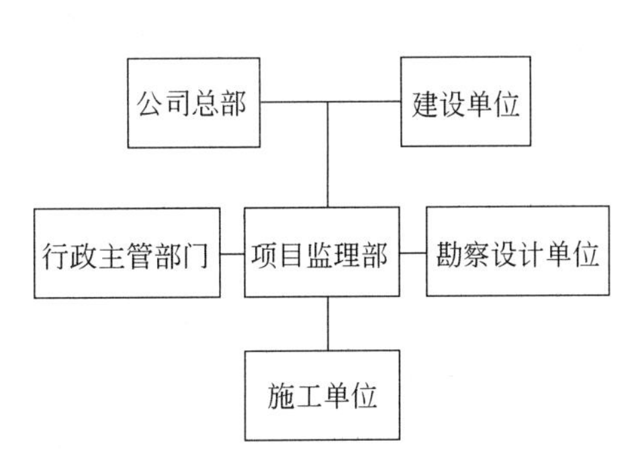

图 10-15 项目外部信息的管理

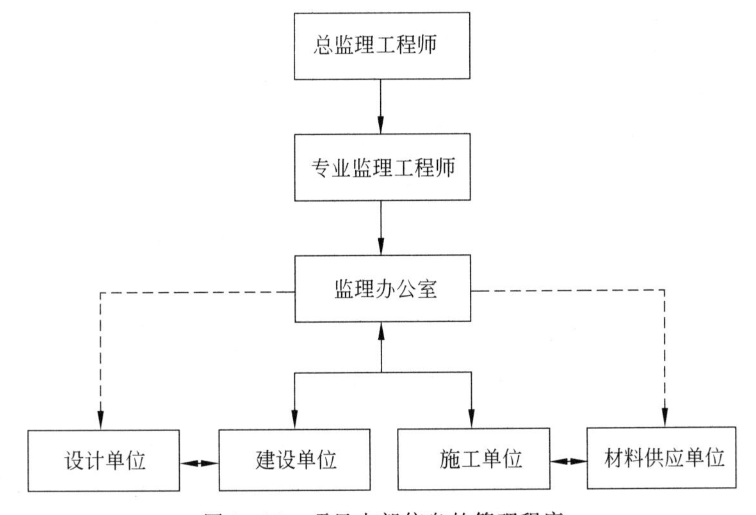

图 10-16 项目内部信息的管理程序

10.10.6 安全监理工作的控制程序

安全监理工作的控制程序见图10-17。

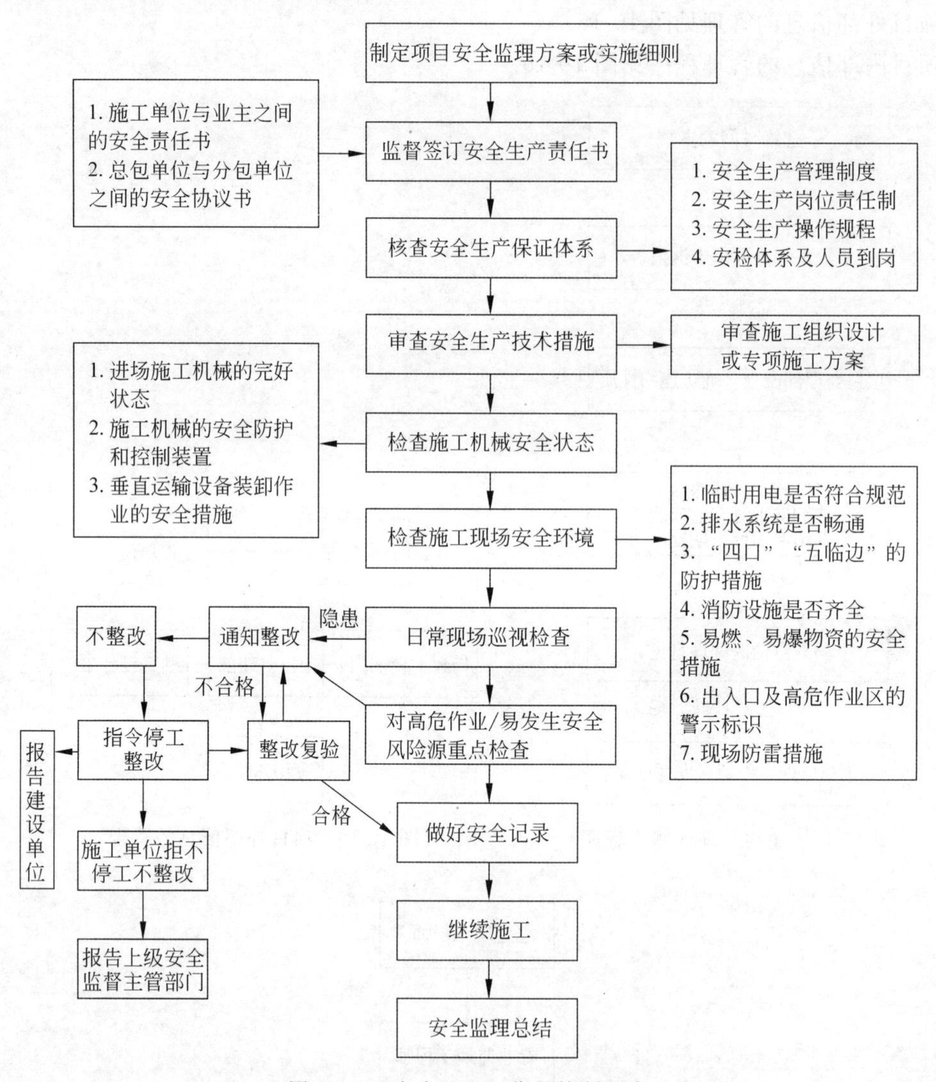

图10-17 安全监理工作的控制程序

参 考 文 献

[1] 建设部工程质量安全监督与行业发展司. 建设工程安全生产管理[M]. 北京：中国建筑工业出版社，2004.

[2] 徐占发. 建设工程监理文件编制与实施指南[M]. 北京：人民交通出版社，2005.

[3] 中华人民共和国建设部. 工程监理企业资质管理规定[M]. 北京：中国建筑工业出版社，2007.

[4] 曾庆军，时思. 建设工程监理概论[M]. 北京：北京大学出版社，2009.

[5] 中华人民共和国国家标准. 建筑工程施工质量验收统一标准(GB 50300—2013)[S]. 北京：中国建筑工业出版社，2013.

[6] 中华人民共和国国家标准. 建筑工程监理规范(GB/T 50319—2013)[S]. 北京：中国建筑工业出版社，2013.

[7] 中华人民共和国国家标准. 建设工程文件归档规范(GB/T 50328—2014)[S]. 北京：中国建筑工业出版社，2014.

[8] 斯庆. 建设工程监理[M]. 2版. 北京：北京大学出版社，2015.

[9] 中国建设监理协会. 建设工程信息管理[M]. 北京：中国建筑工业出版社，2018.

[10] 中国建设监理协会. 建设工程合同管理[M]. 北京：中国建筑工业出版社，2018.

[11] 中国建设监理协会. 建设工程监理概论[M]. 北京：中国建筑工业出版社，2018.

[12] 中国建设监理协会. 建设工程质量控制[M]. 北京：中国建筑工业出版社，2018.

[13] 中国建设监理协会. 建设工程进度控制[M]. 北京：中国建筑工业出版社，2018.

[14] 中国建设监理协会. 建设工程监理案例分析[M]. 北京：中国建筑工业出版社，2018.

[15] 中国建设监理协会. 建设工程监理相关法规文件汇编[M]. 北京：中国建筑工业出版社，2018.

附录　工程建设监理法律法规

1.《建筑法》

《建筑法》是我国建筑行业的第一部大法，也是我国建设监理法规体系基础的支柱。它的颁布和实施，使我国建筑工程发包与承包、设计与施工、工程监理与质量管理均有法可依，对于维护和加强建筑市场秩序管理、推行建设监理制度、保证工程质量、促进建设监理的健康发展，有着重大和深远的意义。《建筑法》中，建设监理独立成章，并明确规定"国家推行建筑工程监理制度""国务院可以规定实行强制监理的建设工程的范围"。《建筑法》中有关工程建设监理的条款占有很大比重，与监理直接相关的内容共20条，对监理制度、监理的范围和内容、开展监理的依据、监理的权利和义务均作了明确的规定。这从一方面说明工程建设监理制度这项改革卓有成效；另一方面也说明它的发展迫切需要法律保护。

2.《建设工程质量管理条例》《建设工程安全生产管理条例》等行政法规

《建设工程质量管理条例》已于2000年1月30日发布施行，该条例对工程监理单位质量责任和义务、监理单位及监理人员违反条例的处罚等作了明确规定。《建设工程安全生产管理条例》于2003年12月24日发布，自2004年2月1日起施行。该条例对工程建设各方主体的安全责任，工程监理单位在建设工程安全生产监理过程中的工作依据、主要工作内容及违反该条例的处罚作出了明确的规定。

3. 部门规章及规范性文件

国家质量技术监督局、中华人民共和国建设部联合发布的《建设工程监理规范》为中华人民共和国国家标准，编号为GB/T 50319—2013，2013年5月13日发布，2014年3月1日起实施。该规范对项目监理机构及其设施、监理规划及监理实施细则、施工阶段的监理工作、施工合同管理的其他工作、施工阶段监理资料的管理、设备采购监理与设备监造等内容进行了明确的规范化、标准化。

4.《危险性较大的分部分项工程安全管理规定》

《危险性较大的分部分项工程安全管理规定》已经2018年2月12日第37次部常务会议审议通过，现予发布，自2018年6月1日起施行。

第十八条　监理单位应当结合危大工程专项施工方案编制监理实施细则，并对危大工程施工实施专项巡视检查。

第十九条　监理单位发现施工单位未按照专项施工方案施工的，应当要求其进行整改；情节严重的，应当要求其暂停施工，并及时报告建设单位。施工单位拒不整改或者不停止施工的，监理单位应当及时报告建设单位和工程所在地住房和城乡建设主管部门。

第二十条　对于按照规定需要进行第三方监测的危大工程，建设单位应当委托具有相应勘察资质的单位进行监测。

监测单位应当编制监测方案。监测方案由监测单位技术负责人审核签字并加盖单位公章，报送监理单位后方可实施。

监测单位应当按照监测方案开展监测，及时向建设单位报送监测成果，并对监测成果负责；发现异常时，及时向建设、设计、施工、监理单位报告，建设单位应当立即组织相关单位采取处置措施。

第二十一条　对于按照规定需要验收的危大工程，施工单位、监理单位应当组织相关人员进行验收。验收合格的，经施工单位项目技术负责人及总监理工程师签字确认后，方可进入下一道工序。

危大工程验收合格后，施工单位应当在施工现场明显位置设置验收标识牌，公示验收时间及责任人员。

第二十二条　危大工程发生险情或者事故时，施工单位应当立即采取应急处置措施，并报告工程所在地住房和城乡建设主管部门。建设、勘察、设计、监理等单位应当配合施工单位开展应急抢险工作。

第二十三条　危大工程应急抢险结束后，建设单位应当组织勘察、设计、施工、监理等单位制定工程恢复方案，并对应急抢险工作进行后评估。

第二十四条　施工、监理单位应当建立危大工程安全管理档案。

施工单位应当将专项施工方案及审核、专家论证、交底、现场检查、验收及整改等相关资料纳入档案管理。

监理单位应当将监理实施细则、专项施工方案审查、专项巡视检查、验收及整改等相关资料纳入档案管理。

第三十六条　监理单位有下列行为之一的，依照《中华人民共和国安全生产法》《建设工程安全生产管理条例》对单位进行处罚；对直接负责的主管人员和其他直接责任人员处1000元以上5000元以下的罚款：

（一）总监理工程师未按照本规定审查危大工程专项施工方案的；

（二）发现施工单位未按照专项施工方案实施，未要求其整改或者停工的；

（三）施工单位拒不整改或者不停止施工时，未向建设单位和工程所在地住房和城乡建设主管部门报告的。

第三十七条　监理单位有下列行为之一的，责令限期改正，并处1万元以上3万元以下的罚款；对直接负责的主管人员和其他直接责任人员处1000元以上5000元以下的罚款：

（一）未按照本规定编制监理实施细则的；

（二）未对危大工程施工实施专项巡视检查的；

（三）未按照本规定参与组织危大工程验收的；

（四）未按照本规定建立危大工程安全管理档案的。

5.《建筑起重机械安全监督管理规定》

2008年1月8日经原建设部第145次常务会议讨论通过，自2008年6月1日起施行。

出租单位出租的建筑起重机械和使用单位购置、租赁、使用的建筑起重机械应当具有特种设备制造许可证、产品合格证、制造监督检验证明。

出租单位在建筑起重机械首次出租前，自购建筑起重机械的使用单位在建筑起重机械首次安装前，应当持建筑起重机械特种设备制造许可证、产品合格证和制造监督检验证明到本单位工商注册所在地县级以上地方人民政府建设主管部门办理备案。

出租单位应当在签订的建筑起重机械租赁合同中，明确租赁双方的安全责任，并出具建筑起重机械特种设备制造许可证、产品合格证、制造监督检验证明、备案证明和自检合格证明，提交安装使用说明书。

有下列情形之一的建筑起重机械，不得出租、使用：

（一）属国家明令淘汰或者禁止使用的；

（二）超过安全技术标准或者制造厂家规定的使用年限的；

（三）经检验达不到安全技术标准规定的；

（四）没有完整安全技术档案的；

（五）没有齐全有效的安全保护装置的。

监理单位应当履行下列安全职责：

（一）审核建筑起重机械特种设备制造许可证、产品合格证、制造监督检验证明、备案证明等文件；

（二）审核建筑起重机械安装单位、使用单位的资质证书、安全生产许可证和特种作业人员的特种作业操作资格证书；

（三）审核建筑起重机械安装、拆卸工程专项施工方案；

（四）监督安装单位执行建筑起重机械安装、拆卸工程专项施工方案情况；

（五）监督检查建筑起重机械的使用情况；

（六）发现存在生产安全事故隐患的，应当要求安装单位、使用单位限期整改，对安装单位、使用单位拒不整改的，及时向建设单位报告。

建筑起重机械安装拆卸工、起重信号工、起重司机、司索工等特种作业人员应当经建设主管部门考核合格，并取得特种作业操作资格证书后，方可上岗作业。

6.《建筑起重机械备案登记办法》建质〔2008〕76 号

该办法自 2008 年 6 月 1 日起施行。

从事建筑起重机械安装、拆卸活动的单位（以下简称安装单位）办理建筑起重机械安装（拆卸）告知手续前，应当将以下资料报送施工总承包单位、监理单位审核：

（一）建筑起重机械备案证明；

（二）安装单位资质证书、安全生产许可证副本；

（三）安装单位特种作业人员证书；

（四）建筑起重机械安装（拆卸）工程专项施工方案；

（五）安装单位与使用单位签订的安装（拆卸）合同及安装单位与施工总承包单位签订的安全协议书；

（六）安装单位负责建筑起重机械安装（拆卸）工程专职安全生产管理人员、专业技术人员名单；

（七）建筑起重机械安装（拆卸）工程生产安全事故应急救援预案；

（八）辅助起重机械资料及其特种作业人员证书；

（九）施工总承包单位、监理单位要求的其他资料。

施工总承包单位、监理单位应当在收到安装单位提交的齐全有效的资料之日起2个工作日内审核完毕并签署意见。

安装单位应当在建筑起重机械安装（拆卸）前2个工作日内通过书面形式、传真或者计算机信息系统告知工程所在地县级以上地方人民政府建设主管部门，同时按规定提交经施工总承包单位、监理单位审核合格的有关资料。

建筑起重机械使用单位在建筑起重机械安装验收合格之日起30日内，向工程所在地县级以上地方人民政府建设主管部门（以下简称使用登记机关）办理使用登记。

7.《建设工程高大模板支撑系统施工安全监督管理导则》

自2009年10月26日实施。

该导则所称高大模板支撑系统是指建设工程施工现场混凝土构件模板支撑高度超过8m，或搭设跨度超过18m，或施工总荷载大于15kN/m^2，或集中线荷载大于20kN/m的模板支撑系统。

施工单位应依据国家现行相关标准规范，由项目技术负责人组织相关专业技术人员，结合工程实际，编制高大模板支撑系统的专项施工方案。高大模板支撑系统专项施工方案，应先由施工单位技术部门组织本单位施工技术、安全、质量等部门的专业技术人员进行审核，经施工单位技术负责人签字后，再按照相关规定组织专家论证。施工单位根据专家组的论证报告，对专项施工方案进行修改完善，并经施工单位技术负责人、项目总监理工程师、建设单位项目负责人批准签字后，方可组织实施。

监理单位应编制安全监理实施细则，明确对高大模板支撑系统的重点审核内容、检查方法和频率要求。

高大模板支撑系统应在搭设完成后，由项目负责人组织验收，验收人员应包括施工单位和项目高级技术人员以及项目安全、质量、施工人员，监理单位的总监和专业监理工程师。验收合格，经施工单位项目技术负责人及项目总监理工程师签字后，方可进入后续工序的施工。

混凝土浇筑前，施工单位项目技术负责人、项目总监确认具备混凝土浇筑的安全生产条件后，签署混凝土浇筑令，方可浇筑混凝土。

高大模板支撑系统拆除前，项目技术负责人、项目总监应核查混凝土同条件试块强度报告，浇筑混凝土达到拆模强度后方可拆除，并履行拆模审批签字手续。

监理单位对高大模板支撑系统的搭设、拆除及混凝土浇筑实施巡视检查，发现安全隐患应责令整改，对施工单位拒不整改或拒不停止施工的，应当及时向建设单位报告。

8.《房屋建筑和市政基础设施工程竣工验收规定》

住建部2013年12月2日发布了《房屋建筑和市政基础设施工程竣工验收规定》。

第四条　工程竣工验收由建设单位负责组织实施。

第五条　工程符合下列要求方可进行竣工验收：

（一）完成工程设计和合同约定的各项内容。

（二）施工单位在工程完工后对工程质量进行了检查，确认工程质量符合有关法律、法规和工程建设强制性标准，符合设计文件及合同要求，并提出工程竣工报告。工程竣工报告应经项目经理和施工单位有关负责人审核签字。

（三）对于委托监理的工程项目，监理单位对工程进行了质量评估，具有完整的监理资料，并提出工程质量评估报告。工程质量评估报告应经总监理工程师和监理单位有关负责人审核签字。

（四）勘察、设计单位对勘察、设计文件及施工过程中由设计单位签署的设计变更通知书进行了检查，并提出质量检查报告。质量检查报告应经该项目勘察、设计负责人和勘察、设计单位有关负责人审核签字。

（五）有完整的技术档案和施工管理资料。

（六）有工程使用的主要建筑材料、建筑构配件和设备的进场试验报告，以及工程质量检测和功能性试验资料。

（七）建设单位已按合同约定支付工程款。

（八）有施工单位签署的工程质量保修书。

（九）对于住宅工程，进行分户验收并验收合格，建设单位按户出具《住宅工程质量分户验收表》。

（十）建设主管部门及工程质量监督机构责令整改的问题全部整改完毕。

（十一）法律、法规规定的其他条件。

第六条　工程竣工验收应当按以下程序进行：

（一）工程完工后，施工单位向建设单位提交工程竣工报告，申请工程竣工验收。实行监理的工程，工程竣工报告须经总监理工程师签署意见。

（二）建设单位收到工程竣工报告后，对符合竣工验收要求的工程，组织勘察、设计、施工、监理等单位组成验收组，制订验收方案。对于重大工程和技术复杂工程，根据需要可邀请有关专家参加验收组。

（三）建设单位应当在工程竣工验收7个工作日前将验收的时间、地点及验收组名单书面通知负责监督该工程的工程质量监督机构。

（四）建设单位组织工程竣工验收。

1. 建设、勘察、设计、施工、监理单位分别汇报工程合同履约情况和在工程建设各个环节执行法律、法规和工程建设强制性标准的情况；

2. 审阅建设、勘察、设计、施工、监理单位的工程档案资料；

3. 实地查验工程质量；

4. 对工程勘察、设计、施工、设备安装质量和各管理环节等方面作出全面评价，形成经验收组人员签署的工程竣工验收意见。

参与工程竣工验收的建设、勘察、设计、施工、监理等各方不能形成一致意见时，应当协商提出解决的方法，待意见一致后，重新组织工程竣工验收。

第七条　工程竣工验收合格后，建设单位应当及时提出工程竣工验收报告。工程竣工验收报告主要包括工程概况，建设单位执行基本建设程序情况，对工程勘察、设计、施工、监理等方面的评价，工程竣工验收时间、程序、内容和组织形式，工程竣工验收意见等内容。

工程竣工验收报告还应附有下列文件：

（一）施工许可证。

（二）施工图设计文件审查意见。

（三）本规定第五条（二）、（三）、（四）、（八）项规定的文件。

（四）验收组人员签署的工程竣工验收意见。

（五）法规、规章规定的其他有关文件。

第八条　负责监督该工程的工程质量监督机构应当对工程竣工验收的组织形式、验收程序、执行验收标准等情况进行现场监督，发现有违反建设工程质量管理规定行为的，责令改正，并将对工程竣工验收的监督情况作为工程质量监督报告的重要内容。

第九条　建设单位应当自工程竣工验收合格之日起15日内，依照《房屋建筑和市政基础设施工程竣工验收备案管理办法》（住建部令第2号）的规定，向工程所在地的县级以上地方人民政府建设主管部门备案。

9. 建设工程监理的部分法律法规

建设工程监理的部分法律法规见附表1。

附表1　建设工程监理的部分法律法规

类别	名　　称	文号	颁布机关	施行日期
法律	中华人民共和国劳动法	国家主席令8届第28号	全国人大	1995.5.1
	中华人民共和国刑法	国家主席令8届第83号	全国人大	1997.10.1
	中华人民共和国建筑法	国家主席令8届第91号	全国人大	1998.3.1
	中华人民共和国消防法	国家主席令9届第4号	全国人大	1998.9.1
	中华人民共和国安全生产法	国家主席令9届第70号	全国人大	2014.12.1
行政法规	建设工程质量管理条例	国务院令第279号	国务院	2000.1.30
	建设工程安全生产管理条例	国务院令第393号	国务院	2004.2.1
	安全生产许可证条例	国务院令第397号	国务院	2004.7.13
	生产安全事故报告和调查处理条例	国务院令第493号	国务院	2007.6.1
	房屋建筑工程施工旁站监理管理办法（试行）	建市〔2002〕189号	原建设部	2003.1.1
	房屋建筑和市政基础设施工程施工分包管理办法	建设部令第124号	原建设部	2004.4.1
	建筑施工企业主要负责人、项目负责人和专职安全生产管理人员安全生产考核管理暂行规定	建质〔2004〕59号	原建设部	2004.4.8

续表

类别	名　　称	文号	颁布机关	施行日期
行政法规	建筑施工企业安全生产许可证管理规定	建设部令第128号	原建设部	2004.7.5
	注册监理工程师管理规定	建设部令第147号	原建设部	2006.4.1
	关于落实建设工程安全生产监理责任的若干意见	建市〔2006〕248号	原建设部	2006.10.16
	关于印发《建设工程监理与相关服务收费管理规定》的通知	发改价格〔2007〕670号	发改委、原建设部	2007.5.1
	建筑工程五方责任主体项目负责人质量终身责任	建质〔2014〕124号	住建部	2014.8.25
	工程监理企业资质管理规定	建设部令第158号	原建设部	2007.8.1
	建筑业企业资质管理规定	建设部令第159号	原建设部	2007.9.1
	建筑施工企业安全生产管理机构设置及专职安全生产管理人员配备办法	建质〔2008〕91号	住建部	2008.5.13
	建筑施工特种作业人员管理规定	建质〔2008〕75号	住建部	2008.6.1
	建筑起重机械备案登记办法	建质〔2008〕76号	住建部	2008.6.1
	建筑起重机械安全监督管理规定	建设部令第166号	住建部	2008.6.1
	建筑施工企业安全生产许可证动态监管暂行办法	建质〔2008〕121号	住建部	2008.6.30
	关于大型工程监理单位创建工程项目管理企业的指导意见	建市〔2008〕226号	住建部	2008.11.12
	房屋建筑和市政基础设施工程竣工验收备案管理办法	住建部令第2号	住建部	2009.10.19
	建设工程高大模板支撑系统施工安全监督管理导则	建质〔2009〕254	住建部	2009.10.26
	房屋市政工程生产安全和质量事故查处督办暂行办法	建质〔2011〕66号	住建部	2011.5.11
	建筑施工企业负责人及项目负责人施工现场带班暂行办法	建质〔2011〕111号	住建部	2011.7.22
	关于印发《工程质量治理两年行动方案》的通知	建市〔2014〕130号	住建部	2014.9.1
	《建筑工程项目总监理工程师质量安全责任六项规定(试行)》	建市〔2015〕35号	住建部	2015.3.6
	关于印发《建设工程委托监理合同(示范文本)》	建市〔2012〕46号	住建部、工商总局	2012.3.27